CBAC
Bioleg
U2

*Canllaw Astudio
ac Adolygu*

Neil Roberts

CBAC Bioleg U2: Canllaw Astudio ac Adolygu

Addasiad Cymraeg o *WJEC Biology A2 Level: Study and Revision Guide* a gyhoeddwyd yn 2017 gan Illuminate Publishing Ltd, P.O. Box 1160, Cheltenham, Swydd Gaerloyw GL50 9RW

Ariennir yn Rhannol gan
Lywodraeth Cymru
Part Funded by
Welsh Government

Cyhoeddwyd dan nawdd Cynllun Adnoddau Addysgu a Dysgu CBAC

Archebion: Ewch i www.illuminatepublishing.com
neu anfonwch e-bost at sales@illuminatepublishing.com

Data Catalogio Cyhoeddiadau y Llyfrgell Brydeinig

Mae cofnod catalog ar gyfer y llyfr hwn ar gael gan y Llyfrgell Brydeinig

ISBN 978-1-911208-23-5

Argraffwyd gan Ashford Colour Press, Gosport

02.19

Polisi'r cyhoeddwr yw defnyddio papurau sy'n gynhyrchion naturiol, adnewyddadwy ac ailgylchadwy o goed a dyfwyd mewn coedwigoedd cynaliadwy. Disgwylir i'r prosesau torri coed a chynhyrchu papur gydymffurfio â rheoliadau amgylcheddol y wlad y mae'r cynnyrch yn tarddu ohoni.

Gwnaed pob ymdrech i gysylltu â deiliaid hawlfraint y deunydd a atgynhyrchir yn y llyfr. Os cânt eu hysbysu, bydd y cyhoeddwyr yn falch o gywiro unrhyw wallau neu bethau a adawyd allan ar y cyfle cyntaf.

Er bod y deunydd hwn wedi bod drwy broses sicrhau ansawdd CBAC, mae'r cyhoeddwr yn dal yn llwyr gyfrifol am y cynnwys.

Atgynhyrchir cwestiynau arholiad CBAC drwy ganiatâd CBAC.

Dyluniad y clawr a'r testun: Nigel Harriss

Testun a'i osodiad: John Dickinson

Cydnabyddiaeth

I Isla a Lucie.

Hoffai'r awdur ddiolch i dîm golygyddol Illuminate Publishing am eu cefnogaeth a'u harweiniad

Cynnwys

Sut i ddefnyddio'r llyfr hwn   4

Gwybodaeth a Dealltwriaeth   6
Uned 3   **Egni, Homeostasis a'r Amgylchedd**   6
          3.1 Pwysigrwydd ATP   8
          3.2 Ffotosynthesis   10
          3.3 Resbiradaeth   22
          3.4 Microbioleg   29
          3.5 Maint poblogaeth ac ecosystemau   34
          3.6 Effaith dyn ar yr amgylchedd   48
          3.7 Homeostasis a'r aren   56
          3.8 Y system nerfol   65

Uned 4   **Amrywiad, Etifeddiad ac Opsiynau**   **78**
          4.1 Atgenhedlu rhywiol mewn bodau dynol   80
          4.2 Atgenhedlu rhywiol mewn planhigion   87
          4.3 Etifeddiad   93
          4.4 Amrywiad ac esblygiad   103
          4.5 Cymwysiadau atgenhedliad a geneteg   109

          Opsiynau
          A   Imiwnoleg a chlefydau   124
          B   Anatomi cyhyrysgerbydol dynol   132
          C   Niwrobioleg ac ymddygiad   146

          Paratoi at arholiadau
          Arfer a thechneg arholiad   158
          Cwestiynau ac atebion   168
          Cwestiynau ymarfer ychwanegol   191

          Atebion
          Atebion i'r cwestiynau cyflym a'r cwestiynau ychwanegol   193
          Atebion i'r cwestiynau ymarfer ychwanegol   198

          Mynegai   202

Sut i ddefnyddio'r llyfr hwn

Gwybodaeth a Dealltwriaeth

Mae rhan gyntaf y llyfr yn cynnwys gwybodaeth allweddol sy'n ofynnol ar gyfer yr arholiad. Mae'n cynnwys nodiadau am:

- Uned 3, Egni, Homeostasis a'r Amgylchedd
- Uned 4, Amrywiad, Etifeddiad ac Opsiynau

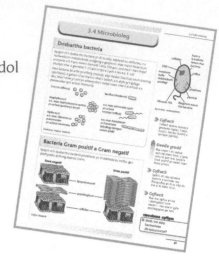

Uned 3: EGNI, HOMEOSTASIS A'R AMGYLCHEDD	
1. Pwysigrwydd ATP	8
2. Mae ffotosynthesis yn defnyddio egni golau i syntheseiddio moleciwlau organig	10
3. Mae resbiradaeth yn rhyddhau egni cemegol mewn prosesau biolegol	22
4. Microbioleg	29
5. Maint poblogaeth ac ecosystemau	34
6. Effaith dyn ar yr amgylchedd	48
7. Homeostasis a'r aren	56
8. Y system nerfol.	65
Uned 4: AMRYWIAD, ETIFEDDIAD AC OPSIYNAU	
1. Atgenhedlu rhywiol mewn bodau dynol	80
2. Atgenhedlu rhywiol mewn planhigion	87
3. Etifeddiad	93
4. Amrywiad ac esblygiad	103
5. Cymwysiadau atgenhedliad a geneteg	109
6. Dewis un opsiwn o dri:	
A. Imiwnoleg a chlefydau	124
B. Anatomi cyhyrysgerbydol dynol	132
C. Niwrobioleg ac ymddygiad	146

Mae asesiad ymarferol yn y cwrs U2, ond mae hefyd angen i chi allu ateb cwestiynau sy'n seiliedig ar waith ymarferol yn yr arholiad.

Mae enghreifftiau ac awgrymiadau arholiad wedi'u cynnwys yn y canllaw i'ch helpu chi i baratoi.

Fe welwch chi hefyd:

- **Termau allweddol**: mae llawer o'r termau ym manyleb CBAC yn gallu cael eu defnyddio fel sail i gwestiwn, felly rydym ni wedi amlygu'r termau hynny a chynnig diffiniadau.

- **Cwestiynau cyflym/ychwanegol**: mae'r rhain wedi'u cynllunio i brofi eich gwybodaeth a'ch dealltwriaeth o'r deunydd wrth i chi fynd yn eich blaen.

- **Cofiwch a Gwella gradd**: mae'r rhain yn cynnig mwy o gyngor ar gyfer yr arholiad i ddatblygu eich techneg arholiad a gwella eich perfformiad yn yr arholiad.

- **Cwestiynau ymarfer ychwanegol**: adran yng nghefn y llyfr i chi gael mwy o ymarfer ateb cwestiynau o wahanol raddau o anhawster.

Bydd tua 10% o'ch marciau yn dod o asesu eich sgiliau mathemategol. Mae cymorth wedi'i ddarparu drwy'r canllaw i gyd, gan gynnwys enghreifftiau wedi'u cyfrifo.

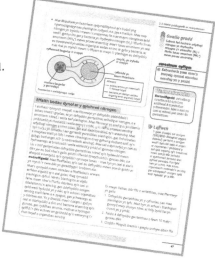

Arfer a Thechneg Arholiad

Mae ail adran y llyfr yn ymdrin â'r sgiliau allweddol i lwyddo yn yr arholiad ac yn cynnig atebion enghreifftiol i gwestiynau arholiad posibl. Yn gyntaf, cewch chi eich arwain i ddeall sut mae'r system arholi'n gweithio; caiff Amcanion Asesu eu hesbonio ynghyd â sut i ddehongli'r ffordd mae cwestiynau arholiad wedi'u geirio a beth yw ystyr hyn o ran atebion yn yr arholiad.

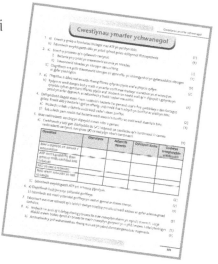

Yna, mae detholiad o gwestiynau arholiad a chwestiynau enghreifftiol gydag atebion gan ddisgyblion go iawn. Mae'r rhain yn cynnig canllaw i'r safon ofynnol, a bydd y sylwadau'n esbonio nifer y marciau a roddwyd i'r atebion.

Mae'n syniad da rhannu'r cwrs yn ddarnau hawdd eu trin, cwblhau nodiadau adolygu wrth i chi fynd yn eich blaen, a cheisio ateb cymaint o gwestiynau ag y gallwch chi. Y gyfrinach go iawn i lwyddo yw ymarfer, ymarfer, ymarfer cwestiynau hen bapurau, felly rwy'n eich cynghori chi i edrych ar www.cbac.co.uk i gael papurau enghreifftiol a hen bapurau. Mae Safon Uwch yn naid fawr iawn o TGAU; mae angen i chi ddechrau gweithio ar gyfer yr arholiadau o'r diwrnod cyntaf un!

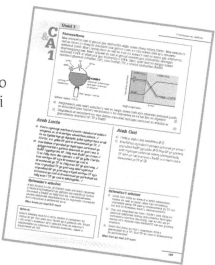

Pob lwc wrth adolygu,

Dr Neil Roberts

Uned 3 Gwybodaeth a Dealltwriaeth

2. Mae ffotosynthesis yn defnyddio egni golau i syntheseiddio moleciwlau organig
tt10–21

3. Mae resbiradaeth yn rhyddhau egni cemegol mewn prosesau biolegol
tt22–28

1. Pwysigrwydd ATP
tt8–9

4. Microbioleg
tt29–33

Egni, Homeostasis a'r Amgylchedd

8. Y system nerfol
tt65–77

5. Maint poblogaeth ac ecosystemau
tt34–47

7. Homeostasis a'r aren
tt56–64

6. Effaith dyn ar yr amgylchedd
tt48–55

Wedi ei adolygu!

Nodiadau bras   *Gafael dda*   *Adolygu'n llawn*

3.1 Pwysigrwydd ATP

ATP yw'r ffynhonnell egni uniongyrchol o fewn y gell ar gyfer prosesau biolegol. Mae'r testun hwn yn edrych ar adeiledd ATP, ei swyddogaethau mewn celloedd a'r tebygrwydd rhwng synthesis ATP mewn mitocondria a chloroplastau.

→ **tt8–9** →

3.2 Ffotosynthesis

Mae'r rhan fwyaf o fywyd ar y Ddaear yn dibynnu ar ffotosynthesis. Mae'r testun hwn yn edrych ar fiocemeg ffotosynthesis gan gynnwys yr adweithiau golau-annibynnol a golau-ddibynnol, beth sy'n digwydd i gynhyrchion ffotosynthesis, beth yw ystyr ffactorau cyfyngol a sut mae maetholion anorganig yn cyfrannu at fetabolaeth planhigion.

→ **tt10–21** →

3.3 Resbiradaeth

Mae resbiradaeth yn digwydd yng nghelloedd pob organeb. Mae'r testun hwn yn edrych ar fiocemeg resbiradaeth aerobig gan gynnwys glycolysis, yr adwaith cyswllt, cylchred Krebs a'r gadwyn trosglwyddo electronau, resbiradaeth anaerobig, swyddogaeth y cydensymau NAD ac FAD wedi'u rhydwytho, a sut caiff swbstradau resbiradol amgen eu defnyddio.

→ **tt22–28** →

3.4 Microbioleg

Mae microbioleg yn ymwneud â dosbarthiad a thwf bacteria. Mae'r testun hwn yn ymdrin ag adeiledd bacteria, a'r dulliau o feithrin, monitro a chyfrif poblogaethau micro-organebau yn ddiogel gan ddefnyddio techneg aseptig.

→ **tt29–33** →

3.5 Maint poblogaeth ac ecosystemau

Mae'r testun hwn yn ymdrin â thwf poblogaeth a'r ffactorau sy'n rheoli hyn, sut mae egni'n llifo drwy ecosystemau, proses olyniaeth, a sut mae maetholion yn cael eu hailgylchu yn y cylchredau carbon a nitrogen. Mae'r testun hefyd yn ymdrin â dulliau o asesu poblogaethau.

→ **tt34–47** →

3.6 Effaith dyn ar yr amgylchedd

Mae'r testun hwn yn ymdrin â'r rhesymau pam mae rhywogaethau'n mynd i berygl a beth sy'n achosi difodiant, sut gallwn ni warchod genomau, sut mae pwysau gan fodau dynol wedi arwain at orbysgota, datgoedwigo ac ecsploetio amaethyddol, beth yw ystyr cynaliadwyedd a chysyniad terfynau'r blaned.

→ **tt48–55** →

3.7 Homeostasis a'r aren

Mae homeostasis yn ymwneud â chynnal amgylchedd mewnol cyson. Mae'r testun hwn yn ymdrin ag adeiledd yr aren, a phrosesau uwch-hidlo, adamsugniad detholus ac osmoreolaeth.

→ **tt56–64** →

3.8 Y system nerfol

Mae'r testun hwn yn ymdrin ag adeiledd y system nerfol a sut mae'n gweithio, natur ysgogiadau nerfol a sut maen nhw'n cael eu dargludo, a sut mae synapsau'n gweithio.

→ **tt65–77** →

3.1 Pwysigrwydd ATP

Adeiledd a swyddogaethau ATP

Mae adenosin triffosffad (ATP) yn perthyn i grŵp o foleciwlau o'r enw niwcleotidau. Mae wedi'i wneud o ribos ac adenin (ribwlos yw'r enw ar y rhain gyda'i gilydd) a thri ffosffad. ATP yw'r cludydd egni cyffredinol (sy'n cael ei ddefnyddio ym mhob adwaith ym mhob organeb), ac mae'n rhyddhau egni mewn symiau bach (30.6 kJ y môl) drwy adwaith un cam pan fydd y bond egni uchel rhwng yr ail a'r trydydd grŵp ffosffad yn cael ei dorri. Caiff yr adwaith hydrolysis hwn ei hydrolysu gan yr ensym ATPas.

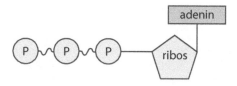

Adeiledd ATP

Pan mae ATP wedi'i hydrolysu, mae'n darparu egni ar gyfer ystod eang o brosesau gan gynnwys: syntheseiddio proteinau, cyfangu cyhyrau, syntheseiddio DNA, cludiant actif a mitosis.

Cyswllt Gweler tudalennau 51–52 yn y Canllaw Astudio ac Adolygu UG.

Gwella gradd

Adolygwch eich gwaith ar ATP.

Pilenni'r mitocondria a'r cloroplastau

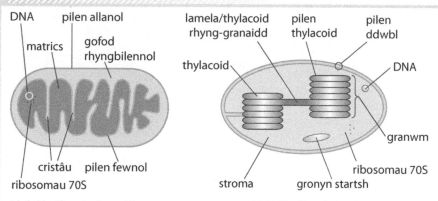

Adeiledd sylfaenol mitocondrion　　　*Adeiledd sylfaenol cloroplast*

Yn ystod ffotosynthesis a resbiradaeth, mae ATP yn cael ei wneud pan mae protonau'n cael eu pwmpio ar draws y pilenni gan ddefnyddio egni o electronau i greu graddiant electrocemegol neu raddiant protonau. Pan mae'r protonau'n llifo'n ôl drwy'r gronynnau coesog i lawr y graddiant crynodiad, mewn proses o'r enw **cemiosmosis**, mae ATP synthetas yn ffosfforyleiddio ADP i ffurfio ATP. Mewn cloroplastau, mae hyn yn digwydd ar y pilenni

Term Allweddol

Cemiosmosis: llif protonau i lawr graddiant electrocemegol, drwy ATP synthetas, ynghyd â synthesis ATP o ADP ac ïon ffosffad.

thylacoid, ond mewn mitocondria mae'n digwydd ar y bilen fewnol neu'r cristâu. Mae'r electronau'n mynd o'r pympiau protonau i dderbynnydd electronau terfynol: mewn mitocondria, ocsigen yw hwn; mewn cloroplastau, y cydensym NADP neu gloroffyl ydyw. Mae mecanweithiau cynhyrchu ATP mewn ffotosynthesis a resbiradaeth yn cael eu hesbonio'n fanylach yn nes ymlaen (gweler tudalennau 10 a 22).

gweler tudalennau 10 a 22

cwestiwn cyflym

① Sut mae cemiosmosis yn wahanol i osmosis?

cwestiwn cyflym

② Cwblhewch y tabl isod i gymharu synthesis ATP mewn mitocondria a chloroplastau.

Cymharu synthesis ATP mewn mitocondria a chloroplastau

Nodwedd	Mitocondria	Cloroplastau
Mecanwaith	Mae'n defnyddio egni wedi'i gludo gan electronau i bwmpio protonau ar draws y bilen; maen nhw yna'n llifo'n ôl drwy ronynnau coesog	Mae'n defnyddio egni electronau i bwmpio protonau ar draws y bilen; maen nhw yna'n llifo'n ôl drwy ronynnau coesog
Yr ensym dan sylw	ATP synthetas	ATP synthetas
Graddiant protonau	O'r gofod rhyngbilennol i'r matrics	O'r gofod thylacoid i'r stroma
Safle'r gadwyn trosglwyddo electronau		Pilen thylacoid
Y cydensym dan sylw	FAD, NAD	
Derbynnydd electronau terfynol		NADP a H^+ (ffotoffosfforyleiddiad anghylchol) a chloroffyl$^+$ (ffotoffosfforyleiddiad cylchol)

Mathau o ffosfforyleiddiad

Ffosfforyleiddiad yw ychwanegu grŵp ffosffad neu ïon ffosffad at foleciwl. Mewn resbiradaeth a ffotosynthesis, ADP yw'r moleciwl sy'n cael ei ffosfforyleiddio amlaf, ond mae moleciwlau eraill yn gallu cael eu ffosfforyleiddio, e.e. glwcos yn ystod glycolysis, gan ffurfio glwcos deuffosffad. Mae hyn yn gwneud y glwcos yn fwy adweithiol ac yn haws ei hollti gan ei fod yn gostwng **egni actifadu** yr adwaith dan sylw.

1. Ffosfforyleiddiad ocsidiol. Mae hyn yn digwydd pan gaiff ïon ffosffad ei ychwanegu at ADP gan ddefnyddio egni o golli electron, h.y. adweithiau ocsidio.

2. Ffotoffosfforyleiddiad. Mae'r egni sy'n pweru'r pwmp protonau a'r gadwyn trosglwyddo electronau yn y cloroplast yn dod o olau, felly mae cloroplastau yn syntheseiddio ATP drwy gyfrwng *ffoto*ffosfforyleiddiad.

3. Ffosfforyleiddiad lefel swbstrad. Mae hyn yn digwydd pan gaiff grwpiau ffosffad eu trosglwyddo o foleciwlau rhoddwr, e.e. trosglwyddo ffosffad o glyserad-3-ffosffad i ADP yn ystod glycolysis mewn resbiradaeth.

Term Allweddol

Egni actifadu: yr egni sydd ei angen i gychwyn adwaith cemegol.

cwestiwn cyflym

③ Enwch fath o gell sy'n cynnwys niferoedd mawr o fitocondria.

3.2 Mae ffotosynthesis yn defnyddio egni golau i syntheseiddio moleciwlau organig

Trosolwg o ffotosynthesis

Hafaliad cyffredinol ffotosynthesis yw

$$6CO_2 + 6H_2O \rightarrow C_6H_{12}O_6 + 6O_2$$

Mae dau gyfnod i ffotosynthesis:

1. Y cyfnod golau-ddibynnol lle mae egni golau yn cael ei drawsnewid yn egni cemegol wrth i ffotolysis dŵr ryddhau protonau ac electronau sy'n cynhyrchu ATP drwy gyfrwng **ffotoffosfforyleiddiad** ac yn rhydwytho'r cydensym NADP.

2. Y cyfnod golau-annibynnol neu gylchred Calvin lle mae ATP ac NADPH o'r adwaith golau-ddibynnol yn rhydwytho carbon deuocsid i gynhyrchu glwcos.

Term Allweddol

Ffotoffosfforyleiddiad: synthesis ATP o ADP a Pi (ffosffad anorganig) gan ddefnyddio egni golau.

cwestiwn cyflym

④ Enwch ddau gynnyrch y cyfnod golau-ddibynnol sydd eu hangen yn y cyfnod golau-annibynnol.

≫ Cofiwch

Mae ffotolysis, yn llythrennol, yn golygu hollti golau.

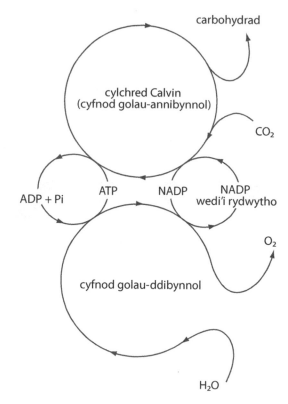

Crynodeb o ffotosynthesis

Adeiledd y ddeilen

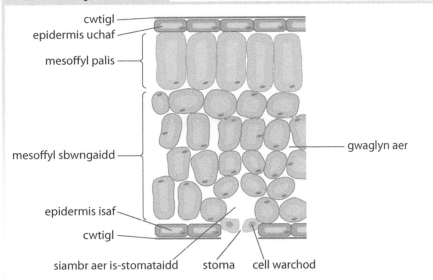

Adeiledd deilen

Mae'r ddeilen wedi addasu ar gyfer cyfnewid nwyon a ffotosynthesis drwy fod ganddi arwynebedd arwyneb mawr sy'n caniatáu i'r ddeilen ddal golau, a mandyllau o'r enw stomata i nwyon dryledu drwyddynt. Mae gwaglynnau aer rhwng celloedd yn caniatáu i garbon deuocsid dryledu i'r celloedd sy'n cyflawni ffotosynthesis. Mae crynodiad y cloroplastau ar ei uchaf yn y mesoffyl palis ar arwyneb uchaf y ddeilen (hyd at bum gwaith cymaint ag sydd mewn celloedd mesoffyl sbwngaidd). Mae'r celloedd palis wedi'u trefnu'n fertigol, sy'n golygu bod y cloroplastau'n gallu amsugno mwy o olau na phe baen nhw wedi'u pentyrru'n llorweddol, oherwydd bod y golau ddim ond yn gorfod mynd drwy'r cwtigl, y celloedd epidermaidd ac un cellfur palis.

Adeiledd cloroplastau

Mae gan gloroplastau arwynebedd arwyneb mawr i amsugno cymaint o olau â phosibl. Maen nhw'n gallu symud o fewn celloedd palis er mwyn amsugno mwy o olau.

Micrograff electronau o gloroplast

Gwella gradd

Gwnewch yn siŵr eich bod chi'n gallu disgrifio pob un o addasiadau'r ddeilen ac esbonio arwyddocâd pob un i ffotosynthesis. Mae llunio tabl yn ffordd dda o adolygu hyn.

cwestiwn cyflym

⑤ Disgrifiwch ddau addasiad sydd gan gloroplastau er mwyn amsugno mwy o olau.

Gwella gradd

Dylech chi allu adnabod y ffurfiadau sy'n bresennol mewn cloroplast, a lle mae dau gyfnod ffotosynthesis yn digwydd, naill ai oddi ar ddiagram neu ar ficrograff electronau.

Cloroplastau fel trawsddygiaduron

Cafodd safle ffotosynthesis ei ganfod gan Engelmann yn 1887. Yn ei arbrawf, roedd yn disgleirio golau drwy brism i wahanu'r tonfeddi golau gwahanol, ac yna'n goleuo hwn ar ddaliant o algâu â bacteria aerobig mudol wedi'u gwasgaru'n gyson. Ar ôl cyfnod o amser, sylwodd fod y bacteria'n ymgasglu o gwmpas yr algâu oedd mewn golau â thonfeddi glas a choch. Roedd hyn oherwydd bod yr algâu yn cyflawni mwy o ffotosynthesis ac felly'n cynhyrchu mwy o ocsigen, gan ddenu'r bacteria mudol.

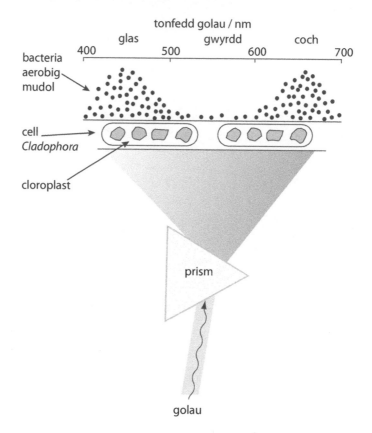

Arbrawf Engelmann

Fel **trawsddygiaduron**, mae cloroplastau'n gallu newid egni o un ffurf i un arall; yn yr achos hwn o egni golau i egni cemegol.

>> **Cofiwch**

Mae tonfedd golau glas yn 400–500 nm, mae golau coch yn 600–700 nm.

Term Allweddol

Mae **trawsddygiaduron** yn trawsnewid egni o un ffurf i ffurf arall.

cwestiwn cyflym

⑥ Pam rydym ni'n dweud bod cloroffyl yn drawsddygiadur?

Pigmentau ffotosynthetig

Mewn planhigion blodeuol, mae dau brif fath o bigment:

1. Cloroffyl sy'n amsugno rhannau coch a glas-fioled y sbectrwm, e.e. cloroffyl-a a chloroffyl-b.

2. Carotenoidau sy'n amsugno egni golau o ran las-fioled y sbectrwm, e.e. β-caroten a santhoffyl, ac sy'n gweithredu fel pigmentau ategol.

Mae presenoldeb nifer o bigmentau yn caniatáu i'r planhigyn amsugno amrediad ehangach o donfeddi golau nag un pigment sengl.

Sbectra amsugno a gweithredu

Mae'r **sbectrwm amsugno** yn dangos faint o egni golau mae pigment penodol yn ei amsugno ar wahanol donfeddi, er enghraifft cloroffyl-a sy'n amsugno rhannau coch a glas-fioled y sbectrwm. Dydy hyn ddim yn dynodi a yw'r donfedd benodol yn cael ei defnyddio mewn ffotosynthesis. Mae **sbectrwm gweithredu** yn dangos cyfradd ffotosynthesis ar wahanol donfeddi, drwy fesur màs y carbohydrad sy'n cael ei syntheseiddio gan blanhigion. Mae cydberthyniad agos rhwng y ddau, fel mae'r graff isod yn ei ddangos.

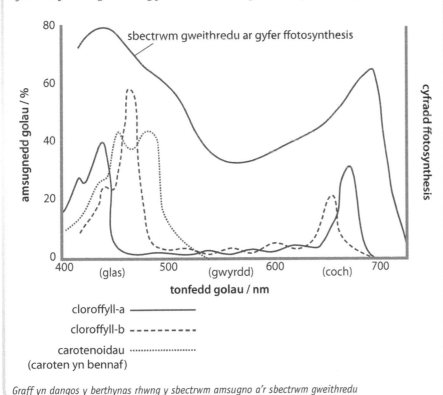

Graff yn dangos y berthynas rhwng y sbectrwm amsugno a'r sbectrwm gweithredu

Gwella gradd

Peidiwch â dweud 'mae pigmentau'n amsugno golau', rhaid i chi ddweud 'mae pigmentau'n amsugno egni golau'.

cwestiwn cyflym

⑦ Gan ddefnyddio'r graff, pa bigment sydd â'r amsugnedd golau uchaf ar 450 nm?

cwestiwn cyflym

⑧ Beth yw'r gwahaniaeth rhwng sbectrwm amsugno a sbectrwm gweithredu?

Cynaeafu golau

cwestiwn cyflym

⑨ Enwch y pigment sydd i'w gael yng nghanolfan adweithio'r cymhlygyn antena.

cwestiwn cyflym

⑩ Beth yw swyddogaeth y pigmentau ategol?

Mae'r cloroffyl a'r pigmentau ategol i'w cael yn y pilenni thylacoid, wedi'u grwpio mewn ffurfiadau o'r enw **cymhlygion antena**. Gyda chymorth proteinau arbennig sy'n gysylltiedig â'r pigmentau hyn, mae egni golau (ffotonau) yn cael ei sianelu tuag at y ganolfan adweithio yn y gwaelod, sy'n cynnwys cloroffyl-a. Mae dau fath o ganolfan adweithio:

1. Ffotosystem I (PSI) cloroffyl-a, â brig amsugno o 700 nm; mae hefyd yn cael ei galw'n P700.
2. Ffotosystem II (PSII) cloroffyl-a, â brig amsugno o 680 nm; mae hefyd yn cael ei galw'n P680.

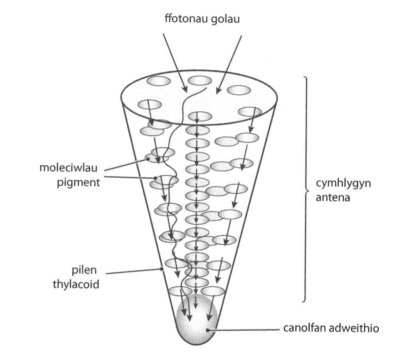

Cymhlygyn antena

Adnabod y gwahanol bigmentau ffotosynthetig o gloroplastau

Gallwn ni echdynnu pigmentau drwy falu defnydd planhigol mewn hydoddydd addas, e.e. propanon, a'i wahanu â chromatograffaeth papur. Drwy rannu'r pellter mae'r pigment yn ei deithio â'r pellter mae'r ffin hydoddydd yn ei deithio, gallwn ni gyfrifo'r gwerth R_f.

>> **Cofiwch**
Rhaid i werthoedd R_f fod yn hafal i 1 neu'n llai.

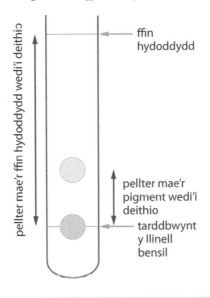

Cyfrifo R_f

Cyfnod golau-ddibynnol ffotosynthesis

Mae hwn yn digwydd ar y pilenni thylacoid. Mae ffotoffosffforyleiddiad yn digwydd drwy ddau lwybr:

1. Ffotoffosffforyleiddiad anghylchol, sy'n cynnwys ffotosystemau I a II, ac yn cynhyrchu dau foleciwl ATP ac NADPH. Mae ffotolysis yn cynhyrchu ocsigen. Mae'r electronau'n dilyn llwybr llinol, sef y 'cynllun Z'.

>> **Cofiwch**
Gellir defnyddio naill ai NADP wedi'i rydwytho, NADPH neu NADPH⁺ / H⁺. Mae defnyddio'r term NADPH yn gallu bod yn ddefnyddiol, oherwydd mae'n caniatáu i chi weld symudiad protonau.

cwestiwn cyflym

⑪ Nodwch ble yn union mae ffotoffosffforyleiddiad cylchol yn digwydd.

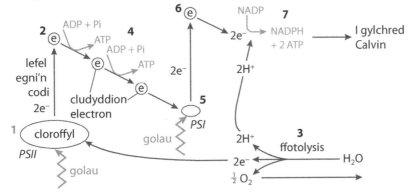

Ffotoffosffforyleiddiad anghylchol

1. Mae egni golau (ffotonau) yn taro cloroffyl (PSII) gan gynhyrfu ei electronau, a'u cyfnerthu nhw i lefel egni uwch.

>> Cofiwch

Dydy golau ddim yn hollti dŵr yn uniongyrchol, oherwydd mae'r ffotonau'n cynhyrfu'r electronau mewn cloroffyl gan eu cyfnerthu nhw i lefel egni uwch, sy'n golygu bod y cloroffyl yn cael ei ocsidio. Mae cloroffyl wedi'i ocsidio yna'n cael electronau newydd o ddŵr, sy'n achosi iddo hollti.

cwestiwn cyflym

⑫ Nodwch dri gwahaniaeth rhwng ffotoffosfforyleiddiad cylchol ac anghylchol.

cwestiwn cyflym

⑬ O ba ffynhonnell mae ffotosystem II yn cael electronau newydd?

2. Mae'r electronau'n cael eu derbyn gan gludydd electronau yn y bilen thylacoid.

3. Mae'r cloroffyl wedi'i ocsidio yn tynnu'r electronau o ddŵr, gan gynhyrchu protonau ac ocsigen (*ffotolysis*). Mae hyn yn digwydd yn y gofod thylacoid.

4. Wrth i electronau fynd o gludydd i gludydd, maen nhw'n colli egni, ac mae'r egni hwn yn pwmpio protonau o'r stroma i'r gofod thylacoid. Wrth i'r protonau lifo'n ôl drwy'r gronyn coesog, mae ADP yn cael ei ffosfforyleiddio; mae hyn yn gwneud cyfanswm o 2 ATP.

5. Mae'r electronau'n mynd i mewn i ffotosystem I lle mae golau'n eu cyffroi nhw, a'u cyfnerthu nhw i lefel egni uwch fyth.

6. Mae'r electronau'n mynd i mewn i gludydd electronau terfynol.

7. Mae electronau a phrotonau yn rhydwytho NADP i ffurfio NADPH sy'n mynd i gylchred Calvin gyda'r ddau ATP gafodd eu gwneud.

2. Ffotoffosfforyleiddiad cylchol, sy'n gysylltiedig â ffotosystem I yn unig, ac yn cynhyrchu 1 moleciwl ATP yn unig. Dydy ffotolysis ddim yn digwydd, felly does dim ocsigen yn cael ei ryddhau. Mae'r electronau'n dilyn llwybr cylchol.

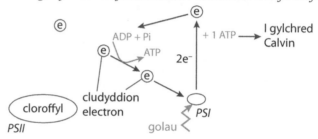

Ffotoffosfforyleiddiad cylchol

Os nad oes unrhyw NADP ar gael, yna mae'r electronau'n disgyn yn ôl i'r gadwyn trosglwyddo electronau (ar lefel egni ryngol) ac yn cynhyrchu 1 ATP. Mae'r gylchred hon yn parhau nes bod NADP ar gael. Mae'r ATP sydd wedi'i gynhyrchu yn gallu cael ei ddefnyddio yn y gylchred Calvin, yn y mecanwaith agor stomata, neu ar gyfer prosesau eraill mewn celloedd.

Mae ATP yn cael ei gynhyrchu yn y cloroplast pan mae protonau'n cael eu pwmpio ar draws y bilen thylacoid gan ddefnyddio egni o'r electronau ac yn cronni gyda phrotonau sydd wedi'u cynhyrchu o ffotolysis dŵr yn y gofod thylacoid, gan gynhyrchu graddiant electrocemegol (protonau). Mae'r ïonau H^+ yn tryledu'n ôl i mewn i'r stroma drwy ronynnau coesog, gan gynhyrchu ATP. Mae'r protonau a'r electronau'n rhydwytho NADP, sy'n cael gwared ar ïonau H^+ o'r stroma, sydd hefyd yn cyfrannu at y graddiant H^+. Mae'r broses lle mae protonau'n symud yn cael ei galw'n cemiosmosis.

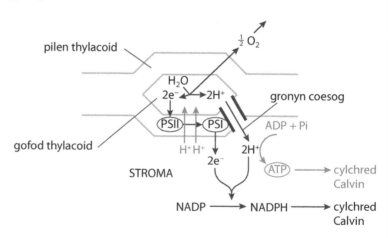

Cynhyrchu ATP yn y cloroplast

Cyfnod golau-annibynnol ffotosynthesis (cylchred Calvin)

Mae'r cyfnod hwn yn digwydd yn y stroma. Mae ATP a NADPH o'r adwaith golau-ddibynnol yn cael eu defnyddio i sefydlogi carbon o garbon deuocsid gyda chymorth yr ensym RwBisCO. Calvin a'i dîm oedd y cyntaf i ddarganfod y dilyniant gan ddefnyddio isotop carbon ymbelydrol (^{14}C) sy'n bresennol mewn hydrogen carbonad. Tynnodd Calvin samplau yn rheolaidd a'u rhoi nhw mewn methanol poeth i ladd yr algâu *Chorella* ac atal unrhyw adweithiau ag ensymau. Yna, defnyddiodd gromatograffaeth i adnabod y cynhyrchion. Rhoddodd ei gromatogram wrth ddarn o ffilm pelydr-X a fyddai'n canfod ymbelydredd wedi'i allyrru o'r ^{14}C. Roedd hyn yn adnabod cynhyrchion oedd yn cynnwys ^{14}C yn y drefn gawson nhw eu cynhyrchu: ïonau hydrogen carbonad oedd yn gyntaf, yna glyserad 3-ffosffad (GP), trios ffosffad (TP), ribwlos bisffosffad (RwBP) ac yn olaf glwcos.

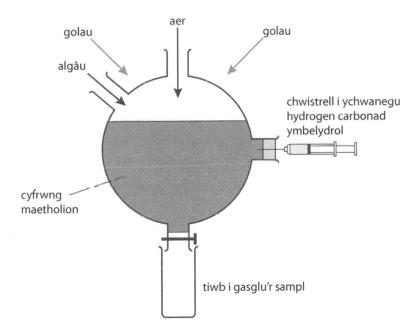

Cyfarpar lolipop Calvin

cwestiwn cyflym

⑭ Cylchred Calvin yw'r cyfnod golau-annibynnol. Pam mae angen golau er mwyn i'r gylchred weithio?

>> Cofiwch

Dim ond un moleciwl carbon sy'n cael ei sefydlogi bob tro mae'r gylchred yn troi.

cwestiwn cyflym

⑮ Sut mae GP yn cael ei rydwytho i ffurfio TP?

cwestiwn cyflym

⑯ Enwch yr ensym sy'n sefydlogi carbon deuocsid yng nghylchred Calvin.

cwestiwn cyflym

⑰ Pam mae'n hanfodol atffurfio ribwlos bisffosffad?

1. Mae carbon deuocsid yn tryledu i mewn i'r ddeilen drwy'r stomata, gan hydoddi yn y dŵr sydd o gwmpas y celloedd mesoffyl palis cyn tryledu i mewn i'r celloedd.

2. Mae carbon deuocsid yn cyfuno â'r cyfansoddyn 5 carbon ribwlos bisffosffad (RwBP) gan ddefnyddio'r ensym RwBisCO i ffurfio cyfansoddyn 6C ansefydlog.

3. Mae'r cyfansoddyn 6C ansefydlog yn ymddatod ar unwaith i ffurfio 2 foleciwl glyserad 3-ffosffad (GP).

4. Gan ddefnyddio un moleciwl ATP o'r adwaith golau, mae GP yn cael ei rydwytho i ffurfio trios ffosffad (TP) gan ddefnyddio atomau hydrogen o NADPH.

5. Mae moleciwlau trios ffosffad yn cyfuno mewn parau i ffurfio siwgrau hecsos.

6. Mae pump o bob chwech moleciwl trios ffosffad sy'n cael ei gynhyrchu yn cael eu defnyddio i atffurfio RwBP *(drwy'r rhyngolyn ribwlos ffosffad)* gan ddefnyddio ATP o'r adwaith golau-ddibynnol i gyflenwi egni a ffosffad. Mae hyn yn caniatáu i'r gylchred barhau.

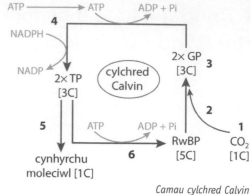

Camau cylchred Calvin

Syntheseiddio cynhyrchion

Rhaid i blanhigion gynhyrchu'r holl garbohydradau, brasterau a phroteinau sydd eu hangen arnyn nhw o gynhyrchion cylchred Calvin. Mae ffrwctos ffosffad sydd wedi'i ffurfio o'r ddau foleciwl trios ffosffad, yn gallu cael ei drawsnewid yn glwcos, neu ei gyfuno â glwcos i gynhyrchu swcros. Yna, mae swcros yn cael ei drawsleoli yn y ffloem i'r rhannau o'r planhigyn sy'n tyfu. Mae rhywfaint o α-glwcos yn cael ei storio fel startsh, ac mae β-glwcos yn ffurfio cellwlos mewn cellfuriau. Mae asidau brasterog yn gallu ffurfio o glyserad 3-ffosffad, a glyserol o drios ffosffad, sef blociau adeiladu triglyseridau. Mae proteinau'n gallu ffurfio o glyserad 3-ffosffad, ond mae angen nitrogen o ïonau nitrad i wneud y grŵp amino. Mae angen ïonau ychwanegol i wneud cyfansoddion eraill fel cloroffyl, e.e. Mg^{2+}, ac mae angen Ca^{2+} i wneud lamela canol cellfuriau. Mae diffyg nitrogen yn arafu twf planhigion, oherwydd dydy planhigion ddim yn gallu syntheseiddio proteinau o ganlyniad i'r diffyg nitrogen; mae diffyg magnesiwm yn achosi clorosis, sef dail yn troi'n felyn, oherwydd dydyn nhw ddim yn gallu syntheseiddio cloroffyl. Gallwn ni ddangos hyn mewn arbrawf drwy roi planhigion mewn priddoedd â gwahanol gynnwys maetholion ac arsylwi eu twf.

▲ Gwella gradd

Dylech chi allu esbonio effeithiau diffyg magnesiwm neu nitrogen ar blanhigyn.

Ffactorau cyfyngol mewn ffotosynthesis

Mae nifer o ffactorau'n rheoli cyfradd ffotosynthesis, gan gynnwys crynodiad carbon deuocsid, arddwysedd golau, a thymheredd. Y **ffactor gyfyngol** yw'r un sydd fwyaf prin ac sy'n rheoli'r cam cyfyngu cyfradd, ac felly mae cynyddu hon yn cynyddu cyfradd ffotosynthesis.

Ffactor	Graff	Esboniad
Carbon deuocsid		Ar grynodiad isel, mae crynodiad carbon deuocsid yn gyfyngol, ond dros 0.5%, mae'r gyfradd yn gwastadu, sy'n dangos bod rhaid bod rhywbeth arall yn gyfyngol. Dros 1% mae'r stomata'n cau, sy'n atal mewnlifiad carbon deuocsid.
Arddwysedd golau		Wrth i arddwysedd golau gynyddu, mae cyfradd ffotosynthesis yn cynyddu hyd at tua 10,000 lux (uned SI goleuedd) pan mae rhyw ffactor arall yn mynd yn gyfyngol. Ar arddwysedd golau uchel iawn, mae'r gyfradd yn lleihau wrth i bigmentau cloroplastau gael eu cannu. Mae gwahanol blanhigion wedi esblygu i fod fwyaf effeithlon yn yr arddwysedd golau sy'n bodoli yn eu hamgylchedd nhw, e.e. planhigion haul a phlanhigion cysgod.
Tymheredd		Mae tymheredd yn cynyddu egni cinetig yr adweithyddion a'r ensymau sy'n cymryd rhan ym mhroses ffotosynthesis. Yn wahanol i ffactorau eraill, dydy'r graff ddim yn gwastadu oherwydd bod ensymau, e.e. RwBisCO, yn dechrau dadnatureiddio felly mae cyfradd ffotosynthesis yn lleihau wrth fynd dros y tymheredd optimwm. Bydd hwn yn uwch mewn rhywogaethau sydd wedi addasu i amgylcheddau poeth, sych.

Gwella gradd

Er bod dŵr yn adweithydd, yn bell cyn iddo ddod yn ffactor gyfyngol, mae'r celloedd gwarchod yn colli eu chwydd-dyndra ac mae'r stomata'n cau, gan leihau'r cyflenwad carbon deuocsid.

Mae llawer o ffactorau'n gallu bod yn gyfyngol ar yr un pryd, ond yr un fwyaf prin sy'n rheoli'r cam cyfyngu cyfradd.

Term Allweddol

Ffactor gyfyngol: ffactor sy'n cyfyngu ar gyfradd proses ffisegol oherwydd ei bod hi'n brin.

Gwella gradd

Y cam cyfyngu cyfradd yw'r adwaith arafaf mewn dilyniant, a hwn sy'n pennu cyfradd gyffredinol yr adwaith.

Cofiwch

Rydym ni'n galw'r arddwysedd golau pan mae mewnlifiad carbon deuocsid yn sero, h.y. pan mae'r planhigyn yn gallu defnyddio'r holl garbon deuocsid sy'n cael ei gynhyrchu yn ystod resbiradaeth ar gyfer ffotosynthesis, yn bwynt digolledu golau. Mae hwn yn wahanol mewn planhigion haul a phlanhigion cysgod.

 Cyswllt Rydych chi wedi dysgu am effaith tymheredd ar adweithiau sy'n cael eu rheoli gan ensymau yn UG. Gweler tudalennau 44–45 yn y Canllaw Astudio ac Adolygu UG.

Gwella gradd

Cofiwch gynnal yr arbrawf dair gwaith er mwyn gallu cyfrifo cymedr, sy'n fwy dibynadwy na chanlyniad unigol.

Mesur cyfradd ffotosynthesis

Mae planhigion dyfrol yn bethau da i'w defnyddio wrth ymchwilio i sut mae gwahanol ffactorau'n effeithio ar ffotosynthesis. Mae'n haws rheoli tymheredd a chrynodiad carbon deuocsid nag ydyw gyda phlanhigion daearol, drwy ddefnyddio baddon dŵr a rheoli crynodiad hydrogen carbonad. Mae hefyd yn hawdd casglu'r ocsigen sy'n cael ei gynhyrchu a'i fesur yn fanwl gywir mewn tiwb capilari. Dyma'r fformiwla i gyfrifo cyfaint y swigen sy'n cael ei chasglu:

Cyfaint = $\pi r^2 \times$ hyd y swigen

Lle mae π = 3.14 ac r = radiws neu $\dfrac{\text{diamedr}}{2}$

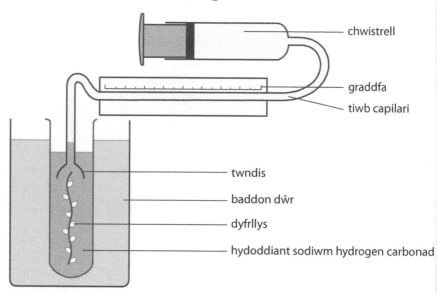

Ffotosynthomedr

Enghraifft ymarferol

Mae ffotosynthomedr â diamedr tiwb capilari o 0.1 cm yn cael ei ddefnyddio i fesur cyfaint yr ocsigen sy'n cael ei gynhyrchu gan ddarn o ddyfrllys Canada mewn pum munud ar 20°C. Mae'r tabl isod yn dangos y canlyniadau:

Tymheredd / °C	Hyd y swigen yn y tiwb capilari / mm			
	Arbrawf 1	Arbrawf 2	Arbrawf 3	Cymedr
20	25	20	30	25

Cyfrifwch gyfaint cymedrig yr ocsigen sy'n cael ei gynhyrchu mewn mm^3.

Cyfaint = $\pi r^2 \times$ hyd y swigen

diamedr = 0.1 cm = 1 mm, felly radiws = 0.5 mm.

cyfaint = $3.14 \times 0.5^2 \times 25$

$= 3.14 \times 0.25 \times 25$

$= 19.6 \ mm^3$ (1 lle degol)

≫ **Cofiwch**

Cofiwch weithio yn yr un unedau. Yn yr enghraifft hon, mae angen trawsnewid 0.1 cm yn 1 mm, oherwydd bod hyd y swigen hefyd wedi'i fesur mewn mm, fel bod yr ateb mewn mm^3.

ychwanegol

3.2 Cwblhewch y tabl canlynol i ddangos effeithiau gwahanol ffactorau ar ryngolion cylchred Calvin dros gyfnod o bum munud. Mae rhai wedi'u cwblhau ar eich cyfer yn barod.

Ffactor	Effaith ar y trios ffosffad (TP)	Effaith ar y glyserad 3-ffosffad (GP)	Effaith ar y ribwlos bisffosffad (RwBP)
Arddwysedd golau	Mae lleihau arddwysedd golau yn golygu gwneud llai o ATP ac NADP wedi'i rydwytho, felly mae llai o TP yn cael ei gynhyrchu (gan fod angen ATP ac NADP wedi'i rydwytho i wneud TP o GP).	Mae lleihau arddwysedd golau yn golygu......	Mae lleihau arddwysedd golau yn golygu gwneud llai o ATP ac NADP wedi'i rydwytho, ac felly gwneud llai o RwBP oherwydd bod RwBP yn dal i gael ei ddefnyddio i wneud GP, ond dydy RwBP ddim yn cael ei atffurfio gan fod llai o GP yn cael ei drawsnewid yn TP, sydd ei angen i wneud RwBP.
Crynodiad carbon deuocsid	Wrth i garbon deuocsid gynyddu......	Wrth i garbon deuocsid gynyddu mae GP yn cynyddu, oherwydd bod mwy o CO_2 wedi'i sefydlogi, a mwy o GP yn cael ei wneud.	Wrth i garbon deuocsid gynyddu........
Tymheredd	Wrth i'r tymheredd gynyddu.......	Wrth i'r tymheredd gynyddu mae GP yn cynyddu. Ond ar dymheredd uchel bydd GP yn lleihau oherwydd mae'r ensym RwBisCO yn dadnatureiddio ac mae llai o garbon deuocsid wedi'i sefydlogi, felly bydd llai o GP yn cael ei wneud ac felly bydd llai o TP yn cael ei wneud.	Wrth i'r tymheredd gynyddu.......

3.3 Mae resbiradaeth yn rhyddhau egni cemegol mewn prosesau biolegol

Trosolwg o resbiradaeth

Hafaliad cyffredinol **resbiradaeth aerobig** yw:

$$C_6H_{12}O_6 + 6O_2 \rightarrow 6CO_2 + 6H_2O + 38\ ATP$$

Mae resbiradaeth aerobig yn cynhyrchu swm o egni cymharol fawr: yn ddamcaniaethol, hyd at 38 ATP (ond derbynnir amrediad o 32–38 ATP yn aml); aerobau anorfod sy'n gwneud hyn. Mae rhai micro-organebau, gan gynnwys bacteria a burum, yn gallu resbiradu gydag ocsigen neu heb ocsigen; rydym ni'n galw'r rhain yn anaerobau amryddawn. Mae rhai bacteria'n methu â thyfu ym mhresenoldeb ocsigen, felly dim ond **resbiradaeth anaerobig** sy'n bosibl iddynt; anaerobau anorfod yw'r rhain. Byddwn ni'n sôn mwy am hyn yn yr adran microbioleg.

Resbiradaeth aerobig

Mae pedwar cam i resbiradaeth aerobig:

1. Glycolysis
   - Mae'n digwydd yn y cytoplasm.
   - Does dim angen ocsigen.

   Camau:
   - Mae glwcos yn cael ei ffosfforyleiddio i gynhyrchu glwcos deuffosffad. Mae hyn yn gwneud glwcos yn fwy adweithiol (drwy ostwng egni actifadu'r adweithiau dan sylw) fel ei bod hi'n haws ei hollti'n drios ffosffad.
   - Mae 2 NAD yn cael eu rhydwytho i ffurfio NADH wrth **ddadhydrogenu** trios ffosffad.
   - Mae 4 ATP yn cael eu cynhyrchu gan ffosfforyleiddiad lefel swbstrad, ac mae pyrwfad yn cael ei gynhyrchu. Gan fod 2 ATP yn cael eu defnyddio i ffosfforyleiddio glwcos, y cynnydd net yw +2 ATP.

Os oes ocsigen ar gael, mae'r pyrwfad yn symud i'r adwaith cyswllt, ac mae ei gynhyrchion yn symud ymlaen i gylchred Krebs lle mae mwy o NAD yn cael ei rydwytho a rhywfaint o ATP yn cael ei gynhyrchu'n uniongyrchol.

Termau Allweddol

Resbiradaeth aerobig: rhyddhau symiau mawr o egni ar ffurf ATP, drwy ymddatod moleciwlau. Ocsigen yw'r derbynnydd electronau terfynol.

Resbiradaeth anaerobig: rhyddhau symiau cymharol fach o egni ar ffurf ATP, drwy ymddatod moleciwlau yn absenoldeb ocsigen, drwy gyfrwng ffosfforyleiddiad lefel swbstrad.

Term Allweddol

Dadhydrogeniad: ensymau dadhydrogenas yn tynnu atomau hydrogen o ryngolynnau.

cwestiwn cyflym

⑱ Os yw pob NADH yn cynhyrchu 3 ATP yn y gadwyn drosglwyddo electronau, beth yw cyfanswm cynnyrch ATP mewn glycolysis?

Gwella gradd

Cofiwch fod glycolysis yn cynhyrchu cyfanswm o 4 ATP, ond gan fod 2 yn cael eu defnyddio i ffosfforyleiddio glwcos, dim ond 2 ATP yw'r cynnyrch net.

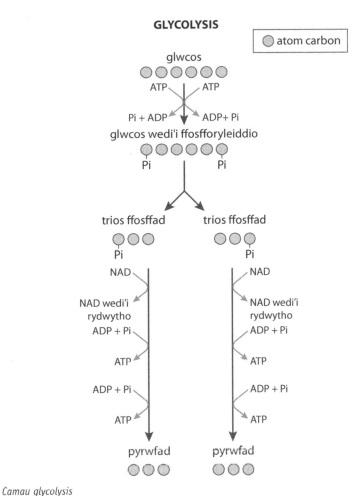

GLYCOLYSIS

atom carbon

Camau glycolysis

Term Allweddol

Datgarbocsyleiddiad: ensymau datgarbocsylas yn tynnu carbon deuocsid o ryngolynnau.

2. Adwaith cyswllt
   - Mae'n digwydd ym matrics y mitocondrion, felly rhaid i'r pyrwfad dryledu i mewn i'r mitocondria.
   - Dim ond ym mhresenoldeb ocsigen mae'n digwydd.
   - Mae'n digwydd ddwywaith *am bob moleciwl glwcos* (oherwydd bod *dau* foleciwl pyrwfad).

Camau (×2 i bob glwcos):
   - Mae pyrwfad yn tryledu i mewn i fatrics y mitocondrion lle mae'n cael ei ddadhydrogenu ac mae'r hydrogen sy'n cael ei ryddhau yn rhydwytho NAD.
   - Mae'r pyrwfad yn cael ei **ddatgarbocsyleiddio**, gan gynhyrchu asetyl.
   - Mae cydensym A (CoA) yn cael ei ychwanegu i ffurfio asetyl CoA sy'n mynd i gylchred Krebs.

cwestiwn cyflym

⑲ Esboniwch fantais yr holl blygion yn y bilen fewnol (cristâu) mewn mitocondria.

 Gwella gradd

Mae'n rhaid ymddatod glwcos i ffurfio pyrwfad cyn iddo fynd i mewn i'r mitocondrion oherwydd bod glwcos yn rhy fawr i dryledu i mewn i'r mitocondrion, a dydy'r mitocondrion ddim yn meddu ar yr ensymau sydd eu hangen ar gyfer glycolysis.

Gwella gradd

Darllenwch unrhyw gwestiwn am gylchred Krebs yn ofalus. Ydy'r cwestiwn yn gofyn am nifer yr NAD wedi'i rydwytho neu'r ATP sy'n cael ei gynhyrchu *o bob moleciwl* glwcos neu *mewn un gylchred*?

Gwella gradd

Does dim angen i chi wybod enwau'r ensymau i gyd, dim ond datgarbocsylasau, dadhydrogenasau ac ATP synthetas.

Cofiwch

Cofiwch fod cylchred Krebs yn digwydd ddwywaith i bob un moleciwl glwcos.

Gwella gradd

Heb ocsigen, dydy'r gadwyn trosglwyddo electronau ddim yn gallu digwydd oherwydd does dim derbynnydd electronau terfynol.

3. Cylchred Krebs
- Mae'n digwydd ym matrics y mitocondrion.
- Dim ond ym mhresenoldeb ocsigen mae'n digwydd.
- Mae'n digwydd ddwywaith *am bob moleciwl glwcos* (oherwydd bod *dau* foleciwl asetyl CoA).

Camau:
- Mae asetyl CoA yn uno ag asid [4C] i gynhyrchu asid [6C].
- Mae'r asid [6C] yn cael ei ddatgarbocsyleiddio, gan ryddhau 1 moleciwl CO_2, a'i ddadhydrogenu, gan rydwytho 1 moleciwl NAD.
- Mae'r asid [5C] canlyniadol yn cael ei ddatgarbocsyleiddio, gan ryddhau 1 moleciwl CO_2, a'i ddadhydrogenu, gan rydwytho 2 foleciwl NAD ac 1 moleciwl FAD.
- Mae ATP yn cael ei gynhyrchu'n uniongyrchol drwy gyfrwng ffosfforyleiddiad lefel swbstrad.
- Mae'r asid [4C] canlyniadol yn cyfuno ag asetyl CoA ac mae'r gylchred yn ailadrodd.

ADWAITH CYSWLLT a CHYLCHRED KREBS

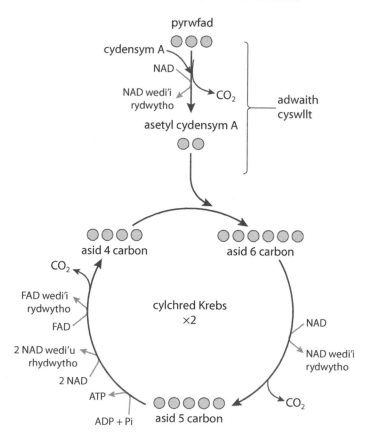

Camau'r adwaith cyswllt a chylchred Krebs

4. Y gadwyn trosglwyddo electronau
- Mae angen ocsigen (derbynnydd electronau terfynol).
- Mae'n digwydd ar bilen fewnol mitocondrion (Cristâu).

Camau:
- Mae NADH yn uno â'r pwmp protonau cyntaf, ac yn cael ei ddadhydrogenu, gan ryddhau'r atomau hydrogen sy'n hollti'n brotonau ac electronau.
- Mae'r protonau'n cael eu pwmpio ar draws y bilen gan ddefnyddio egni o'r electronau egni uchel wrth i'r electronau fynd i'r pwmp protonau nesaf.
- Wrth i'r electronau fynd heibio i'r ail bwmp protonau, maen nhw'n darparu egni i bwmpio pâr arall o brotonau o'r matrics i'r gofod rhyngbilennol.
- Mae'r electronau'n mynd heibio i'r trydydd pwmp protonau; mae dau broton arall yn cael eu pwmpio ar draws, sy'n creu graddiant protonau.
- Wrth i'r electronau gyrraedd y derbynnydd electronau terfynol (ocsigen), mae dau broton yn mynd yn ôl i mewn i'r matrics drwy'r gronyn coesog (ATP synthetas) i lawr y graddiant protonau gan ffosfforyleiddio ADP i ffurfio ATP.
- Rydym ni'n cyfeirio at symudiad y protonau yma fel cemiosmosis.
- Mae dŵr yn ffurfio o $2H^+$, $2e^-$ ac $\frac{1}{2}O_2$.
- Mae NADH yn defnyddio tri phwmp protonau felly mae'n cynhyrchu 3 ATP.
- Mae FADH yn uno yn yr ail bwmp protonau felly dim ond dau bwmp mae'n eu defnyddio, felly dim ond 2 ATP mae'n eu cynhyrchu.

》 Cofiwch

Mae cyanid yn atalydd anghystadleuol i'r cludydd terfynol yn y gadwyn trosglwyddo electronau, felly dydy electronau ddim yn gallu cyrraedd y derbynnydd electronau terfynol. Mae hyn yn golygu nad yw'r electronau'n symud, sy'n atal y pympiau protonau rhag gweithio. Mae synthesis ATP yn stopio'n fuan ar ôl hyn.

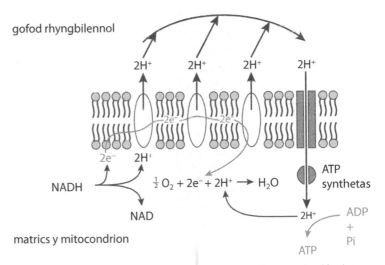

Y gadwyn trosglwyddo electronau

Crynodeb o gynhyrchion resbiradaeth (i bob moleciwl glwcos)

Cyfnod	Cynnyrch				
	ATP	NADH	FADH	CO_2	H_2O
Glycolysis	2	2	0	0	0
Adwaith cyswllt	0	2	0	2	0
Cylchred Krebs	2	6	2	4	0
Cadwyn trosglwyddo electronau	34*	0	0	0	6

* O 10 NADH × 3 = 30 ATP a 2 FADH × 2 = 4 ATP

ychwanegol

3.3. Cwblhewch y tabl crynodeb ar gyfer cyfnodau resbiradaeth aerobig

Gosodiad	Glycolysis	Adwaith cyswllt	Cylchred Krebs	Cadwyn trosglwyddo electronau
Oes angen ocsigen?				
Ydy carbon deuocsid yn cael ei gynhyrchu?				
Ble mae'n digwydd?				
Ydy FAD yn cael ei rydwytho?				
Ydy NADH yn cael ei ocsidio?				

Resbiradaeth anaerobig

Mae hyn yn digwydd mewn llawer o organebau yn absenoldeb ocsigen. Mae glycolysis yn dal i ddigwydd, ond mae'r diffyg ocsigen yn atal yr adwaith cyswllt, cylchred Krebs a'r gadwyn trosglwyddo electronau rhag digwydd. Un o brif ganlyniadau hyn yw nad yw NADH yn cael ei ocsidio yn y gadwyn trosglwyddo electronau, felly dydy NAD ddim yn cael ei atffurfio. Gan fod dadhydrogeniad yn digwydd cyn cynhyrchu'r 4 ATP olaf mewn glycolysis, byddai'r diffyg NAD yn atal cynhyrchu ATP.

I oresgyn hyn, mae anifeiliaid am gyfnod byr yn gallu defnyddio hydrogen o NADH i rydwytho pyrwfad i ffurfio lactad, sy'n atffurfio NAD, gan ganiatáu i'r glycolysis barhau. Mewn planhigion a burum, mae'r pyrwfad yn cael ei ddatgarbocsyleiddio yn gyntaf i ffurfio ethanal, ac yna'n cael ei rydwytho i ffurfio ethanol gan ddefnyddio'r hydrogen o NADH. Mae lactad ac ethanol yn cronni'n gyflym, felly dydy hyn ddim yn gallu parhau am byth. Mewn anifeiliaid, mae resbiradaeth anaerobig yn creu 'dyled ocsigen' lle mae angen ocsidio lactad yn nes ymlaen, gan ryddhau mwy o egni. Mewn planhigion, does dim modd ymddatod yr ethanol yn nes ymlaen, felly mae'n gallu cronni a chyrraedd crynodiadau gwenwynig. Mewn planhigion ac anifeiliaid, dim ond 2 ATP sy'n ffurfio yn ystod resbiradaeth anaerobig.

cwestiwn cyflym

㉑ Nodwch ble yn union mae'r prosesau canlynol yn digwydd:
a) Glycolysis
b) Adwaith cyswllt
c) Resbiradaeth anaerobig

 Gwella gradd

Os yw lactad yn cronni mewn cyhyrau, mae'n wenwynig ac yn achosi cramp. Mae'n creu dyled ocsigen oherwydd bod angen ei ocsidio yn yr afu/iau yn nes ymlaen.

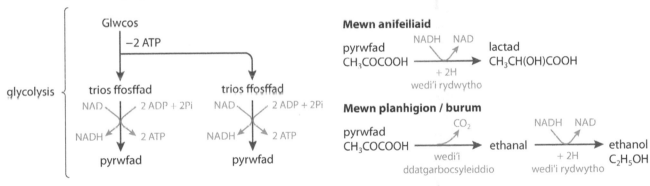

Crynodeb o resbiradaeth anaerobig

Effeithlonrwydd resbiradaeth

Mae un môl o glwcos yn cynnwys 2880 kJ o egni.

Yr egni sy'n cael ei ryddhau yn ystod hydrolysis ATP = 30.6 kJ y môl.

Os ydym ni'n tybio uchafswm cynnyrch damcaniaethol o 38 môl o ATP o un môl o glwcos, yna:

$$\text{Effeithlonrwydd resbiradaeth aerobig} = \frac{\text{egni o ATP}}{\text{egni mewn glwcos}}$$

$$= \frac{30.6 \times 38}{2880} \times 100 = 40.4\% \ (1 \text{ ll.d.})$$

 Gwella gradd

Allwch chi ddim 'gwneud' egni, dim ond ei drawsnewid o un ffurf i un arall, neu ei drosglwyddo.

cwestiwn cyflym

㉒ Cyfrifwch effeithlonrwydd egni resbiradaeth anaerobig.

Gwella gradd

Cofiwch ddangos eich gwaith cyfrifo mewn unrhyw gyfrifiad mathemategol, ac os nad yw eich ateb yn rhif cyfan cofnodwch ef i 1 lle degol, oni bai eich bod chi'n cael cyfarwyddiadau gwahanol.

Llwybrau resbiradol amgen

Gellir resbiradu lipidau pan mae cyflenwadau carbohydrad yn isel. Mae lipidau'n cael eu hydrolysu i ffurfio glyserol sy'n cael ei ffosfforyleiddio, a'i ddadhydrogenu i ffurfio trios ffosffad sy'n gallu mynd i mewn i glycolysis. Caiff yr asidau brasterog eu hollti'n foleciwlau dau garbon sy'n mynd i gylchred Krebs ar ffurf asetyl CoA. Gan fod asidau brasterog yn cynnwys niferoedd mawr o atomau carbon a hydrogen, mae eu resbiradu nhw'n cynhyrchu mwy o garbon deuocsid, dŵr ac ATP (oherwydd bod mwy o hydrogen yn cael ei ddefnyddio yn y gadwyn trosglwyddo electronau).

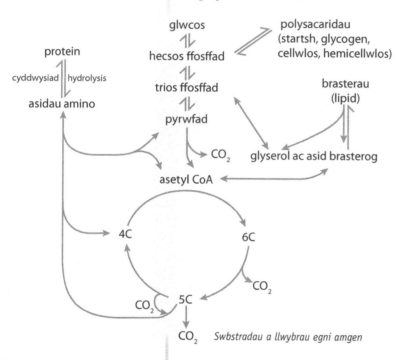

Swbstradau a llwybrau egni amgen

Mae proteinau'n gallu cael eu metaboleiddio pan nad oes brasterau a charbohydradau ar gael, neu pan mae deiet yn cynnwys cyfran uchel o brotein. Mae'r asidau amino sydd dros ben yn cael eu dadamineiddio yn yr afu/iau. Mae'r grŵp amin, NH_2, yn cael ei drawsnewid yn wrea yn y gylchred ornithin yn yr afu ac yna mae'r wrea yn cael ei ysgarthu drwy'r arennau fel troeth. Mae'r grŵp carbocsyl sydd ar ôl yn gallu cael ei drawsnewid yn nifer o wahanol ryngolynnau cylchred Krebs.

cwestiwn cyflym

㉓ Beth sy'n cynhyrchu'r mwyaf o egni, 1g o fraster neu 1g o garbohydrad? Esboniwch eich ateb.

Arbrofion gyda derbynyddion hydrogen artiffisial

Gallwn ni ddefnyddio nifer o dderbynyddion hydrogen artiffisial, e.e. methylen glas (sy'n troi'n ddi-liw wrth gael ei rydwytho) neu TTC (sy'n troi'n goch wrth gael ei rydwytho), gyda burum i fesur cyfradd resbiradaeth. Gallwn ni fesur yr amser mae'r newid lliw yn ei gymryd dan nifer o wahanol newidynnau annibynnol, e.e. tymheredd neu grynodiad glwcos. Mae'r dull hwn yn cynhyrchu nifer o broblemau: Mae'n anodd canfod y diweddbwynt, oherwydd bod yr amser mae'r newid lliw yn ei gymryd yn oddrychol, ac mae'n cynhyrchu graff cilyddol, h.y. mae amser byr yn cynrychioli cyfradd resbiradaeth uchel. Mae defnyddio colorimedr i fesur pa mor dywyll yw'r hydoddiant (trawsyriant %) yn welliant da i ganfod diweddbwynt yr adwaith.

3.4 Microbioleg

Dosbarthu bacteria

Rydym ni'n dosbarthu bacteria yn ôl eu siâp, adeiledd eu cellfuriau, a'u nodweddion metabolaidd, antigenig a genynnol. Mae maint bacteria yn amrywio o 0.4 µm mewn diamedr i dros 700 µm, ond mae'r rhan fwyaf ohonyn nhw o gwmpas 7–10 µm o hyd a 2 µm o led e.e. *E. coli.*

Mae bacteria fel arfer yn sfferig (coccus), siâp rhoden (bacillus) neu'n droellog (spirillum), a gallwn ni eu rhannu nhw'n bellach, e.e. *diplo* sy'n golygu dau. Mae'r enw yn aml yn adlewyrchu'r clefyd maen nhw'n ei achosi, e.e. *pneumoniae* sy'n achosi niwmonia.

Coccus (sfferau)    Bacillus (rhodenni)

Staphylococci
e.e. mae *Staphylococcus aureus*
yn achosi gwenwyn bwyd

e.e. mae *Salmonella typhi*
yn achosi
twymyn teiffoid

diplococci
e.e. mae *Diplococcus pneumoniae*
yn achosi niwmonia

e.e. mae *Azotobacter*
yn facteriwm
sefydlogi nitrogen
mewn pridd

Gwahanol siapiau bacteria

Bacteria Gram positif a Gram negatif

Rydym ni'n dosbarthu bacteria ymhellach, yn ôl adeiledd eu cellfur, gan ddefnyddio techneg staenio Gram.

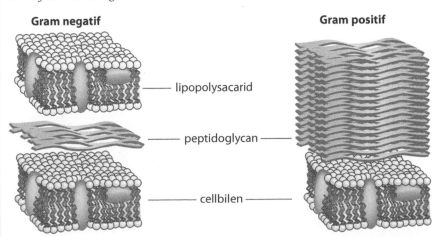

Gram negatif   **Gram positif**

lipopolysacarid

peptidoglycan

cellbilen

Cellfur bacteria

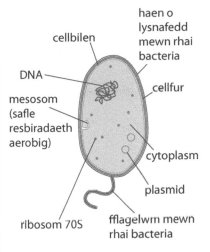

Bacteriwm nodweddiadol

Labels: haen o lysnafedd mewn rhai bacteria; cellbilen; DNA; cellfur; mesosom (safle resbiradaeth aerobig); cytoplasm; plasmid; ribosom 70S; fflagelwrn mewn rhai bacteria

>> **Cofiwch**
Cofiwch dermau lluosog y gwahanol siapiau. Coccus (cocci), bacillus (bacilli) a spirillum (spirilla).

Gwella gradd
Mae angen i chi wybod techneg staen Gram, a gallu esbonio pam mae bacteria Gram positif yn cadw'r staen fioled grisial.

>> **Cofiwch**
Dylech chi allu adnabod bacteria o luniadau neu ffotograffau yn ôl eu siâp a'u lliw ar ôl staen Gram.

>> **Cofiwch**
Mae rhai llyfrau yn dal i ddefnyddio'r term mwrein – hen enw ar gyfer peptidoglycan yw hwn.

cwestiwn cyflym

24 Beth yw siâp bacteriwm *Streptococcus*?

Gwella gradd

Mae'n bwysig cofio bod bacteria Gram negatif *yn* cynnwys peptidoglycan yn eu cellfur, ond oherwydd yr haen lipopolysacarid, dydyn nhw ddim yn cadw'r fioled grisial.

Cofiwch

Cofiwch y geiriau P!
Mae bacteria Gram Positif yn staenio'n lliw Porffor ac mae Penisilin yn gallu gweithredu arnyn nhw oherwydd yr haen Peptidoglycan drwchus.

Mae'r gwrthfiotig penisilin yn atal y trawsgysylltiadau rhag ffurfio o fewn yr haen peptidoglycan, ac felly mae'n gwanhau'r cellfur mewn bacteria sydd newydd rannu. Bacteria Gram positif sy'n cael eu heffeithio fwyaf oherwydd bod lysis osmotig wedyn yn digwydd iddyn nhw, sef pan fydd dŵr yn mynd i mewn i'r gell bacteria gan achosi i'r gell fyrstio.

Bacteria Gram positif	Bacteria Gram negatif
Cellfur mwy trwchus	Cellfur teneuach
Haen peptidoglycan drwchus	Haen peptidoglycan denau
Dim haen lipopolysacarid (LPS), felly mae penisilin a lysosym yn gallu gweithredu arno	Haen lipopolysacarid (LPS) yn amddiffyn rhag penisilin a lysosym yn gweithredu arno
Haen peptidoglycan yn dal y staen fioled grisial felly'n staenio'n borffor	Haen lipopolysacarid yn atal mewnlifiad staen fioled grisial, felly dim ond yn staenio'n goch ar ôl cael gwared ar yr LPS a defnyddio gwrthstaen, e.e. saffranin
e.e. *Staphylococcus a Streptococcus*	*Salmonella ac E. coli*

Staen Gram

Er mwyn canfod statws Gram bacteria, rydym ni'n eu staenio nhw gan ddefnyddio techneg staen Gram.

1. Defnyddiwch ddolen frechu i roi sampl bach o facteria ar sleid microsgop wydr. Rhowch y sleid drwy fflam Bunsen un waith neu ddwy i lynu'r bacteria at y sleid (mae hyn hefyd yn eu lladd nhw).
2. Ychwanegwch ambell ddiferyn o staen fioled grisial a'i adael am 30 eiliad.
3. Rinsiwch y gormodedd â dŵr.
4. Ychwanegwch ïodin Gram am 1 funud i wneud i'r staen lynu.
5. Mae'r bacteria sy'n staenio'n borffor yn Gram positif.

Er mwyn staenio gweddill y bacteria:

1. Golchwch nhw ag alcohol am 30 eiliad i hydoddi'r lipidau yn yr haen lipopolysacarid, a datgelu'r haen peptidoglycan fewnol.
2. Staeniwch nhw eto â staen arall, e.e. saffranin, sy'n staenio'r bacteria sydd heb eu staenio, yn goch.

cwestiwn cyflym

㉕ Esboniwch y lliw porffor sydd i'w weld wrth roi staen Gram ar facteria *Staphylococcus*.

cwestiwn cyflym

㉖ Pa haen sy'n bodoli mewn bacteria Gram negatif yn unig?

Yr amodau sydd eu hangen ar gyfer twf bacteria

Mae cyfrwng twf fel agar maetholion yn cynnwys y canlynol:

- Maetholion – ffynhonnell carbon ar gyfer resbiradaeth, e.e. glwcos, nitrogen ar gyfer synthesis niwcleotidau a phroteinau, a fitaminau a halwynau mwynol.
- Dŵr.
- Tymheredd addas – 25–45°C i'r rhan fwyaf o facteria; 37°C yw'r optimwm i bathogenau mamolaidd. Mae rhai yn gallu goroesi ar 90°C (rydym ni'n galw'r rhain yn thermoffilau), e.e. *Thermus aquaticus* sydd wedi esblygu mewn tarddellau poeth.
- pH addas – mae'r optimwm ychydig bach yn alcalïaidd (pH 7.4) ar gyfer y rhan fwyaf o facteria. Mae rhai yn gallu goroesi mewn amodau asidig, e.e. *Helicobacter pylori* yn y stumog (pH 1–2).
- Efallai y bydd angen ocsigen, neu efallai ddim, gan ddibynnu ar y modd resbiradu.
- Os oes angen ocsigen ar ficrob ar gyfer metabolaeth, rydym ni'n ei alw'n **aerob anorfod**.
- Mae'r rhai sy'n tyfu'n well ym mhresenoldeb ocsigen OND sy'n gallu tyfu hebddo, yn **anaerobau amryddawn**.
- Mae'r rhai sy'n METHU â thyfu ym mhresenoldeb ocsigen yn **anaerobau anorfod**, e.e. bacteria *Clostridium botulinum*, sy'n cynhyrchu'r tocsin botwlinwm.

Techneg aseptig

Wrth feithrin bacteria, mae'n bwysig defnyddio **techneg aseptig** i sicrhau mai dim ond y bacteriwm a ddymunir sy'n tyfu, a sicrhau nad ydych chi'n halogi eich hun na'r amgylchedd. Rhaid sterileiddio'r offer a'r cyfryngau sy'n cael eu defnyddio:

- Gwresogwch nhw ar 121°C am 15 munud mewn ffwrn aerglos neu sosban frys, neu drwy roi'r offer drwy fflam Bunsen am 2–3 eiliad nes ei fod yn goleuo'n goch e.e. dolen frechu. Mae hyn yn gweithio ar gyfer gwrthrychau difywyd (ddim yn fyw).
- Mae arbelydru'n gweithio'n dda ar gyfer plastigion ansefydlog sy'n toddi mewn gwres (*heat-labile*).
- Allwn ni ddim sterileiddio meinciau ond gallwn ni ddefnyddio diheintydd, e.e. gyda 3% Lysol, sy'n lleihau niferoedd microbau, OND NID sborau ffwngaidd.
- Does dim ffordd ddiogel o sterileiddio meinweoedd byw heb eu lladd nhw, felly rydym ni'n defnyddio antiseptig sy'n lladd neu'n atal microbau ar du allan meinweoedd byw yn unig.

Mae'n bwysig tyfu bacteria ar 25°C yn hytrach na 37°C i osgoi tyfu micro-organebau **pathogenaidd**. Dylid diogelu caeadau dysglau Petri â thâp, ond nid yn llwyr fel bod ocsigen dal yn gallu mynd i mewn. Dylid cael gwared ar yr holl ddefnyddiau ar ôl gorffen drwy eu sterileiddio nhw mewn ffwrn aerglos.

Termau Allweddol

Aerobau anorfod: microbau sydd angen ocsigen i dyfu.

Anaerobau amryddawn: microbau sy'n tyfu'n well ym mhresenoldeb ocsigen ond yn gallu tyfu hebddo.

Anaerobau anorfod: microbau sy'n methu goroesi ym mhresenoldeb ocsigen.

cwestiwn cyflym

㉗ Pam rydym ni'n ychwanegu ffynhonnell nitrogen?

≫ Cofiwch

Mae rhai plastigion ansefydlog yn toddi ar y tymheredd uchel sydd ei angen i'w sterileiddio nhw, felly rhaid i ni ddefnyddio arbelydriad yn lle hynny.

⋀ Gwella gradd

Mae sterileiddio yn lladd pob micro-organeb, gan gynnwys sborau. Mae diheintio yn lleihau nifer y microbau.

Termau Allweddol

Techneg aseptig neu **dechneg ddi-haint**: arferion labordy da sy'n cynnal amodau di-haint ac yn atal halogiad.

Pathogen: micro-organeb sy'n achosi clefydau.

>> **Cofiwch**

Uned Ffurfio Cytref (*CFU: Colony Forming Unit*): Rydym ni'n tybio bod pob cytref wedi tyfu o un bacteriwm.

Cyswllt Rydym ni hefyd yn ymdrin â thwf poblogaeth yn Adran 3.5.

Mesur twf bacteria

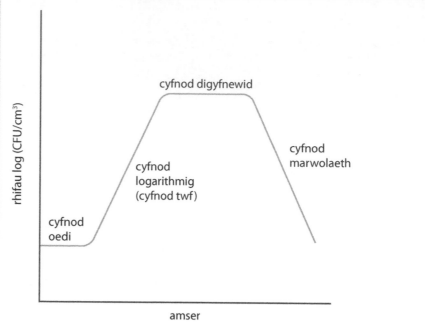

Cromlin twf ddamcaniaethol

Yn ystod y cyfnod oedi, mae nifer y boblogaeth yn cynyddu'n araf iawn oherwydd bod angen amser ar gyfer synthesis ensymau.

Yn ystod y cyfnod Log/Esbonyddol/Twf, mae digonedd o faetholion a does dim llawer o sgil gynhyrchion gwenwynig, felly does dim ffactorau cyfyngol. Mae hyn yn caniatáu atgenhedlu cyflym.

Yn ystod y cyfnod digyfnewid, mae'r celloedd yn atgenhedlu ond mae'r boblogaeth yn gymharol gyson ac yn amrywio o gwmpas y cynhwysedd cludo, oherwydd bod yr un nifer o gelloedd yn marw ag sy'n cael eu cynhyrchu. Mae'r boblogaeth wedi cyrraedd ei chynhwysedd cludo oherwydd bod adnoddau prin (e.e. maetholion/lle/cynhyrchion gwastraff gwenwynig) nawr yn ffactorau cyfyngol.

Yn ystod y cyfnod marwolaeth mae mwy o gelloedd yn marw nag sy'n cael eu cynhyrchu, felly mae'r boblogaeth yn lleihau. Mae celloedd yn marw oherwydd diffyg maetholion, diffyg ocsigen neu gynnydd yng ngwenwyndra'r cyfrwng.

Gallwn ni fesur twf mewn dwy brif ffordd:

1. Yn uniongyrchol drwy gyfrifo cyfanswm nifer y celloedd.

2. Yn anuniongyrchol drwy fesur cymylogrwydd meithriniad.

Mae cyfrifon uniongyrchol yn gallu bod yn 'gyfrifon hyfyw', sy'n cyfrif celloedd byw yn unig, neu'n 'gyfrifon cyfanswm', sy'n cyfrif celloedd byw a chelloedd marw, gan ddefnyddio haemocytomedr, offeryn a ddatblygwyd yn wreiddiol i gyfrif celloedd gwaed.

>> **Cofiwch**

Fydd dim angen i chi roi manylion am ddefnyddio haemocytomedr na cholorimedr yn yr arholiad, ond dylech chi wybod y ffyrdd o fesur twf.

Cyfrifon celloedd hyfyw

Mae hyn yn cyfrif nifer y celloedd byw, ac mae'n arbennig o ddefnyddiol ym meysydd meddygaeth a hylendid bwyd. Hyd yn oed mewn meithriniadau bach, mae cyfanswm y cyfrif celloedd hyfyw yn gallu bod dros sawl miliwn i bob cm³, felly mae'n rhaid gwneud gwanediad cyfresol yn gyntaf. Rydym ni'n aml yn gwneud hyn mewn camau decplyg, h.y. 1 mewn 10, ond gallwn ni wneud gwanediadau uwch, e.e. 1 mewn 100. Ar gyfer gwanediad 1 mewn 10, rydym ni'n ychwanegu 1 cm³ at 9 cm³ o gyfrwng dihaint ac yn ei gymysgu, ac yn ailadrodd hyn nes bod gennym ni ystod o wanediadau. Y cam nesaf yw platio pob gwanediad a meithrin y platiau ar 25°C am 24–48 awr i ganiatáu i facteria dyfu. Rydym ni'n archwilio'r platiau ac yn dewis plât i'w gyfrif: yr un gorau yw plât sy'n cynnwys rhwng 20 a 100 o gytrefi (mae mwy na hyn yn anodd cyfrif, ac os oes llai na 10 mae'r cyfeiliornad yn fwy oherwydd y niferoedd bach). Rydym ni'n cyfrifo'r cyfrif celloedd hyfyw drwy luosi'r ffactor gwanedu â nifer y cytrefi. Rhaid i'r dechneg hon dybio bod pob cytref wedi dod o un bacteriwm sydd wedi rhannu'n anrhywiol.

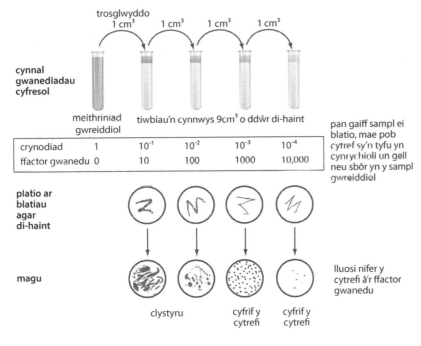

crynodiad	1	10⁻¹	10⁻²	10⁻³	10⁻⁴
ffactor gwanedu	0	10	100	1000	10,000

Gwanediad cyfresol a phlatio

Enghraifft ymarferol

I gyfrifo cyfanswm nifer y bacteria, mae angen lluosi nifer y cytrefi ar y plât â'r ffactor gwanedu, e.e. os yw plât yn cynnwys 59 o gytrefi o wanediad 100 000-plyg (10^{-5}), nifer y bacteria sy'n bresennol ym mhob cm³ o'r meithriniad gwreiddiol yw $59 \times 100\,000 = 5\,900\,000$ neu 5.9 miliwn. Mae'n well ysgrifennu hyn fel 5.9×10^6.

Gwella gradd

Wrth wneud cyfrifiadau platiau gwanediad, cofiwch ddangos eich gwaith cyfrifo bob tro a darllen y cwestiwn yn ofalus: Ydy'r cwestiwn yn gofyn am gyfanswm nifer y bacteria ym mhob cm³ neu yn y meithriniad cyfan?

Gwella gradd

Mae camgymeriad cyffredin yn digwydd wrth daenu dim ond 0.1 cm³ o'r sampl. Mae hyn yn cynrychioli gwanediad decplyg pellach ac felly dylech chi luosi nifer y cytrefi â'r ffactor gwanedu, ac yna â 10.

cwestiwn cyflym

㉘ Beth yw'r gwahaniaeth rhwng cyfrif celloedd hyfyw a chyfrif cyfanswm celloedd?

cwestiwn cyflym

㉙ Cafodd 1 cm³ o feithriniad 25 cm³ ei wanedu ddeg gwaith drwy wanedu 1 cm³ i mewn i 9 cm³ o gyfrwng di-haint; cafodd 0.1 cm³ o bob gwanediad ei blatio. Roedd dros 200 o gytrefi ar y plât gwanediad 10^{-2}, 20 ar y plât gwanediad 10^{-3} ac roedd 2 gytref ar y plât gwanediad 10^{-4}.

a) Beth yw'r prif beth rydym ni'n ei dybio wrth gyfrif cytrefi ar blatiau gwanediad?

b) Cyfrifwch gyfanswm nifer y bacteria yn y meithriniad gwreiddiol.

3.5 Maint poblogaeth ac ecosystemau

≫ Cofiwch

Mae cyfradd geni a mewnfudo yn cynyddu maint poblogaeth, tra bod cyfradd marw ac allfudo yn lleihau maint poblogaeth.

cwestiwn cyflym

③⓪ Cwblhewch dabl i gymharu'r ffactorau sy'n dylanwadu ar bob un o bedwar cyfnod twf poblogaeth, ar gyfer
a) poblogaeth bacteria,
b) poblogaeth mamolion.

Mae nifer yr unigolion mewn **poblogaeth** yn newid dros amser. Gallwn ni ei gynrychioli â'r hafaliad:

Maint poblogaeth = **cyfradd geni** + **mewnfudo** − cyfradd marw + allfudo

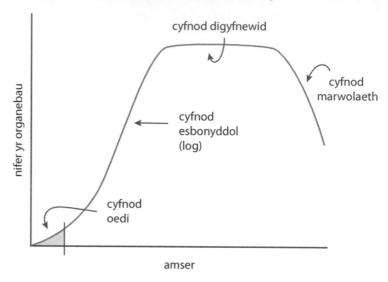

Graff yn dangos newidiadau yn nhwf poblogaeth

Mae'r cyfnod oedi yn gyfnod o dwf araf. Mewn organebau sy'n atgenhedlu'n rhywiol, e.e. cwningod, mae hwn yn cynrychioli'r amser mae'n ei gymryd i aeddfedu'n rhywiol a chario epil.

Yn ystod y cyfnod log (cyfnod twf), mae'r niferoedd yn cynyddu'n logarithmig oherwydd does dim ffactorau'n cyfyngu ar dwf. Dydy hyn ddim yn gallu para am byth gan fod ymwrthedd amgylcheddol yn lleihau twf oherwydd y bwyd a'r lle sydd ar gael, a **ffactorau biotig** eraill fel ysglyfaethu, cystadleuaeth, parasitedd a chlefydau, a **ffactorau anfiotig** fel pH y pridd, arddwysedd golau a thymheredd sydd hefyd yn lleihau twf poblogaeth.

Yn ystod y cyfnod digyfnewid mae'r cyfraddau geni a marw yn hafal ac mae'r boblogaeth wedi cyrraedd uchafswm ei maint, neu'r **cynhwysedd cludo**. Bydd y niferoedd yn amrywio o gwmpas hwn fel ymateb i newidiadau i'r amgylchedd. Mae hyn yn aml yn digwydd oherwydd perthynas ysglyfaethwr-ysglyfaeth, sy'n cael ei rheoli gan **adborth negatif**, h.y. nifer yr ysglyfaeth yn lleihau felly mae llai o fwyd felly mae nifer yr ysglyfaethwyr yn lleihau, sy'n lleihau ysglyfaethu, felly mae nifer yr ysglyfaeth yn cynyddu, ac yn y blaen. Mae'r anwadaliadau hyn yn digwydd dros fisoedd, neu flynyddoedd hyd yn oed, oherwydd bod poblogaethau'n ymateb yn araf.

Yn ystod y cyfnod marwolaeth, mae ffactorau sydd wedi lleihau twf poblogaeth yn cael mwy o effaith ac mae maint y boblogaeth yn lleihau. Mae mwy o farwolaethau na genedigaethau.

Cyfrifo cynnydd poblogaeth o graff

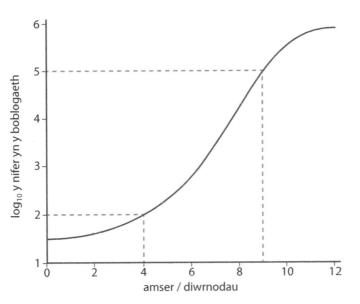

Cromlin twf bacteria

Cyfradd twf bob diwrnod $= \dfrac{\text{gwrthlog}_{10}5 - \text{gwrthlog}_{10}2}{5}$

$= \dfrac{100\,000 - 100}{5}$

$= 19\,980$ y diwrnod.

Ffactorau dwysedd-ddibynnol a dwysedd-annibynnol

Mae rhai ffactorau'n cael mwy o effaith ar boblogaethau mwy o faint, h.y. poblogaeth fwy dwys, ac mae'n nhw'n cael eu galw'n ffactorau dwysedd-ddibynnol, ac maen nhw'n ffactorau biotig, e.e. ysglyfaethu a chlefydau. Mewn poblogaethau mwy, mae clefydau'n lledaenu'n haws, ac mae'n haws i ysglyfaethwr ddod o hyd i ysglyfaeth. Mae ffactorau dwysedd-annibynnol yn ffactorau anfiotig, e.e. arddwysedd golau neu dymheredd, ac felly mae eu heffaith yr un fath beth bynnag yw dwysedd y boblogaeth. Mae tân yn enghraifft arall: bydd yn lladd popeth byw sydd yn ei ffordd – un goeden neu gannoedd!

Gwella gradd

Wrth ysgrifennu am dwf poblogaeth, mae'n bwysig ystyried yr organeb. Dydy bacteria ddim yn cael eu geni, ond mae mamolion. Mae'r cyfnod marwolaeth mewn bacteria yn digwydd yn bennaf oherwydd bod cynhyrchion gwastraff gwenwynig yn cronni; allwn ni ddim dweud yr un peth am boblogaeth cwningod!

Termau Allweddol

Ffactor fiotig: ffactor fyw, e.e. ysglyfaethwr neu bathogen, sy'n gallu dylanwadu ar y boblogaeth.

Ffactor anfiotig: ffactor anfyw, e.e. yr ocsigen sydd ar gael neu dymheredd yr aer, sy'n gallu dylanwadu ar y boblogaeth.

Cynhwysedd cludo: y nifer uchaf y mae poblogaeth yn amrywio o'i gwmpas mewn amgylchedd penodol.

Adborth negatif: mae hyn yn digwydd mewn ecwilibriwm lle mae'r mecanwaith cywiro i'r cyfeiriad dirgroes i gyfeiriad y newid, e.e. os yw niferoedd y boblogaeth yn cynyddu, mae adborth negatif yn achosi gostyngiad ac i'r gwrthwyneb.

Cofiwch

Rydym ni'n defnyddio graddfa log i ddangos rhifau mawr iawn pan fyddai graddfa linol ddim yn gallu gwneud hyn. Wrth ddefnyddio $\log_{10}$ mae'r raddfa yn cynyddu o ffactor o ddeg gwaith bob tro.

Cofiwch

I ddarganfod gwrthlog 6.7 ar eich cyfrifiannell, pwyswch SHIFT log, pwyswch 6.7, pwyswch = i gael yr ateb (5.0×10^{6}) (1 ll.d.).

Mesur cyflenwad a dosbarthiad mewn poblogaeth

Mae cyflenwad rhywogaeth yn fesur o faint o unigolion sy'n bodoli mewn cynefin. Gallwn ni ddefnyddio amrywiaeth o dechnegau i'w asesu. Bydd nodweddion ffisegol fel math o bridd, pH a thymheredd yn dylanwadu ar yr amrywiaeth o organebau sy'n gallu byw yno. Os yw'r amodau'n optimaidd, e.e. cynnes, glawiad da, arddwysedd golau'r haul yn uchel, bydd llawer o blanhigion yn bodoli i gynnal llawer o anifeiliaid eraill.

Gwahanol dechnegau samplu

Gallwn ni ddefnyddio nifer o dechnegau ymarferol i amcangyfrif faint o unigolion o bob rhywogaeth sydd mewn ardal benodol. Dylid samplu ar hap i ddileu tueddau samplu.

Poblogaeth	Techneg	Dull
Anifeiliaid daearol	Marcio-rhyddhau-ail-ddal (Indecs Lincoln)	Dal anifeiliaid a'u marcio nhw (mae'n bwysig nad yw hyn yn eu niweidio nhw nac yn eu gwneud nhw'n fwy gweladwy i ysglyfaethwyr) ac yna eu rhyddhau nhw. Unwaith y bydd yr anifeiliaid wedi cael cyfle i ailintegreiddio â'r boblogaeth, e.e. 24 awr, mae'r maglau'n cael eu hailosod. Gallwn ni amcangyfrif cyfanswm maint y boblogaeth gan ddefnyddio nifer yr unigolion sy'n cael eu dal yn sampl 2, a'r nifer yn y sampl hwnnw sydd wedi'u marcio (h.y. wedi'u dal o'r blaen). Maint y boblogaeth $= \dfrac{\text{nifer yn sampl 1} \times \text{nifer yn sampl 2}}{\text{nifer wedi'u marcio yn sampl 2}}$ Rhaid tybio nad oes dim genedigaethau/marwolaethau/mewnfudo/allfudo, wedi digwydd yn ystod yr amser rhwng casglu'r ddau sampl.
Infertebratau dŵr croyw	Defnyddio samplu cicio a defnyddio Indecs Simpson	Casglu ac adnabod infertebratau o arwynebedd penodol gan ddefnyddio cwadrat a rhwyd. Cicio neu gribinio'r arwynebedd e.e. 0.5 m² am gyfnod penodol, e.e. 30 eiliad, a chasglu infertebratau mewn rhwyd i lawr yr afon. Rhyddhau'r infertebratau'n ofalus. Defnyddio Indecs Simpson i gyfrifo amrywiaeth.
Planhigion	Cwadratau a thrawsluniau	Amcangyfrif gorchudd arwynebedd canrannol gwahanol blanhigion gan ddefnyddio cwadrat wedi'i rannu'n 100 adran. Mesur dwysedd planhigion drwy gyfrif nifer y planhigion mewn cwadrat, e.e. 1m². Trawslun yw tâp mesur rydym ni'n ei ddefnyddio i fesur gwahanol rannau ar hyd graddiant amgylcheddol, e.e. pellter oddi wrth goetir, gan osod cwadratau ar ei hyd.

Ecosystemau

Mae **ecosystem** yn cynrychioli cyfanswm nifer y gwahanol organebau o bob rhywogaeth sy'n bresennol mewn cynefin lle caiff egni a mater eu trosglwyddo mewn rhyngweithiadau cymhleth rhwng yr amgylchedd a'r organebau. Mae enghreifftiau o hyn yn cynnwys coedwigoedd glaw trofannol, coedwigoedd collddail tymherus, twndra a diffeithdir. Mae'r nodweddion anfiotig a biotig yn amrywio o ecosystem i ecosystem.

Cadwynau bwydydd

Mae cadwyn fwyd yn cynrychioli llif egni trwy ecosystem. Golau'r haul yw ffynhonnell egni sylfaenol cadwyn fwyd, ac mae **cynhyrchwyr** yn ei drawsnewid yn egni cemegol drwy gyfrwng ffotosynthesis. Mae'r rhan fwyaf o'r egni sydd ar gael ar bob **lefel droffig** yn cael ei ryddhau yn ystod resbiradaeth a'i ymgorffori mewn moleciwlau eraill neu mewn graddiannau electrocemegol. Mae hyn yn golygu, yn aml, bod llai na 10% yn cael ei ymgorffori mewn **biomas** ac ar gael i'r lefel droffig nesaf; yn y pen draw, mae hyn yn cyfyngu ar hyd cadwynau bwydydd.

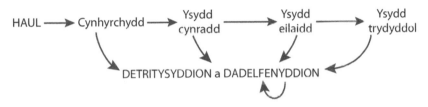

Cadwyn fwyd nodweddiadol

Mae ysyddion cynradd yn llysysyddion, ac maen nhw'n bwyta cynhyrchwyr. Mae ysyddion eilaidd a thrydyddol yn cynnwys cigysyddion, ac maen nhw'n bwyta pethau o'r lefel droffig oddi tanynt. Mae cadwynau bwydydd yn aml yn fwy cymhleth na hyn oherwydd bod rhai ysyddion trydyddol yn bwyta pethau o fwy nag un lefel droffig, felly rydym ni'n defnyddio gweoedd bwydydd i gynrychioli'r diagramau llif egni mwy cymhleth hyn. Ym mhroses dadelfennu, mae detritysyddion, e.e. mwydod/pryfed genwair a phryfed lludw, yn bwyta detritws (gweddillion organebau marw a dail marw) ac mae dadelfenyddion, e.e. bacteria a ffyngau, yn bwydo drwy dreulio'n allanol (saprotroffedd) i gwblhau'r broses gafodd ei chychwyn gan y detritysyddion. Felly, maen nhw'n bwyta pethau o bob lefel droffig. Pan mae dadelfenyddion yn marw, mae dadelfenyddion eraill yn eu bwyta.

cwestiwn cyflym

㉝ Enwch un detritysydd.

Effeithlonrwydd ffotosynthesis

Efallai na chaiff y rhan fwyaf o'r golau sy'n taro planhigyn (60%) ei amsugno gan y pigmentau yn y cloroplastau am ei fod:

- Ar y donfedd anghywir.
- Yn cael ei adlewyrchu gan arwyneb y ddeilen.
- Yn mynd trwy'r ddeilen heb daro moleciwl cloroffyl.

Ma llai nag 1% o'r egni o olau'r haul yn cael ei sefydlogi, sy'n golygu bod tua 0.5% neu lai ar gael i'r lefel droffig nesaf ar ffurf biomas. Mewn llawer o blanhigion gwyllt mae hyn yn llawer is, dim ond 0.2%. Gallwn ni gyfrifo'r effeithlonrwydd ffotosynthetig fel hyn:

$$\text{Effeithlonrwydd} = \frac{\text{Faint o egni golau mae'r planhigyn yn ei sefydlogi}}{\text{Faint o egni golau sy'n taro'r planhigyn}} \times 100$$

>> **Cofiwch**

Mae llai na 0.5% o'r golau sy'n taro planhigyn yn cael ei drawsnewid yn fiomas.

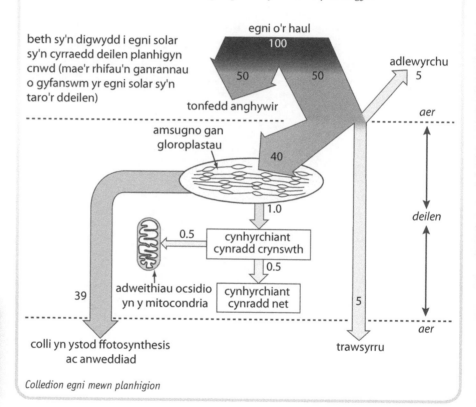

Colledion egni mewn planhigion

cwestiwn cyflym

㉞ Esboniwch pam nad ydy'r rhan fwyaf o egni'r haul yn cael ei drosglwyddo i blanhigyn.

Cynhyrchedd cynradd

CCC, sef **cynhyrchedd cynradd crynswth** (*GPP: gross primary productivity*), yw'r egni sy'n cael ei sefydlogi gan blanhigion gwyrdd (ffotosynthesis) mewn arwynebedd penodol dros gyfnod penodol, h.y. kJ m^{-2} blwyddyn^{-1}. Dydy'r egni ddim i gyd ar gael i'r lefel droffig nesaf, felly rydym ni'n defnyddio CCN, sef **cynhyrchedd cynradd net** (*NPP: net primary productivity*), sy'n mesur beth sydd ar gael i anifeiliaid i'w fwyta mewn gwirionedd (biomas y planhigyn). Gallwn ni gynrychioli hyn fel:

$$\textbf{CCN} = \textbf{CCC} - \textbf{R} \quad \text{lle R = Resbiradaeth}$$

Mae rhywfaint o'r biomas yn ffurfio defnydd sydd ddim yn fwytadwy, e.e. rhisgl, neu'n fiomas yn y gwreiddiau sydd y tu hwnt i gyrraedd ysyddion cynradd, felly mae'r gwerth go iawn yn is fyth. Mae CCN yn amrywio yn ôl yr ecosystem: mae gan goedwigoedd glaw trofannol CCN uchel iawn oherwydd bod yna lawiad helaeth, arddwysedd golau uchel a thymereddau cynnes. Mae CCN twndra yn llawer is oherwydd bod yr amgylchedd yn oer, ac mae'r arddwysedd golau'n llawer is.

Termau Allweddol

Cynhyrchedd cynradd crynswth: cyfradd cynhyrchu egni cemegol mewn moleciwlau organig drwy gyfrwng ffotosynthesis mewn arwynebedd penodol, mewn amser penodol, wedi'i fesur mewn kJ m^{-1} bl^{-1}.

Cynhyrchedd cynradd net: yr egni yn biomas y planhigyn sydd ar gael i ysyddion cynradd, wedi'i fesur mewn kJ m^{-1} bl^{-1}.

Cofiwch

Mae CCC mewn llawer o systemau mor isel â 0.2%, a CCN yn 0.1%.

Llif egni drwy gadwynau bwydydd

Mae'r egni sy'n cael ei drosglwyddo ar ffurf biomas o un lefel droffig i'r nesaf yn gymharol isel, tua 10% neu lai. Mewn ysydd cynradd, mae hyd at 60% yn cael ei golli fel arfer wrth ysgarthu a charthu (troeth ac ymgarthion), ac mae 30% yn cael ei golli ar ffurf gwres yn ystod resbiradaeth. Rydym ni'n cyfeirio at y gyfran o'r egni cemegol mewn bwyd sy'n cael ei drawsnewid yn fiomas gan ysyddion, fel cynhyrchiant eilaidd. Mewn cigysyddion mae hyn llawer yn uwch, tua 20%, oherwydd y ffaith bod eu deiet yn cynnwys llawer o brotein a'u bod nhw'n gallu ei dreulio'n fwy effeithlon; mae hyn yn bwysig oherwydd does dim llawer o egni ar gael ar ben pellaf cadwyn fwyd. Mae ysydd cynradd yn colli hyd at 60% o'i egni mewn ymgarthion a throeth, ond dim ond 20% yw'r ffigur hwn yn y cigysyddion uchaf. Mae hyn yn bennaf oherwydd bod deiet llysysyddion yn cynnwys llawer o gellwlos, ac er gwaethaf llawer o addasiadau (bacteria treulio cellwlos, cnoi cil, pedair siambr) gweler y Canllaw Astudio ac Adolygu UG tt112–114, dydyn nhw ddim yn cael llawer o'r egni ohono.

Gwella gradd

Dim ond rhan o'r CCN mewn ecosystem sy'n cael ei drosglwyddo i'r ysyddion cynradd oherwydd bod yr effeithlonrwydd trawsnewid yn isel.

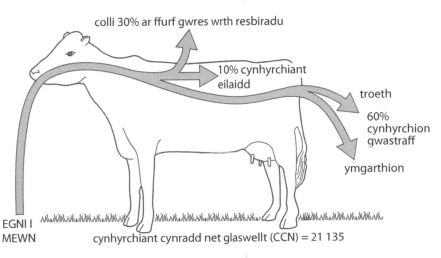

colli 30% ar ffurf gwres wrth resbiradu

10% cynhyrchiant eilaidd

troeth

60% cynhyrchion gwastraff

ymgarthion

EGNI I MEWN

cynhyrchiant cynradd net glaswellt (CCN) = 21 135

Llif egni drwy fuwch

Cyfrifo effeithlonrwydd egni

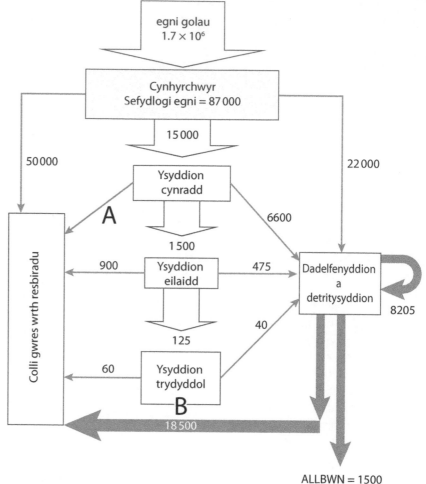

Mae pob gwerth mewn kJ m⁻² bl⁻¹

Llif egni drwy ecosystem

I gyfrifo effeithlonrwydd % trosglwyddo egni, defnyddiwch yr hafaliad:

$$\text{Effeithlonrwydd \%} = \frac{\text{Sefydlogi egni ar ffurf biomas}}{\text{Egni sydd ar gael i'r lefel droffig nesaf}} \times 100$$

Yn y diagram uchod, i gyfrifo'r effeithlonrwydd % ar gyfer yr ysyddion eilaidd:

$$\% = \frac{125}{1500} \times 100$$

$$= 8.3\% \ (1 \ \text{ll.d.})$$

cwestiwn cyflym

㉟ Faint o egni mae'r ysyddion cynradd (wedi'u labelu'n A) yn ei golli wrth resbiradu?

cwestiwn cyflym

㊱ Faint o egni mae'r ysyddion trydyddol (wedi'u labelu'n B) yn ei storio?

cwestiwn cyflym

㊲ Defnyddiwch eich ateb i Gwestiwn Cyflym 36 i gyfrifo pa mor effeithlon yw'r cigysyddion wrth gymathu egni yn eu cyrff.

Pyramidiau ecolegol

Mae llunio pyramid niferoedd yn gymharol hawdd, ac mae'n dangos llif egni drwy gadwyn fwyd: wrth i egni gael ei golli ar bob cam, mae llai o unigolion yn gallu cael eu cynnal. Fodd bynnag, dydy hwn ddim yn ystyried maint organebau, er enghraifft, mae ambell i blanhigyn gwenith yn gallu cynnal niferoedd mawr o lyslau (*greenfly*), ac felly mae'r pyramid yn gwrthdroi ar y lefel droffig hon. Hefyd, wrth ymdrin â niferoedd mawr iawn, e.e. â phryfed gleision, mae'n anodd lluniadu'r barrau wrth raddfa.

Mae pyramid biomas yn fwy manwl gywir, ond mae'n anodd ei fesur! Mae'r pyramidiau hyn hefyd yn gallu gwrthdroi; mae hyn yn gallu digwydd os oes gan organebau gylchred bywyd cyflym a bod eu niferoedd yn cael eu hadnewyddu'n gyflym iawn, e.e. ffytoplancton, lle mae cyfanswm y biomas dros flwyddyn yn llawer uwch nag ar unrhyw un adeg benodol. Mae hefyd yn anodd cyfrifo'r pyramidiau hyn (sut mae mesur màs gwreiddiau coed?).

Y ffordd gywiraf o gynrychioli perthnasoedd bwydo yw defnyddio pyramidiau egni. Mae'r rhain yn dangos yn gliriach faint o egni sy'n cael ei golli ar bob lefel, ond mae'n anodd eu cyfrifo nhw. Does dim pyramid, fodd bynnag, yn gallu dangos bod rhai organebau'n gweithredu ar fwy nag un lefel droffig.

>> *Cofiwch*

Dim ond pyramid egni sy'n dangos gwir lif egni drwy ecosystem.

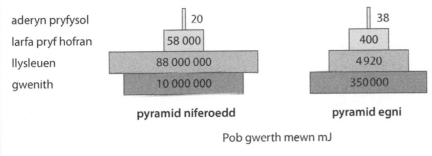

aderyn pryfysol	20		38
larfa pryf hofran	58 000		400
llysleuen	88 000 000		4920
gwenith	10 000 000		350 000

pyramid niferoedd   **pyramid egni**

Pob gwerth mewn mJ

Pyramidiau ecolegol

Cymunedau ac olyniaeth

Mae ecosystemau yn ddynamig ac yn gallu newid dros amser. Rydym ni'n cyfeirio at y newid i gyfansoddiad cymuned dros amser fel **olyniaeth** ac mae'n digwydd dros ddegau i filoedd o flynyddoedd, gan ddibynnu ar y man cychwyn.

Mae pob cyfnod mewn olyniaeth yn cael ei alw'n gyfnod serol lle mae gwahanol gymunedau yn dominyddu drwy gystadlu'n well na'r rhywogaethau oedd yno eisoes gan fod yr amodau'n fwy ffafriol iddynt.

Mae olyniaeth gynradd yn digwydd pan mae organebau'n meddiannu mannau sydd ddim wedi cynnal bywyd o'r blaen, e.e. creigiau noeth, twyni tywod, llifoedd folcanig.

Term Allweddol

Olyniaeth: y newidiadau cynyddol i strwythur cymuned, a chyfansoddiad ei rhywogaethau, dros amser.

Mae hindreuliad yn creu craciau bach yn y creigiau a gronynnau bach.	Mae mwsoglau a chennau'n dechrau cytrefu. Mae defnydd organig yn cynyddu'n araf.	Mae codlysiau'n dechrau tyfu gan eu bod nhw'n gallu sefydlogi nitrogen yr atmosffer i ategu'r ychydig o faetholion sydd yn y pridd. Wrth i'r rhain farw, mae'r pridd yn cyfoethogi.	Mae gweiriau a rhedyn yn dechrau tyfu, gan gysgodi'r pridd rhag y tywydd. Mae mwy o bridd yn ffurfio ac mae'n mynd yn fwy llaith.	Mae llwyni mawr a choed bach yn cytrefu. Mae dail marw'n gwneud y pridd yn llawer mwy ffrwythlon ac yn cynyddu lefel yr hwmws ynddo. Mae hyn yn creu cynefinoedd i adar sy'n nythu ac infertebratau'r pridd, felly mae amrywiaeth yn cynyddu.	Mae'n cyrraedd coetir uchafbwynt. Rhywogaethau deri, ffawydd, cyll neu bisgwydd yw'r rhain fel arfer, ond maen nhw'n gollddail gan fwyaf yn Ne'r Deyrnas Unedig. Mae fflora'r tir yn cynnwys rhedyn, llwyni a chlychau'r gog.

Olyniaeth gynradd o graig noeth

Beth sy'n newid wrth i olyniaeth ddatblygu?

- Mae dyfnder y pridd yn cynyddu
- Mae cynnwys maetholion yn cynyddu
- Mae cynnwys hwmws yn cynyddu felly mae cynnwys dŵr yn cynyddu
- Mae amrywiaeth rhywogaethau yn cynyddu
- Mae sefydlogrwydd y gymuned yn cynyddu.

Olyniaeth eilaidd yw ailgyflwyno organebau i gynefin lle'r oedd planhigion ac anifeiliaid yn arfer byw.

1. Mae pridd yn bresennol.
2. Mae digwyddiad fel tân/llifogydd/amaethu wedi tarfu ar olyniaeth.

Mae uchafbwynt ymyrraeth yn digwydd pan dydy'r olyniaeth ddim yn cyrraedd y **gymuned uchafbwynt** oherwydd arferion fel ungnwd, neu bori, h.y. ymyrraeth bodau dynol. Rydym ni'n rheoli rhosydd grug i gynyddu niferoedd grugieir drwy losgi darnau mawr ohonyn nhw bob deuddeg mlynedd i gael gwared ar hen dyfiant ac annog **rhywogaethau arloesol** newydd sy'n darparu bwyd i'r grugieir.

Cymharu olyniaeth gynradd ac eilaidd

Olyniaeth gynradd	Olyniaeth eilaidd
Arwyneb moel	Pridd yn bresennol
Yr organebau arloesol yw cennau a mwsoglau	Yr organebau arloesol arferol yw planhigion bach chwynnog
Cymryd amser hir i gyrraedd y gymuned uchafbwynt oherwydd bod rhaid creu pridd drwy gyfrwng rhyngweithiadau ffisegol a biotig	Cyrraedd y gymuned uchafbwynt yn gyflymach

cwestiwn cyflym

㊳ Parwch y termau canlynol â'u gosodiadau cywir:

1 Cyfnod serol.

2 Cymuned uchafbwynt.

3 Rhywogaeth arloesol.

4 Olyniaeth eilaidd.

A Ailgytrefu tir ar ôl tân.

B Yr organebau cyntaf i gytrefu'r ardal.

C Cymuned sefydlog lle nad oes newid pellach.

CH Un o gyfnodau olyniaeth.

Ffactorau sy'n effeithio ar olyniaeth

I ailgytrefu ardal, mae'n bwysig bod sborau a hadau'n mewnfudo i'r ardal. Wrth i rywogaethau newydd gael eu cyflwyno, mae cystadleuaeth yn bodoli am adnoddau ym mhob cyfnod serol oherwydd, er enghraifft, mae codlysiau'n gallu cystadlu'n well na mwsoglau wrth i gynnwys y pridd gynyddu. Mae cystadleuaeth yn bodoli rhwng:

1. Rhywogaethau gwahanol (cystadleuaeth ryngrywogaethol) lle gall y ddwy rywogaeth fod mewn **cilfach** wahanol.

2. Unigolion o'r un rhywogaeth (cystadleuaeth fewnrhywogaethol) sy'n dibynnu ar ddwysedd, h.y. mae cystadleuaeth yn cynyddu gyda maint y boblogaeth.

Dangosir enghraifft dda o gystadleuaeth ryngrywogaethol rhwng dwy rywogaeth *Paramecium*, sef *P. aurelia* a *P. caudatum*. Bu gwyddonydd o Rwsia, Gause, yn meithrin y ddwy rywogaeth ar wahân a gwelodd fod eu cromliniau twf yn debyg; fodd bynnag, pan gafodd y rhywogaethau eu tyfu gyda'i gilydd, roedd *P. aurelia*, rhywogaeth lai sy'n tyfu'n gyflymach, yn cystadlu'n well na *P. caudatum*. Ffurfiodd Gause yr 'Egwyddor gwaharddiad cystadleuol' sy'n datgan, pan fydd dwy rywogaeth yn byw yn yr un cynefin, y bydd un yn cystadlu'n well na'r llall – mewn geiriau eraill, all dwy rywogaeth ddim bodoli yn yr un gilfach.

Mae rhai rhywogaethau'n bodoli mewn perthynas sydd o fudd i'r ddwy rywogaeth, sef **cydymddibyniaeth**. Un enghraifft yw'r bacteriwm sefydlogi nitrogen *Rhizobium*, sy'n byw yng ngwreiddgnepynnau planhigion codlysol: mae'n derbyn ffynhonnell garbon gan y planhigyn, ac yn gyfnewid am hynny, mae'n cyflenwi cyfansoddion nitrogen i'r planhigyn er mwyn syntheseiddio niwcleotidau a phroteinau.

Mae rhai rhywogaethau'n gallu cael budd gan un rhywogaeth heb effeithio ar y llall, sef **cydfwytäedd**, e.e. y pysgod bach sy'n glynu eu hunain wrth bysgod mwy er mwyn symud a chael tameidiau o fwyd.

Termau Allweddol

Cilfach: swyddogaeth a safle rhywogaeth o fewn ei hamgylchedd, gan gynnwys pob rhyngweithiad â ffactorau biotig ac anfiotig ei hamgylchedd.

Cydymddibyniaeth: rhyngweithiad rhwng organebau o ddwy rywogaeth, sydd o fudd i'r naill a'r llall.

Cydfwytäedd: rhyngweithiad rhwng organebau o ddwy rywogaeth sydd o fudd i un ond ddim yn effeithio ar y llall.

cwestiwn cyflym

39 Beth yw'r gwahaniaeth rhwng cydymddibyniaeth a chydfwytäedd?

Ailgylchu maetholion

Mae micro-organebau'n bwysig i ailgylchu nifer o faetholion, e.e. carbon a nitrogen, sy'n cylchu rhwng cydrannau biotig ac anfiotig amgylchedd.

Y gylchred garbon

Carbon yw bloc adeiladu bywyd: mae'n un o brif gydrannau carbohydradau, brasterau a phroteinau, ac mae'n bodoli mewn llawer o foleciwlau eraill. Mae'n cael ei amsugno o'r atmosffer yn ystod ffotosynthesis a'i ddychwelyd yn ystod resbiradaeth. Mae hylosgi tanwyddau ffosil yn ychwanegu carbon deuocsid at yr atmosffer, ond mae llai a llai ohono'n cael ei dynnu oddi yno gan ffotosynthesis am ein bod ni'n torri cymaint o goedwigoedd i ddefnyddio'r tir at ddibenion eraill (**datgoedwigo**), sy'n golygu bod lefelau carbon deuocsid yn yr atmosffer wedi cynyddu'n fwy nag erioed.

Mae'n bwysig cofio bod detritysyddion a dadelfenyddion yn bwydo ar bob lefel droffig, a'u bod nhw, wrth resbiradu, yn dychwelyd carbon deuocsid i'r atmosffer.

Term Allweddol

Datgoedwigo: cael gwared ar goed ac yna defnyddio'r tir at ddiben gwahanol.

Mae carbon deuocsid yn hydoddi mewn ecosystemau dyfrol fel ïonau HCO_3^-, ac mae'n cyflawni prosesau tebyg i'w rai yn yr atmosffer, heblaw ei fod yn ffurfio calsiwm carbonad mewn cregyn molysgiaid a sgerbydau arthropodau. Pan mae'r organebau hyn yn marw, a'u cregyn yn disgyn i wely'r môr, mae cywasgiad dros filiynau o flynyddoedd yn ffurfio sialc, calchfaen a marmor o'r carbonadau hyn, sy'n darparu storfa (neu suddfan) hirdymor ar gyfer carbon. Os yw'r creigiau hyn yn erydu, mae carbon deuocsid yn gallu dychwelyd i'r atmosffer.

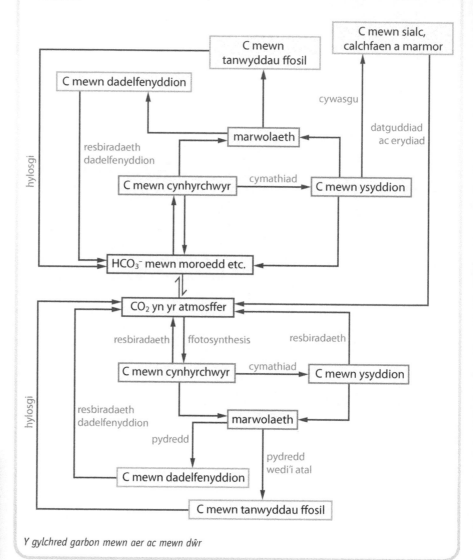

Y gylchred garbon mewn aer ac mewn dŵr

>> Cofiwch

Rhwng 1900 a 2015, mae crynodiad carbon deuocsid yn yr atmosffer wedi cynyddu o 290 ppm i bron 400 ppm, sydd bron 38% yn uwch.

cwestiwn cyflym

㊵ Esboniwch pam byddai plannu coed (coedwigo) yn lleihau lefelau carbon deuocsid yn yr atmosffer.

Effaith bodau dynol ar y gylchred garbon

Mae datgoedwigo wedi lleihau gorchudd coed hyd at 40% ers y chwyldro diwydiannol, gan achosi gostyngiad sylweddol yng nghyfaint y carbon deuocsid sy'n cael ei dynnu o'r atmosffer drwy gyfrwng ffotosynthesis.

Llosgi tanwyddau ffosil sy'n gyfrifol am y rhan fwyaf o'r cynnydd yn lefelau carbon deuocsid yn yr atmosffer yn y 150 mlynedd diwethaf. Mae carbon deuocsid yn nwy tŷ gwydr sy'n amsugno pelydriad isgoch ac yn ei ailbelydru tuag at arwyneb y Ddaear yn hytrach na gadael iddo ddianc i'r gofod. Mae angen effaith tŷ gwydr naturiol arnom ni, neu byddai'r tymheredd yn rhy anwadal i gynnal bywyd, ond mae'r cynnydd mewn allyriadau carbon deuocsid dros y degawdau diwethaf yn arwain at gynnydd yn yr effaith tŷ gwydr. Mae nwyon eraill, e.e. methan, ocsid nitrus, oson, anwedd dŵr ac CFCau, yn ymddwyn fel nwyon tŷ gwydr cryf ac mae eu lefelau wedi bod yn cynyddu ers yr 1900au. Mae rhai o'r nwyon hyn yn achosi mwy o gynhesu i bob moleciwl na charbon deuocsid, e.e. mae methan yn achosi 25 gwaith mwy o gynhesu ac mae ocsid nitrus yn achosi bron 300 gwaith mwy, ond oherwydd bod crynodiadau carbon deuocsid mor uchel, carbon deuocsid yw'r prif bryder. Mae ffynonellau sylweddol o fethan yn dod o gynhyrchu reis mewn caeau reis, ac o wartheg ac anifeiliaid eraill.

Mae'r tabl canlynol yn crynhoi'r gweithgareddau a sut maen nhw'n cyfrannu at lefelau carbon deuocsid.

Gweithgaredd / proses	Effaith ar lefelau CO_2 byd-eang
Ffotosynthesis	Lleihau
Resbiradaeth	Cynyddu
Hylosgi	Cynyddu
Datgoedwigo	Cynyddu

Mae cynnydd mewn lefelau carbon deuocsid yn arwain at y canlynol:

1. **Cynhesu byd-eang**, sy'n digwydd o ganlyniad i'r effaith tŷ gwydr gryfach, a gallai fod gymaint â 5°C erbyn diwedd y ganrif, ond mae hyd yn oed rhagolygon ceidwadol yn dweud 2°C. Wrth i'r tymheredd byd-eang gynyddu, bydd iâ'r pegynau yn toddi, felly bydd lefel y môr yn codi ac yn achosi llifogydd arfordirol, a bydd tymheredd uwch yn golygu bod tanau coedwig yn digwydd yn amlach, sy'n arwain at **ddiffeithdiro**.

2. Newid yn yr hinsawdd, sy'n digwydd o ganlyniad i gynhesu byd-eang wrth i newidiadau rhanbarthol i batrymau hinsawdd, tymheredd cyfartalog, patrymau gwynt a glawiad ddod yn fwy amlwg, ac wrth i dywydd eithafol, e.e. sychder a chorwyntoedd, ddigwydd yn amlach. Wrth i'r hinsawdd newid, efallai na fydd planhigion ac anifeiliaid yn gallu addasu neu fudo, a bydd llawer yn mynd yn ddiflanedig. Mae cynhesu byd-eang, a'r newid hinsawdd cysylltiedig, yn peri risg o leihau cynnyrch cnydau a methiant cynaeafau mewn llawer o ardaloedd, oni bai ein bod ni'n newid ein harferion ffermio, e.e. drwy ddefnyddio cnydau sy'n gallu goddef sychder. Bydd y cefnforoedd yn asidio oherwydd bod mwy o garbon deuocsid yn hydoddi ynddynt, gan effeithio ar lawer o organebau dyfrol: mae tagellau pysgod yn cynhyrchu mwcws fel ymateb i gynnydd mewn asidedd, sy'n lleihau cyfnewid nwyon, ac mae cramenogion (crustaceans) yn colli calsiwm carbonad o'u sgerbydau allanol oherwydd ei fod yn hydawdd mewn asid.

Termau Allweddol

Cynhesu byd-eang: cynyddu tymheredd cyfartalog y byd, y tu hwnt i'r effaith tŷ gwydr sy'n cael ei hachosi gan beth oedd crynodiad carbon deuocsid yn yr atmosffer yn y gorffennol.

Diffeithdiro: y broses lle mae tir ffrwythlon yn troi'n ddiffeithdir drwy golli dŵr, llystyfiant a bywyd gwyllt.

Gwella gradd

Dylech chi allu enwi genera'r bacteria sy'n ymwneud â'r pedair proses yn y gylchred nitrogen.

Ôl troed carbon

Mae'r **ôl troed carbon** yn cynrychioli'r swm cywerth o garbon deuocsid y mae unigolyn neu weithgaredd yn ei gynhyrchu mewn blwyddyn. Mae amaethyddiaeth, er ei fod yn cael gwared ar garbon deuocsid drwy gyfrwng ffotosynthesis, yn achosi ôl troed carbon oherwydd bod angen egni i gynhyrchu pryfleiddiaid a gwrteithiau, tanwyddau ffosil sy'n pweru peiriannau ffermio, ac mae angen cludo cynnyrch i'r farchnad. I fodloni anghenion defnyddwyr am gynnyrch y tu allan i'r tymor, mae rhai cnydau'n teithio miloedd o filltiroedd, e.e. llus (*blueberries*) o Chile, rhosod o Kenya. Os ydym ni'n dechrau drwy ddefnyddio llai o gynhyrchion, yna'n ailddefnyddio mwy o gynhyrchion, ac yn olaf yn ailgylchu, gallwn ni i gyd ddefnyddio llai o egni ac felly leihau ein hôl troed carbon.

Y gylchred nitrogen

Mae'r gylchred nitrogen yn cynnwys llif atomau nitrogen rhwng yr atmosffer a chyfansoddion nitrogen organig ac anorganig yn y pridd neu mewn dŵr. Mae angen nitrogen ar blanhigion i syntheseiddio asidau niwclëig a phroteinau. Mae nwy nitrogen yn anadweithiol, felly mae'n rhaid i blanhigion ei amsugno ar ryw ffurf arall, fel arfer ïonau nitrad mewn hydoddiant drwy eu gwreiddiau. Mae anifeiliaid yn cael ffynhonnell nitrogen drwy dreulio proteinau planhigion ac anifeiliaid.

Y pedair prif broses fiolegol yn y gylchred nitrogen yw:

- Amoneiddiad (pydredd): mae bacteria a ffyngau yn treulio organebau marw, ymgarthion a throeth yn allgellog. Mae proteasau yn hydrolysu proteinau i ffurfio asidau amino ac mae dadaminasau yn rhydwytho'r grwpiau amino i ffurfio ïonau amoniwm (NH_4^+).

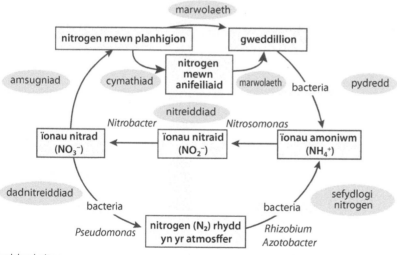

Y gylchred nitrogen

- **Nitreiddiad:** ychwanegu nitradau at y pridd wrth i facteria *Nitrosomonas* drawsnewid ïonau amoniwm yn nitraid, ac yna mae bacteria *Nitrobacter* yn trawsnewid nitraid yn nitradau. Mae'r adwaith cyntaf yn cynnwys colli atomau hydrogen ac mae'r ddau yn arwain at ennill ocsigen, sy'n golygu mai ocsidiad yw'r ddau adwaith a bod angen amodau aerobig.

- Dadnitreiddiad: bacteria anaerobig *Pseudomonas* yn cymryd nitradau o'r pridd a'i droi'n nitrogen yn yr atmosffer.

- **Sefydlogi nitrogen:** rhydwytho moleciwlau nitrogen o'r atmosffer i ffurfio ïonau amoniwm. Mae hyn yn cael ei gyflawni gan ddau genws o facteria:

  - *Azotobacter*, sy'n byw'n rhydd yn y pridd sy'n gyfrifol am y rhan fwyaf o sefydlogi nitrogen.

cwestiwn cyflym

㊶ Esboniwch swyddogaeth ensymau nitrogenas wrth sefydlogi nitrogen.

- *Mae Rhizobium* yn facteriwm cydymddibynnol sy'n bodoli yng ngwreiddgnepynnau planhigion codlysol, e.e. pys a meillion. Mae nwy nitrogen yn tryledu i mewn i'r cnepynnau lle mae ensym nitrogenas sydd wedi'i gynhyrchu gan y bacteria yn rhydwytho nitrogen (N_2) i ffurfio ïonau amoniwm (NH_4^+) mewn proses anaerobig. Mae'r ïonau amoniwm yn cael eu trawsnewid yn asidau organig ac asidau amino ar gyfer y bacteria, ac mae rhai yn mynd i mewn i'r ffloem er mwyn i'r planhigyn eu defnyddio.

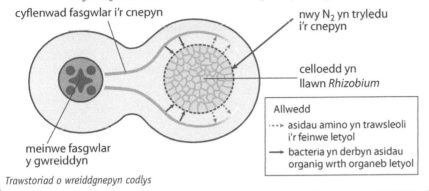

Trawstoriad o wreiddgnepyn codlys

cwestiwn cyflym

42 Esboniwch pam mae'n bwysig cynnal amodau aerobig yn y pridd.

Term Allweddol

Ewtroffigedd: cyfoethogi cynefinoedd dyfrol yn artiffisial â maetholion ychwanegol. Mae'n aml yn cael ei achosi gan ddŵr ffo gwrteithiau.

≫ Cofiwch

Y galw biolegol am ocsigen (GBO/*BOD: biological oxygen demand*) yw faint o ocsigen wedi'i hydoddi sydd ei angen ar organebau i ymddatod y defnydd organig sy'n bresennol mewn sampl dŵr penodol ar dymheredd penodol dros gyfnod penodol. Pan fydd hwn yn uchel, mae micro-organebau'n resbiradu'n aerobig gan ddisbyddu'r ocsigen sydd wedi hydoddi yn y dŵr.

Effaith bodau dynol ar y gylchred nitrogen

I sicrhau'r cynnyrch mwyaf, mae ffermwyr yn defnyddio plaleiddiaid i leihau niwed i gnydau, ac yn defnyddio gwrteithiau seiliedig ar nitrogen, e.e. amoniwm nitrad, i wella twf planhigion. Mae ffermwyr yn aredig ac yn draenio priddoedd yn rheolaidd i wella awyru'r pridd, sy'n ffafrio prosesau aerobig sefydlogi nitrogen a nitreiddiad, gan atal dadnitreiddiad, sy'n anaerobig. Mae hyn hefyd yn caniatáu i aer gyrraedd gwreiddiau planhigion, gan fod nitradau a mwynau eraill yn llifo i mewn i blanhigion drwy gyfrwng cludiant actif, sy'n golygu bod angen ATP (o resbiradaeth aerobig). Mae tail a slyri hefyd yn cael eu hychwanegu at briddoedd i wella adeiledd y pridd a'i gynnwys nitrogen.

Un o brif ganlyniadau defnyddio gwrteithiau nitrad sy'n hydawdd mewn dŵr yw eu bod nhw'n gallu golchi i ffwrdd (trwytholchi) i gyrsiau dŵr, e.e. afonydd a nentydd, sy'n cynyddu'r cynnwys ïonau – mae hyn yn cael ei alw'n **ewtroffigedd**. Mae ffosffadau sy'n cael eu defnyddio mewn powdr golchi ac yn mynd i'r cwrs dŵr yn gwaethygu'r broblem eto.

Mae'r cynnydd mewn nitradau a ffosffadau'n arwain at flŵm algaidd sy'n atal golau rhag cyrraedd planhigion dyfrol. Wrth i blanhigion ac algâu farw, maen nhw'n ffurfio detritws, sy'n cael ei ddadelfennu'n aerobig, gan ddefnyddio ocsigen sydd wedi hydoddi yn y dŵr, sy'n achosi i organebau aerobig eraill farw, e.e. pysgod, gan ychwanegu at y detritws eto. Yn y diwedd, mae'r ocsigen i gyd yn cael ei ddefnyddio a dim ond bacteria anaerobig sy'n goroesi, gan ryddhau amonia, methan a hydrogen sylffid i'r dŵr a chreu amgylchedd sy'n wenwynig i'r rhan fwyaf o organebau aerobig.

Er mwyn lleihau dŵr ffo o wrteithiau, mae ffermwyr yn gallu:

1. Defnyddio gwrteithiau yn y cyfnodau pan mae planhigion yn tyfu. Mae hyn yn achosi i blanhigion gymryd mwy ohonyn nhw, ac felly bydd llai yn cronni yn y pridd.
2. Peidio â defnyddio gwrteithiau o fewn 10 metr i gyrsiau dŵr.
3. Cloddio ffosydd draenio i gasglu unrhyw ddŵr ffo.

3.6 Effaith dyn ar yr amgylchedd

Pam mae rhywogaethau mewn perygl

Mae gweithgareddau bodau dynol fel datgoedwigo, amaethyddiaeth, gorbysgota, llygredd, coedwigaeth, mwyngloddio ac ehangu trefol i gyd wedi dinistrio cynefinoedd ar raddfa fawr, gan achosi argyfwng bioamrywiaeth wrth i rywogaethau gystadlu am adnoddau. Mae llawer o rywogaethau yn mynd i berygl ac mae rhai wedi mynd yn **ddiflanedig** oherwydd dinistrio cynefinoedd neu drwy hela a chasglu, e.e. ifori.

Gall difodiant rhywogaeth gael ei achosi gan:

(i)   Newidiadau yn yr hinsawdd sy'n arwain at lai o lystyfiant a lefelau ocsigen is yn yr atmosffer.

(ii) Gweithgareddau dynol, e.e. roedd y dodo yn aderyn brodorol yn Madagascar a Mauritius, ond oherwydd bod y cynefin wedi'i ddinistrio a'r aderyn yn cael ei hela gan forwyr, aeth yn ddiflanedig erbyn 1662.

Rhywogaethau mewn perygl

Rhywogaeth mewn perygl yw un sy'n wynebu risg o ddifodiant, naill ai ym mhob man, neu yn y rhan fwyaf o lefydd lle mae'n byw. Mae rhywogaethau'n cael eu dosbarthu yn ôl y perygl o ddifodiant: mewn perygl critigol, mewn perygl, a bregus. Mae'r rhywogaethau sydd dan fygythiad heddiw yn cynnwys y gorila mynydd, y panda mawr a'r arth wen.

Rhesymau pam mae rhywogaethau mewn perygl:

- Detholiad naturiol: mae angen mwtaniadau yn y cyfanswm genynnol sy'n rhoi mantais ddetholus. Os nad yw rhywogaethau'n cael digon o fwtaniadau i allu addasu i newidiadau i'w cynefinoedd yn ddigon cyflym, gallan nhw fynd i berygl neu fynd yn ddiflanedig.

- Dinistrio cynefin: e.e. datgoedwigo a thorri gwrychoedd. Mae gwrychoedd yn cynnwys llawer o wahanol rywogaethau planhigion sy'n cynnal amrywiaeth eang o fywyd anifeiliaid, ond mae eu torri nhw i greu caeau mwy i wneud lle i beiriannau amaethyddol wedi golygu colli coridorau bywyd gwyllt, lleihau niferoedd rhywogaethau ac wedi effeithio ar gadwynau bwydydd.

- Llygredd: e.e. cafodd deuffenylau polyclorinedig (PCBs: *polychlorinated biphenyls*) eu cynhyrchu fel oeryddion, ac ers hynny maen nhw wedi cael eu gwahardd oherwydd eu gwenwyndra a'u natur garsinogenig. Maen nhw'n dal i fodoli yn yr amgylchedd yn agos at safleoedd gweithgynhyrchu.

  - Mae olew yn cael ei gludo mewn llongau dros y byd i gyd i fodloni ein hanghenion egni, ond mae damweiniau ar y môr wedi arwain at ryddhau miliynau o alwyni o olew crai, e.e. aeth Exxon Valdez ar lawr oddi ar Alaska ym mis Mawrth 1989 gan ryddhau olew i'r foryd. Ym mis Chwefror 1996, aeth y Sea Empress ar lawr oddi ar arfordir Aberdaugleddau yn Sir Benfro, gan golli olew i mewn i Foryd Cleddau a pheryglu adar môr a bywyd morol.

- Gormod o hela a chasglu: e.e. ar gyfer bwyd (cig gwylltir), fel anifeiliaid anwes ecsotig, ffasiwn, meddyginiaeth draddodiadol (esgyrn teigrod a chyrn rhinoserosod), ac fel swfenîrs ac addurniadau (cregyn crwbanod y môr, ifori).
- Gorbysgota ac ecsploetio amaethyddol (gweler tudalen 52).
- Cystadleuaeth gan rywogaethau newydd: e.e. cafodd y cimwch afon arwyddol o Ogledd America ei ffermio yn y Deyrnas Unedig ond dihangodd rhai ac maent nawr yn cystadlu'n well na'r cimwch afon brodorol.

cwestiwn cyflym

(43) Rhestrwch dri rheswm pam mae rhywogaethau mewn perygl o ddifodiant.

Cadwraeth

Mae cadwraeth yn golygu rheoli cynefinoedd i gynyddu bioamrywiaeth, ac mae'n bwysig am nifer o resymau:

1. Rhesymau moesegol: mae gennym ni ddyletswydd i warchod yr amgylchedd, nid ei niweidio.
2. Posibilrwydd o ddefnyddio pethau ym maes meddygaeth: mae llawer o gyffuriau wedi cael eu hechdynnu o blanhigion, e.e. rydym ni'n defnyddio cwinin o risgl *Cinchona* i drin malaria, mae rhai cyffuriau cemotherapi yn deillio o blanhigion, ac mae'n siŵr bod llawer o rai eraill dydym ni heb eu darganfod eto.
3. Mae cynnal cyfanswm genynnol iach yn helpu poblogaethau i'w diogelu eu hunain rhag newidiadau amgylcheddol y dyfodol.
4. Mae amaethyddiaeth wedi bridio cnydau yn ddetholus o amrywiaethau gwyllt. Yn y dyfodol, efallai y bydd angen i ni edrych ar amrywiaethau gwyllt i ddewis alelau addas i dyfu cnydau mewn amgylcheddau llai ffafriol.

Dulliau cadwraeth

Deddfwriaeth:

- Rydym ni'n amcangyfrif bod masnachu bywyd gwyllt yn rhyngwladol yn werth biliynau o ddoleri'r flwyddyn. Mae cytundeb CITES (*the Convention on International Trade in Endangered Species*/y Confensiwn ar y Fasnach Ryngwladol mewn Rhywogaethau mewn Perygl) yn cael ei orfodi gan reolyddion tollau llym, wedi'u hategu gan ddirwyon a hyd yn oed ddedfrydau o garchar, ond mae'n anodd ei orfodi oherwydd dydy pob gwlad ddim wedi ymrwymo iddo, ac mae'n anodd iawn ei blismona neu ddal y smyglwyr.
- Mae Cyfarwyddeb Cynefinoedd yr UE yn atal casglu wyau rhai adar, ac mae'n cyfyngu ar bigo blodau gwyllt a gorbysgota.
- Sefydlu ardaloedd gwarchodedig, e.e. Safleoedd o Ddiddordeb Gwyddonol Arbennig (SoDdGA/*SSSIs: Sites of Special Scientific Interest*), a gwarchodfeydd natur, e.e. arfordir Gŵyr.

Mae rhaglenni bridio mewn caethiwed mewn swau a gerddi botaneg yn cynnwys:

- **Banciau hadau** sy'n cadw hadau o amrywiaethau prin a thraddodiadol mewn amgylcheddau rheoledig, i amddiffyn rhag difodiant rhywogaethau.
- **Banciau sberm** sy'n storio sberm o rywogaethau dan fygythiad; rydym ni'n defnyddio'r rhain i fridio mewn caethiwed i sicrhau amrywiaeth enynnol o fewn poblogaethau.

Term Allweddol

Cadwraeth: gwarchod, cynnal, rheoli ac adfer cynefinoedd naturiol a'u cymunedau ecolegol i gynyddu bioamrywiaeth.

Term Allweddol

Banciau hadau a sberm: cronfeydd genynnau sy'n gwarchod genynnau planhigion ac anifeiliaid sydd o bwysigrwydd economaidd neu dan fygythiad.

Term Allweddol

Ecodwristiaeth: teithio'n gyfrifol i ardaloedd naturiol mewn ffordd sy'n gofalu am yr amgylchedd ac yn gwella lles pobl leol.

Term Allweddol

Ungnwd: tyfu cnwd o un rhywogaeth yn unig.

- Mae cymdeithasau bridiau prin yn cadw amrywiaethau hŷn llai masnachol.
- Mae ailgyflwyno rhywogaethau wedi cael ei ddefnyddio'n llwyddiannus ar ôl rhaglenni bridio mewn caethiwed i ailgyflwyno rhywogaethau'n ôl i'r gwyllt, e.e. mae'r barcud coch wedi cael ei ailgyflwyno'n ôl i ganolbarth Cymru.
- Addysg drwy'r WWF (*World-Wide Fund for Nature*/y Gronfa Natur Fyd-Eang) a Chyfoeth Naturiol Cymru, sy'n gyfrifol am godi ymwybyddiaeth. Mae Cyfoeth Naturiol Cymru hefyd yn gyfrifol am sefydlu gwarchodfeydd natur.
- **Ecodwristiaeth**, e.e. parciau saffari, sy'n darparu addysg ac yn codi arian i ariannu ymdrechion cadwraeth lleol drwy gyflogi pobl leol. Mae hyn yn golygu bod rhywogaethau'n fwy gwerthfawr os ydyn nhw'n fyw, felly mae cymhellion clir ar gyfer cadwraeth.

Ecsploetio amaethyddol

Mae hyn yn cyfeirio at y ffordd y mae cynhyrchu bwyd wedi gorfod dod yn fwy effeithlon ac yn fwy dwys i sicrhau cymaint â phosibl o gynnyrch cnydau er mwyn bwydo poblogaeth sy'n tyfu. Mae ecsploetio amaethyddol yn achosi gwrthdaro rhwng cadwraeth a'r angen i fasgynhyrchu bwyd. Ar ôl yr Ail Ryfel Byd, cafodd caeau mwy eu creu drwy dorri gwrychoedd i wneud lle i beiriannau mwy; o ganlyniad i hyn, collodd llawer o organebau eu cynefinoedd ac roedd llai o fioamrywiaeth. Roedd ffermwyr hefyd yn defnyddio dulliau ffermio **ungnwd** drwy dyfu cnwd o un rhywogaeth, e.e. gwenith, i gynyddu'r cynnyrch eto; mantais hyn yw bod angen yr un maetholion ar yr holl blanhigion a'i bod hi'n haws cynaeafu.

Mae gan ddulliau ffermio ungnwd anfanteision:

- Mae'n lleihau bioamrywiaeth oherwydd mai dim ond un cynefin sydd.
- Mae'n darparu amgylchedd delfrydol i blâu, felly mae'n rhaid defnyddio plaleiddiaid a chwynladdwyr.
- Mae ffermio'n lleihau llif ailgylchu maetholion, oherwydd wrth i blanhigion farw a phydru mae'r elfennau sydd ynddyn nhw yn dychwelyd i'r pridd, ond mae ffermwyr yn aml yn tynnu gweddillion cnydau, ac felly mwynau, o'r pridd. Mae'n rhaid i ffermwyr roi gwrteithiau anorganig ar eu caeau i gynyddu cynnwys maetholion. Mae hyn yn gallu achosi ewtroffigedd mewn dyfrffyrdd.

Mae ffermwyr yn cael eu cymell â chymorthdaliadau, sy'n eu talu nhw i reoli eu ffermydd mewn modd sy'n cynyddu bioamrywiaeth.

Datgoedwigo

Beth sy'n achosi datgoedwigo:

- Defnyddio tir ar gyfer amaethyddiaeth – ffermio ymgynhaliol a chnydau i'w gwerthu, e.e.
  - Olew palmwydd
  - Ffa soia
  - Biodanwyddau
  - Ransio gwartheg
- Torri coed.

Canlyniadau datgoedwigo:

1. Colli mwy o gynefinoedd, sy'n achosi llai o fioamrywiaeth.

2. Mae **erydiad pridd** yn cynyddu oherwydd does dim gwreiddiau coed yno i rwymo'r pridd, felly mae glaw ar lethrau agored yn gallu cael gwared ar yr uwchbridd.

3. Mwy o waddodi, wrth i uwchbridd gael ei symud o lethrau uchel a'i ddyddodi'n bellach i lawr mewn afonydd, sy'n cynyddu'r risg o lifogydd. Mae ansawdd ac adeiledd y pridd yn gwaethygu oherwydd does dim hwmws yn cael ei ychwanegu ato o goed.

4. Newid yn yr hinsawdd oherwydd bod llai o blanhigion yn cymryd carbon deuocsid i mewn yn ystod ffotosynthesis.

5. Mae llai o drydarthiad gan goed yn golygu bod llai o anwedd dŵr yn dychwelyd i'r atmosffer, sy'n golygu bod llai o law.

6. Colli rhywogaethau planhigion a chemegion o blanhigion a allai fod yn ddefnyddiol i drin clefydau.

7. Diffeithdiro.

cwestiwn cyflym

㊺ Rhestrwch bedwar o ganlyniadau datgoedwigo.

Coetiroedd wedi'u rheoli

Gall coetiroedd gael eu rheoli'n fwy cynaliadwy drwy ddefnyddio'r dulliau canlynol:

- Torri detholus, sy'n golygu torri coed unigol a gadael lle i'r coed eraill dyfu. Dydy hyn ddim yn cael llawer o effaith ar y cynefin.

- **Prysgoedio**, sef y broses o dorri coed, gadael i'r boncyffion dyfu eto am nifer o flynyddoedd (fel arfer 7–25) ac yna gynaeafu'r cyffion sydd wedi tyfu. Mae hyn yn annog llawer o fioamrywiaeth mewn coetiroedd lle mae prysgoedio'n digwydd, e.e. byddai blodau gwyllt, gweiriau a mieri (*brambles*) yn cytrefu pob llannerch newydd yn eu tro wrth i ganopi'r coed gael ei agor. Byddai'r rhywogaethau anifeiliaid sy'n gysylltiedig â'r planhigion hyn yna'n dilyn hefyd.

Cyn torri | Torri'n agos at y bôn | Cyffion yn aildyfu o'r bôn | Coedlan yn barod i'w chynaeafu ar ôl 7–25 mlynedd

Prysgoedio

Mae coetir brodorol wedi'i wneud o goed brodorol yn bennaf, hynny yw, rhai sydd wedi tyfu yno'n naturiol ers yr Oes Iâ ddiwethaf yn hytrach na bod pobl wedi eu cyflwyno nhw. Mae coetir brodorol yn cynnal bioamrywiaeth gyfoethog iawn, ond dim ond 1% o goetiroedd y Deyrnas Unedig sy'n frodorol. Cyfoeth Naturiol Cymru sy'n gyfrifol am y rhan fwyaf o'r coetiroedd sy'n cael eu rheoli yng Nghymru, a rhywogaethau anfrodorol fel pinwydd yw llawer o'r rhain o hyd.

cwestiwn cyflym

㊻ Esboniwch y gwahaniaeth rhwng torri detholus a phrysgoedio.

Gorbysgota

Os yw cyfradd cynaeafu'n uwch na chyfradd atgenhedlu'r pysgod, mae maint poblogaeth y pysgod yn lleihau. Mae pysgota â rhwydi mân yn darwagio pysgod iau, felly dydy'r stoc bridio ddim yn gallu cynnal lefelau poblogaeth blaenorol.

Mae pysgota masnachol gan ddefnyddio rhwydi drifft i ddal pysgod cefnforol (*pelagic*), sef hongian rhwydi yn y dŵr oddi ar fflotiau sydd ar yr arwyneb, yn dal rhywogaethau heblaw'r targed, fel dolffiniaid a chrwbanod môr. Mae treillio am bysgod mewn dŵr dwfn hefyd yn dal rhywogaethau heblaw'r targed, ond mae'n achosi mwy o niwed gan ei fod yn difrodi gwely'r môr, sy'n dinistrio cynefinoedd.

Dulliau o reoleiddio pysgota

Mae cytundebau rhyngwladol ar waith i geisio rheoleiddio pysgota a'i wneud yn gynaliadwy, i ganiatáu cynnal lefel y boblogaeth. Mae'r dulliau'n cynnwys:

- Gosod cwotâu pysgota yn seiliedig ar amcangyfrifon gwyddonol o faint y stociau pysgod.
- Gorfodi ardaloedd dan waharddiad i atal pysgota mewn mannau lle mae **gorbysgota** yn digwydd.
- Cyfyngu ar faint rhwyll rhwydi fel mai dim ond pysgod o'r oed 'cywir' sy'n cael eu dal. Mae rhwydi â rhwyllau mwy yn gadael i bysgod ifanc ddianc, goroesi ac atgenhedlu.
- Rhoi pysgod ifanc sy'n cael eu dal yn ôl yn y môr.
- Gorfodi fflydoedd (*fleets*) i leihau eu maint.
- Gorfodi tymhorau pysgota (i atal pysgota yn ystod y tymor bridio).
- Gadael i rai pysgod ddychwelyd i'r môr i fridio.
- Annog pysgota amrywiaethau sydd ddim yn draddodiadol.
- Annog defnyddwyr/archfarchnadoedd i stocio cynnyrch sydd wedi'i bysgota'n foesegol.

Ffermio pysgod

Mae ffermio pysgod wedi cael ei ystyried yn ffordd dda o leihau gorbysgota, ac mae'n ffordd well o gynhyrchu cig gan eu bod nhw'n trawsnewid eu bwyd yn brotein i'r corff yn fwy effeithlon nag anifeiliaid eraill. Does dim angen gwresogi'r amgylchedd, sy'n lleihau'r mewnbwn egni. Mae hyn wedi arwain at lawer o ffermio brithyll ac eog yn y Deyrnas Unedig, ond mae yna broblemau:

- Mae'r ffermydd yn cael eu stocio'n ddwys iawn, sy'n golygu bod clefydau'n lledaenu'n haws, ac mae risg y gallai pysgod gwyllt yn yr ardal hefyd ddal y clefydau. Mae rhai ffermydd yn gorddefnyddio gwrthfiotigau a phlaleiddiaid, sy'n gallu arwain at ymwrthedd i wrthfiotigau a phlaleiddiaid.
- Mae'r plaleiddiaid sy'n cael eu defnyddio i reoli parasitiaid pysgod hefyd yn niweidio infertebratau morol.
- Mae cynhyrchion ysgarthol y pysgod fferm yn cael eu trawsnewid yn nitradau gan facteria, sy'n cynyddu crynodiad nitradau yn y dŵr, ac yn arwain at ewtroffigedd.
- Mae pysgod yn gallu dianc a chystadlu'n well na rhywogaethau brodorol am fwyd.

Cynaliadwyedd

Mae monitro amgylcheddol yn bwysig wrth benderfynu a yw datblygiad yn gynaliadwy. Mae mathau o fonitro yn cynnwys:

- Monitro ansawdd aer i ganfod risgiau posibl i iechyd dynol.
- Monitro pridd o ran ei adeiledd, draenio, pH, defnydd organig ac amrywiaeth o organebau byw.
- Monitro ansawdd dŵr o ran cyfansoddiad cemegol, cyfansoddiad rhywogaethau (mae infertebratau dŵr croyw yn ddangosydd da ar gyfer llygredd, e.e. mae nymffod clêr Mai yn sensitif i lefelau isel o ocsigen wedi'i hydoddi, ac yn methu goroesi), a chyfrif microbau.

Rhaid cynnal Asesiadau o Effaith Amgylcheddol (*EIAs: Environmental Impact Assessments*) cyn rhoi caniatâd i ddatblygiadau newydd. Cafodd rhain eu cyflwyno gan yr UE yn 1985 ac mae'n rhaid iddyn nhw ystyried goblygiadau amgylcheddol y datblygiad. Y cam cyntaf yw gwneud arolwg o'r amgylchedd er mwyn ystyried yr effaith ar blanhigion ac anifeiliaid sy'n byw yno.

> **≫ Cofiwch**
>
> Mae datblygu cynaliadwy yn bodloni anghenion y presennol heb beryglu gallu cenedlaethau'r dyfodol i fodloni eu hanghenion nhw eu hunain.

Terfynau'r blaned

Mae naw o brosesau system y Ddaear, a'u terfynau wedi'u pennu, i nodi beth sy'n ddiogel i'r blaned. Mae rhai o'r terfynau hyn wedi'u croesi o ganlyniad i weithgareddau bodau dynol: rydym ni wedi croesi pedwar ohonyn nhw, sy'n golygu bod digwyddiadau pellach yn anrhagweladwy, gallem ni fod wedi osgoi croesi dau derfyn arall, ac rydym ni wedi osgoi croesi un.

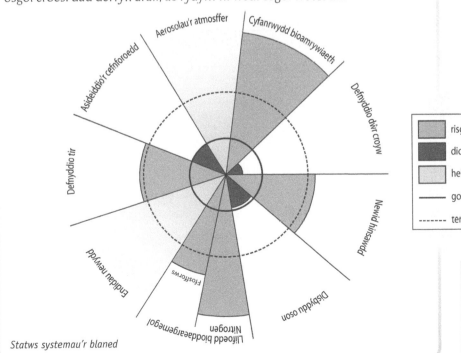

Aerosolau'r atmosffer
Cyfanrwydd bioamrywiaeth
Asideiddio'r cefnforoedd
Defnyddio dŵr croyw
Defnyddio tir
Newid hinsawdd
Endidau newydd
Ffosfforws
Disbyddu oson
Llifoedd bioddaearegemegol
Nitrogen

risg uchel
diogel
heb ei fesur
gofod gweithredu diogel
terfynau'r blaned

Statws systemau'r blaned

> **Term Allweddol**
>
> **Terfynau'r blaned**: rhaid i systemau byd-eang weithredu o fewn y terfynau hyn i atal newid sydyn ac anwrthdroadwy i'r amgylchedd.

1. Terfyn newid hinsawdd

Mae hwn yn un o ddau **derfyn craidd**, ac mae ei derfyn wedi'i groesi, oherwydd y symiau mawr o nwyon tŷ gwydr rydym ni wedi eu hallyrru dros y ganrif ddiwethaf. Bydd hyd yn oed lleihau allyriadau yn ddramatig ddim ond yn lleihau'r cynnydd yn y tymheredd yn y dyfodol o 2 °C, o'r 5 °C y mae rhai gwyddonwyr wedi'i ragfynegi. Mae defnyddio biodanwyddau i'w weld yn un ffordd o gyflawni hyn, oherwydd bod tyfu biodanwyddau yn tynnu carbon deuocsid o'r atmosffer

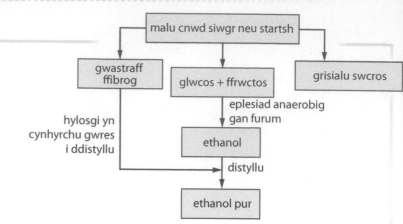

Diagram llif yn dangos cynhyrchu bioethanol

drwy gyfrwng ffotosynthesis. Dydyn nhw ddim yn gwbl garbon-niwtral oherwydd rydym ni'n defnyddio egni i'w cynhyrchu, eu prosesu a'u dosbarthu nhw. Mae defnyddio tir i gynhyrchu biodanwyddau yn achosi rhai problemau: yn y Deyrnas Unedig, pe bai'r holl dir âr (*arable*) yn cael ei ddefnyddio i gynhyrchu biodanwyddau, fyddem ni ddim yn gallu cynhyrchu digon i fodloni ein hanghenion a fyddai gennym ni ddim tir i dyfu bwyd arno chwaith!

Mathau o **fiodanwydd**:

- Mae bioethanol yn cael ei gynhyrchu o gnydau fel cansenni siwgr, a gall hyd at 15% gael ei ychwanegu at betrol arferol. Mae'n cael ei gynhyrchu drwy gyfrwng eplesiad alcoholig syml.
- Mae biodiesel yn cael ei ddefnyddio'n eang yn Ewrop. Mae'n cael ei wneud o olewau llysiau, drwy adweithio'r asidau brasterog ag alcohol i gynhyrchu methyl ester (biodiesel).
- Bionwy yw methan o dreulio gwastraff organig planhigion ac anifeiliaid. Mae treuliad aerobig proteinau, brasterau a charbohydradau yn cynhyrchu monomerau. Mae methanogenesis o foleciwlau carbohydrad dan amodau anaerobig yn cynhyrchu methan a charbon deuocsid. Mae methan yn cael ei gynhyrchu'n naturiol gan ddefnydd organig sy'n pydru mewn safleoedd tirlenwi, felly gallwn ni gasglu a defnyddio hwn hefyd.

2. Terfyn cyfanrwydd y biosffer

Yr hen enw am hwn oedd terfyn colli bioamrywiaeth a difodiant rhywogaethau, ac mae'n cynrychioli bioamrywiaeth ecosystemau. Hwn yw'r ail derfyn craidd sydd wedi'i groesi. Mae dinistrio cynefinoedd, llygredd a newid hinsawdd i gyd yn gyfrifol am leihau bioamrywiaeth. Yr amcangyfrif yw, heb newid sylweddol, y bydd dros hanner rhywogaethau'r cefnforoedd wedi'u colli erbyn y flwyddyn 2100. Mae'r berthynas symbiotig rhwng cwrel ac algâu yn un fregus: byddai dim ond cynnydd o 2 °C yn nhymheredd y môr yn achosi i'r cwrel fwrw'r algâu allan a byddai'r cwrel yn marw – mae hwn yn cael ei alw'n cannu cwrel.

Termau Allweddol

Terfyn craidd: byddai croesi'r terfyn planedol hwn yn rhoi'r ddaear mewn cyflwr newydd ac annisgwyl gyda chanlyniadau difrifol i'r biosffer.

Biodanwydd: tanwydd wedi'i wneud gan broses fiolegol fel treuliad anaerobig, yn hytrach na gan brosesau daearegol sydd wedi ffurfio tanwyddau ffosil.

3. Terfyn defnyddio tir

Un enghraifft o hwn yw datgoedwigo ar gyfer amaethyddiaeth, magu da byw, a thyfu cnydau biodanwydd. Mae'r terfyn hwn yn cynrychioli camddefnyddio tir fel nad oes digon o fwyd yn cael ei gynhyrchu.

4. Terfyn llifoedd bioddaeargemegol

Mae'r terfyn hwn yn cyfeirio at gylchu mwynau drwy gylchredau fel y cylchredau carbon, ffosfforws a nitrogen. Mae gorddefnyddio gwrteithiau nitrogen a ffosfforws yn golygu bod y terfyn hwn eisoes wedi'i groesi, a dydy'r cylchredau ddim yn hunangynhaliol bellach.

5. Terfyn oson yn y stratosffer

Mae'r terfyn hwn yn cynrychioli'r dinistr i oson yn y stratosffer a gafodd ei achosi gan CFCau a oedd mewn cyfryngau gyrru (*propellants*) ac oeryddion (*refrigerants*) cyn 1987 pan gawsant eu gwahardd gan brotocolau Montreal ar ôl i 'dwll' yn yr haen oson gael ei ddarganfod dros yr Antarctig. Drwy wneud hyn, rydym ni wedi gallu dadwneud croesi'r ffin hon.

6. Terfyn asideiddio'r cefnforoedd

Mae pH y cefnforoedd wedi gostwng o 8.16 i 8.03 yn y tair canrif ddiwethaf, sy'n ostyngiad o 30% (gan fod y raddfa'n un logarithmig). Mae pysgod ac infertebratau'n arbennig o sensitif i ostyngiadau pH. Drwy weithredu'n gyflym i leihau allyriadau carbon, efallai y gallwn ni osgoi croesi'r terfyn hwn.

7. Terfyn defnyddio dŵr croyw

Dyma'r terfyn lle does gan organebau ddim digon o **dŵr croyw** rheolaidd i oroesi. Gallwn ni osgoi croesi'r terfyn hwn drwy ddefnyddio llai o ddŵr croyw. Mae'r rhan fwyaf o'r dŵr ar y Ddaear (97%) yn halwynog, ac mae cyfran fawr o'r dŵr croyw sy'n weddill wedi'i gloi mewn iâ, neu'n amhosibl ei yfed oherwydd llygredd. Yn anffodus, dydy dŵr croyw ddim wedi'i ddosbarthu'n hafal: mae gan India 10% o ddŵr y byd ond dros 17% o boblogaeth y byd.

Mae llai o ddŵr croyw ar gael oherwydd: dyfrhau mewn amaethyddiaeth, datgoedwigo, llygredd dŵr, draenio gwlyptiroedd, y cynydd ym maint y boblogaeth a'r defnydd *per capita* (gan bob unigolyn).

Dulliau i gynyddu faint o ddŵr croyw sydd ar gael:

1. Defnyddio offer sy'n defnyddio dŵr yn effeithlon.
2. Adfer dŵr gwastraff, i'w ddefnyddio i ddyfrhau ac mewn diwydiant.
3. Rhoi'r gorau i ddyfrhau cnydau sydd ddim yn fwyd.
4. Defnyddio systemau dyfrhau diferu (*drip-irrigation*) i ddyfrhau cnydau.
5. Dal dŵr ffo o stormydd i ail-lenwi cronfeydd dŵr.
6. **Dihalwyno** dŵr halwynog.

Mae dau brif ddull dihalwyno: osmosis gwrthdro sy'n gwahanu dŵr croyw a dŵr môr drwy ddefnyddio pilen athraidd ddetholus a gwasgedd i orfodi dŵr yn erbyn ei raddiant potensial dŵr, a defnyddio distyllbeiriau solar sy'n defnyddio egni'r haul i ddistyllu dŵr.

> ### Termau Allweddol
>
> **Dŵr croyw**: mae crynodiad y mwynau sydd wedi hydoddi mewn dŵr croyw yn isel, h.y. <0.05% (w/v).
>
> **Dihalwyno**: tynnu halwyn a mwynau eraill o ddŵr heli.

8. Terfyn llwytho aerosolau'r atmosffer

Mae'r terfyn hwn yn cynrychioli gronynnau microsgopig yn yr atmosffer o danwyddau ffosil a llwch o chwareli. Mae'r gronynnau hyn yn gwaethygu clefydau resbiradol fel asthma, ac yn setlo ar ddail planhigion gan rwystro golau'r haul. Dydym ni ddim wedi meintioli'r terfyn hwn.

9. Terfyn cyflwyno endidau newydd

Enw gwreiddiol hwn oedd y terfyn llygredd cemegol, ac mae'n cynrychioli llygredd o weithgynhyrchu newydd, defnyddiau ymbelydrol a nanoddefnyddiau. Mae rhai cemegion eisoes wedi cael eu gwahardd oherwydd eu gwenwyndra, e.e. *PCBs* a DDT. Dydym ni ddim yn gwybod digon am ryngweithiadau'r cemegion hyn i allu meintioli'r terfyn.

3.7 Homeostasis a'r aren

Term Allweddol

Adborth negatif: y mecanwaith lle mae'r corff yn gwrthdroi cyfeiriad newid mewn system i adfer y pwynt gosod.

Homeostasis yw cynnal yr amgylchedd mewnol o fewn cyfyngiadau y mae'r corff yn gallu eu goddef. I gyflawni hyn, mae'r corff yn defnyddio **adborth negatif**, lle mae'r corff yn ymateb mewn ffordd sy'n gwrthdroi cyfeiriad y newid. Mae hyn yn tueddu i gadw paramedrau ffisegol yn gyson, e.e. tymheredd ar 37 °C, a lefel glwcos ar 90 mg ym mhob 100 cm³ o waed. Mae'r broses yn cynnwys:

1. MEWNBWN – newid oddi wrth y pwynt gosod neu'r norm, e.e. cynnydd yn nhymheredd craidd y corff.

2. DERBYNNYDD – synhwyrydd sy'n canfod y newid oddi wrth y pwynt gosod, e.e. derbynyddion tymheredd.

3. CANOLFAN RHEOLI – neu gydlynydd sy'n canfod signalau o'r derbynyddion ac yn cydlynu ymateb gan effeithyddion, e.e. yr hypothalamws yn yr ymennydd.

4. EFFEITHYDD – yn gwneud newidiadau sy'n dod â'r corff yn ôl at y pwynt gosod, e.e. chwarennau yn y croen yn rhyddhau chwys.

5. ALLBWN – gweithdrefn gywiro, e.e. chwys yn anweddu i oeri'r croen.

>> *Cofiwch*

Cyhyryn neu chwarren yw effeithydd.

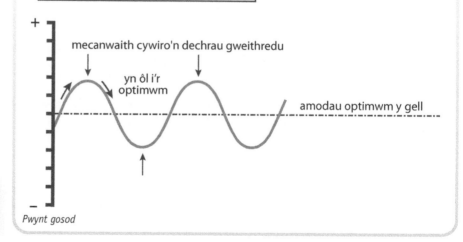

Pwynt gosod

cwestiwn cyflym

48 Beth yw'r gwahaniaeth rhwng ysgarthu a charthu?

Ysgarthiad

Ysgarthiad yw gwaredu gwastraff sydd wedi'i wneud gan y corff, e.e. carbon deuocsid a dŵr o resbiradaeth ac wrea o ddadamineiddio gormodedd o asidau amino.

Mae asidau amino dros ben yn cael eu dadamineiddio yn yr afu/iau: mae'r grŵp amin ($-NH_2$) yn cael ei dynnu, ei drawsnewid yn amonia ac yna'n wrea. Mae'r aren yn cael gwared ar yr wrea o'r corff. Mae hyn yn gadael asid organig sy'n gallu cael ei ddefnyddio yn ystod resbiradaeth, neu ei drawsnewid yn lipidau neu'n glwcos.

Yr aren

Mae gan yr aren ddwy brif swyddogaeth:

1. **Ysgarthiad** – ysgarthu gwastraff nitrogenaidd, h.y. wrea o'r corff.
2. **Osmoreolaeth** – rheoli potensial dŵr hylifau'r corff gan gynnwys gwaed.

Mae gan y corff ddwy aren, gyda thua miliwn o neffronau ym mhob un, ac mae hyd pob neffron yn 30 mm. Maen nhw'n cael eu cyflenwi â gwaed sy'n cynnwys ocsigen a gwastraff (gan gynnwys wrea) o'r rhydweli arennol, ac mae gwaed wedi'i hidlo'n dychwelyd i'r cylchrediad cyffredinol drwy'r wythïen arennol. Yr enw ar ormodedd dŵr a hydoddion, gan gynnwys wrea, yw troeth ac mae'n draenio i'r dwythellau casglu a'r pelfis sy'n gwagio troeth i'r wreter. Mae'r ddau wreter yn cysylltu â'r bledren.

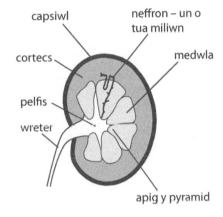

Aren

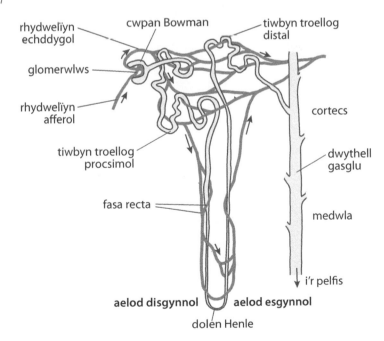

Neffron

Gwella gradd

Mae'n bwysig cyfeirio at *ormodedd* asidau amino, oherwydd bod asidau amino yn cael eu defnyddio ar gyfer synthesis proteinau – dim ond y gormodedd sy'n cael ei ddadamineiddio.

Gwella gradd

Gwyliwch eich sillafu – mae ymgeiswyr yn aml yn cymysgu rhwng wreter ac wrethra oherwydd eu bod nhw'n cael eu sillafu'n debyg.

Gwella gradd

Dylech chi allu adnabod ardal yr aren oddi ar ddiagram neu ficrograff. Cofiwch, bydd cwpanau Bowman yn y cortecs, nid yn y medwla.

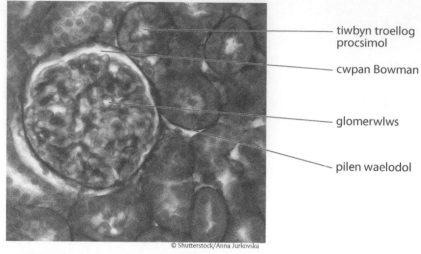

tiwbyn troellog procsimol

cwpan Bowman

glomerwlws

pilen waelodol

© Shutterstock/Anna Jurkovska

Toriad drwy gortecs aren fel mae'n ymddangos o dan ficrosgop golau

Mae rhwydwaith o gapilarïau o gwmpas y tiwbynnau troellog a dolen Henle, sy'n golygu bod modd adamsugno sylweddau i mewn i'r gwaed. Rydym ni'n cyfeirio at y capilarïau sy'n amgylchynu dolen Henle fel y fasa recta.

Mae tair prif broses yn digwydd yn y neffron:

1. **Uwch-hidlo** yng nghwpan Bowman, sy'n cael gwared ar foleciwlau bach gan gynnwys dŵr ac wrea o'r gwaed.

2. **Adamsugniad detholus** yn y tiwbyn troellog procsimol, gan adamsugno sylweddau defnyddiol fel dŵr, glwcos ac asidau amino, ond nid wrea.

3. **Osmoreolaeth** yn nolen Henle a'r dwythellau casglu, sy'n rheoli potensial dŵr y gwaed.

cwestiwn cyflym

49 Nodwch ddwy broses mae'r aren yn eu cyflawni.

Uwch-hidlo

Mae'r rhydwelïyn afferol yn *lletach* na'r rhydwelïyn echddygol, sy'n creu pwysedd gwaed *uwch* nag sy'n normal yn y glomerwlws. Mae sylweddau â màs moleciwlaidd cymharol (mmc) <68 000 yn cael eu gorfodi allan i gwpan Bowman. Mae hyn yn cynnwys glwcos, asidau amino, halwynau, dŵr ac wrea, ac mae'n ffurfio'r hidlif glomerwlaidd. *Mae'r rhan fwyaf* o broteinau yn y plasma yn >68 000 mmc felly maen nhw'n aros yn y gwaed gyda'r celloedd: mae eithriadau yn cynnwys hormon HCG sydd ag mmc llai na 68 000; gallwn ni ddefnyddio presenoldeb hwn i ganfod beichiogrwydd.

Mae'r ffactorau canlynol yn gwrthsefyll symudiad yr hidlif:

- Epitheliwm capilarïau, sy'n cynnwys mandyllau o'r enw ffenestri (*fenestrae*).

- Pilen waelodol cwpan Bowman, sy'n gweithredu fel gogr (*sieve*).

- Mae mur cwpan Bowman wedi'i wneud o gelloedd epithelaidd cennog arbenigol iawn, sef podocytau. Mae hidlif yn llifo rhwng eu canghennau (pedicelau).

- Gwasgedd hydrostatig yn y cwpan.

- Potensial dŵr isel y gwaed yn y glomerwlws (wedi'i ostwng gan golli dŵr i mewn i'r cwpan).

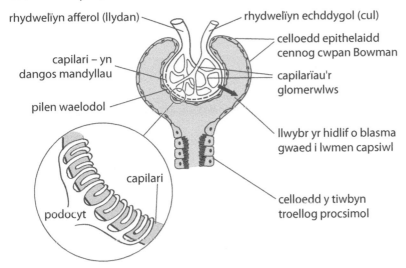

rhydwelïyn afferol (llydan)

rhydwelïyn echddygol (cul)

celloedd epithelaidd cennog cwpan Bowman

capilari – yn dangos mandyllau

capilarïau'r glomerwlws

pilen waelodol

llwybr yr hidlif o blasma gwaed i lwmen capsiwl

capilari

podocyt

celloedd y tiwbyn troellog procsimol

Cwpan Bowman

Mae'r ffactorau sy'n gwrthsefyll symudiad yr hidlif yn pennu'r gyfradd hidlo, sef cyfradd llif hylif o'r gwaed yn y capilarïau glomerwlaidd i gwpan Bowman. Mae'r arennau'n derbyn tua 1100 cm³ o waed bob munud ac yn cynhyrchu 125 cm³ o hidlif glomerwlaidd yn yr un amser.

Adamsugniad detholus

Mae tuag 85% o'r hidlif yn cael ei adamsugno yn y tiwbyn troellog procsimol, sy'n cynnwys yr holl glwcos, yr holl asidau amino, a'r rhan fwyaf o'r dŵr a'r halwynau. Mae wrea a *gormodedd* dŵr yn ffurfio troeth. Mae'r cynhyrchion defnyddiol yn cael eu hadamsugno yn y ffyrdd canlynol:

Sylwedd	Dull adamsugno
Ïonau mwynol, a halwynau	Trylediad cynorthwyedig a chludiant actif i mewn i gelloedd epithelaidd
Glwcos ac asidau amino	**Cludiant actif eilaidd** gan ddefnyddio mecanwaith cydgludiant gydag ïonau sodiwm. Mae glwcos yn cael ei gydgludo gyda dau ïon sodiwm drwy gyfrwng trylediad cynorthwyedig i mewn i'r gell. Mae ïonau sodiwm a glwcos yn symud ar wahân i mewn i'r capilarïau.
Dŵr	Osmosis
Rhai proteinau wedi'u hidlo ac wrea	Drwy gyfrwng trylediad

Y canlyniad yw bod yr hidlif yng ngwaelod y tiwbyn troellog procsimol yn isotonig gyda phlasma'r gwaed.

cwestiwn cyflym

50 Rhestrwch dri sylwedd sy'n bresennol yn yr hidlif.

cwestiwn cyflym

51 Esboniwch pam mae HCG yn bresennol yn y troeth, ond nid yw proteinau eraill yn bresennol.

cwestiwn cyflym

52 Nodwch ble yn yr aren byddech chi'n gweld cwpanau Bowman.

cwestiwn cyflym

53 Esboniwch arwyddocâd diamedr y rhydwelïynnau sy'n cyflenwi'r glomerwlws.

Term Allweddol

Cludiant actif eilaidd: cyplu trylediad, e.e. trylediad ïonau sodiwm, i lawr graddiant electrocemegol i ddarparu egni i gludiant actif glwcos yn erbyn ei raddiant crynodiad.

Gwella gradd

Wrth esbonio addasiadau celloedd ar gyfer adamsugniad detholus, rhaid i chi esbonio eich ateb *yn llawn*, e.e. mae microfili yn darparu arwynebedd arwyneb mawr i amsugno glwcos drwy gyfrwng cludiant actif eilaidd/cydgludiant ag ïonau sodiwm.

Mae'r tiwbyn troellog procsimol wedi addasu ar gyfer adamsugno yn y ffyrdd canlynol:

- Mae gan y celloedd sy'n leinio'r tiwbyn arwynebedd arwyneb mawr oherwydd presenoldeb microfili a sianelau gwaelodol (y bilen yn plygu i mewn i gyffwrdd â'r capilari). Mae yna hefyd niferoedd mawr o neffronau.
- Mae celloedd yn cynnwys llawer o fitocondria sy'n darparu ATP ar gyfer cludiant actif hydoddion.
- Cysylltiad agos â chapilarïau sy'n creu llwybr tryledu byr rhwng celloedd a'r capilarïau peritiwbaidd.
- Cysylltau tynn rhwng celloedd cyfagos sy'n atal y defnyddiau wedi'u hadamsugno rhag gollwng yn ôl i mewn i'r hidlif.

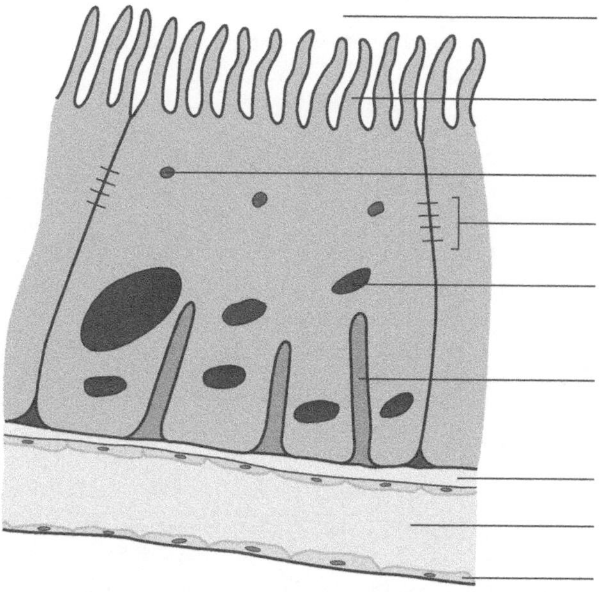

Cell epithelaidd giwboid yn leinio'r tiwbyn troellog procsimol

Mae'r trothwy glwcos yn cyfeirio at uchafswm màs y glwcos y gellir ei adamsugno yn y tiwbyn troellog procsimol. Os yw crynodiad glwcos yn y gwaed yn uchel iawn, e.e. rhywun â diabetes math I a II, does dim modd ei adamsugno i gyd yn y tiwbyn, felly mae rhywfaint ohono'n aros yn yr hidlif ac felly yn y troeth.

Mae'r rhan fwyaf o'r dŵr (90%) yn cael ei adamsugno yn y tiwbyn troellog procsimol drwy gyfrwng osmosis. Mae'r gweddill yn cael ei adamsugno yn nolen Henle a'r tiwbyn troellog distal a'r ddwythell gasglu. Mae cyfaint y dŵr sy'n cael ei adamsugno yn y tiwbyn troellog a'r ddwythell gasglu yn amrywio yn ôl anghenion y corff.

cwestiwn cyflym

54 Esboniwch pam mae glwcos yn gallu bod yn bresennol yn nhroeth cleifion diabetes.

Osmoreolaeth

Mae rheoli potensial dŵr y corff yn bwysig mewn anifeiliaid oherwydd bod hyn yn cynnal crynodiadau ensymau a metabolynnau, ac yn atal celloedd rhag byrstio neu fynd yn hiciog (*crenating*).

Mae dolen Henle yn gyfrifol am adamsugno rhywfaint o ddŵr o'r aelod disgynnol, ond ei phrif swyddogaeth yw cynyddu crynodiad ïonau yn rhan interstitaidd y medwla, sy'n caniatáu i'r ddwythell gasglu adamsugno dŵr. Mae cyfaint y dŵr sy'n cael ei adamsugno o'r tiwbyn troellog distal a'r ddwythell gasglu, ac felly botensial dŵr y gwaed o ganlyniad, yn cael ei ddylanwadu gan hormon gwrthddiwretig, sy'n cynyddu athreiddedd muriau'r tiwbyn a'r ddwythell i ddŵr.

Gwella gradd

Mae dolenni Henle yn hirach mewn mamolion sydd wedi esblygu mewn cynefinoedd sych. Maen nhw'n gallu cynhyrchu troeth mwy crynodedig oherwydd bod mwy o ïonau Na^+ a Cl^- yn gallu gadael yr aelod disgynnol drwy gyfrwng cludiant actif.

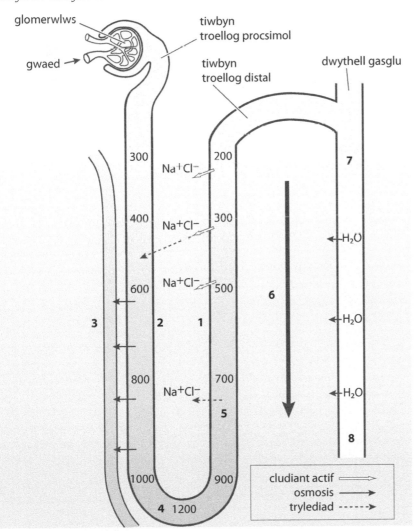

Crynodiadau wedi'u dangos mewn mOsm kg⁻¹

Lluosydd gwrthgerrynt

1. Mae ïonau Na⁺ a Cl⁻ yn cael eu pwmpio'n actif allan o'r aelod esgynnol.

2. Mae hyn yn cynyddu crynodiad ïonau yn y rhan interstitaidd.

3. Mae muriau'r aelod disgynnol yn athraidd i ddŵr, felly mae dŵr yn gadael drwy gyfrwng osmosis i mewn i'r rhan interstitaidd cyn mynd i'r capilarïau (fasa recta).

4. Mae dŵr yn cael ei golli'n raddol i lawr yr aelod disgynnol; yn nodweddiadol, mae'n cyrraedd crynodiad o 1200 mOsm kg⁻¹ o ddŵr yn y gwaelod. (Mae dolenni hirach yn gallu cyrraedd crynodiadau llawer uwch oherwydd bod mwy o ïonau Na⁺ a Cl⁻ yn gallu gadael yr aelod esgynnol drwy gyfrwng cludiant actif.)

5. Mae crynodiad yr hidlif yn lleihau yn lwmen y neffron yn yr aelod esgynnol, oherwydd bod ïonau Na⁺ a Cl⁻ yn cael eu pwmpio allan yn actif.

6. Mae hyn yn creu graddiant crynodiad ïonau sy'n cynyddu yn y rhan interstitaidd tuag at waelod y ddolen.

7. Mae dŵr yn gadael y ddwythell gasglu drwy gyfrwng osmosis i mewn i'r rhan interstitaidd cyn mynd i'r fasa recta.

8. Wrth i ddŵr adael yr hidlif yn y ddwythell gasglu, mae crynodiad yr hidlif yn cynyddu, ond mae bob amser yn is na'r hylif yn rhan interstitaidd y medwla, felly bydd dŵr yn parhau i adael drwy gyfrwng osmosis. Mae'r ddau hylif yn llifo i'r cyfeiriadau dirgroes heibio i'w gilydd, sy'n golygu bod mwy o sylweddau'n cyfnewid rhyngddyn nhw na phe baen nhw'n llifo i'r un cyfeiriad. Rydym ni'n galw hyn yn lluosydd gwrthgerrynt. Mae hyn yn sicrhau bod crynodiad yr hidlif bob amser yn is na'r hylif interstitaidd yn y medwla.

Swyddogaeth ADH ym mhroses osmoreolaeth

Mae potensial dŵr y gwaed yn amrywio pan fydd gan anifeiliaid:

1. Gormod o hylif o ganlyniad i yfed gormod o ddŵr, neu beidio â bwyta digon o halen.

2. Diffyg hylif o ganlyniad i beidio ag yfed digon o ddŵr, chwysu neu fwyta llawer o halen.

Mae potensial dŵr y gwaed yn cael ei reoli gan dderbynyddion o'r enw osmodderbynyddion yn yr hypothalamws, sy'n ymateb drwy sbarduno rhyddhau mwy neu lai o **hormon gwrthddiwretig** (ADH: *antidiuretic hormone*) i'r gwaed o labed ôl y chwarren bitŵidol. Adborth negatif sy'n rheoli osmoreolaeth.

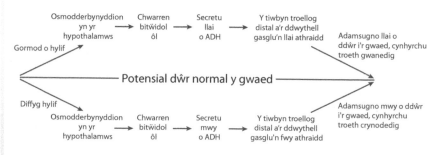

Osmoreolaeth drwy ADH

Mae ADH yn rhwymo wrth broteinau derbyn pilenni sydd ar arwyneb y celloedd sy'n leinio muriau'r tiwbyn troellog distal a'r ddwythell gasglu. Mae rhwymo ag ADH yn sbarduno fesiglau sy'n cynnwys proteinau pilen cynhenid o'r enw acwaporinau sy'n cynnwys mandyllau sy'n gadael i ddŵr symud, i asio â'r gellbilen. Mae'r acwaporinau'n gadael i ddŵr lifo drwy'r muriau i lawr y graddiant potensial dŵr. Pan mae crynodiad ADH yn gostwng, mae acwaporinau'n cael eu tynnu o'r gellbilen.

ychwanegol

3.7

Mae'r tabl yn dangos crynodiadau nodweddiadol tri hydoddyn yn y neffron.

Hydoddyn	Crynodiad cymedrig / g dm^{-3}		
	Cwpan Bowman	Tiwbyn troellog procsimol	Tiwbyn troellog distal
Glwcos	0.12	0.00	0.00
Wrea	0.35	0.65	6.25
Ïonau sodiwm	0.28	0.24	0.02

a) Esboniwch sut mae crynodiad wrea yn newid rhwng cwpan Bowman a'r tiwbyn troellog distal.

b) Pa gasgliad allwch chi ei ffurfio am adamsugno ïonau sodiwm?

c) Awgrymwch pam mae'r celloedd sy'n leinio'r tiwbyn distal troellog mewn cleifion diabetig yn gallu cael eu niweidio.

Methiant yr arennau

Y prif resymau pam mae'r arennau'n methu yw diabetes, pwysedd gwaed uchel, clefyd awtoimiwn, haint, ac anafiadau gwasgu. Rydym ni'n trin clefyd yr arennau drwy gydbwyso hylifau'r corff gan ddefnyddio:

- Meddyginiaeth i reoli lefelau potasiwm a chalsiwm yn y gwaed, sy'n gallu arwain at glefyd y galon a cherrig yn yr arennau os nad ydym ni'n eu rheoli nhw.
- Deiet sydd ddim yn cynnwys llawer o brotein i leihau crynodiad gormodedd asidau amino, ac felly grynodiad wrea.
- Cyffuriau i ostwng pwysedd gwaed, e.e.
  - Beta atalyddion, sy'n lleihau effaith adrenalin.
  - Blocwyr sianeli calsiwm, sy'n ymagor pibellau gwaed ac yn gostwng pwysedd gwaed.
  - Atalyddion ACE, sy'n lleihau effaith angiotensin. Mae angiotensin yn achosi i bibellau gwaed ddarwasgu.
- Mae dialysis yn golygu defnyddio hylif dialysis sy'n cynnwys glwcos ar yr un crynodiad ag yn y gwaed, ond dim wrea a chrynodiad ïonau isel. Y canlyniad yw bod wrea, rhai ïonau a dŵr yn tryledu allan o'r gwaed, ond bod glwcos yn aros ynddo. Mae dau fath (gweler trosodd).
- Trawsblannu aren, y dewis olaf ar gyfer cyfnod olaf clefyd yr arennau. Mae'n golygu trawsblannu un aren o roddwr â meinweoedd tebyg iawn, i sicrhau eu bod nhw'n gydnaws. Rhaid defnyddio cyffuriau atal imiwnedd ar ôl y trawsblaniad i wneud yn siŵr nad yw'r organ yn cael ei gwrthod.

Dialysis

Mae dau fath yn cael eu defnyddio:

1. Haemodialysis, sy'n cymryd gwaed (fel arfer o rydweli yn y fraich), ac yn ei anfon drwy beiriant dialysis sy'n cynnwys miloedd o ffibrau, a phob un o'r rhain yn cynnwys tiwbin dialysis athraidd ddetholus a hylif dialysis. I sicrhau bod cymaint â phosibl yn cael ei drosglwyddo, rydym ni'n defnyddio gwrthgerrynt lle mae gwaed a hylif dialysis yn symud i gyfeiriadau dirgroes. Rydym ni'n defnyddio heparin i atal y gwaed rhag ceulo. Mae dialysis yn cymryd llawer o oriau ac yn cael ei ailadrodd lawer gwaith bob wythnos.

2. Mae dialysis peritoneaidd yn golygu bod hylif dialysis yn llifo i'r peritonewm drwy gathetr. Mae'r peritonewm yn cynnwys llawer o gapilarïau sy'n cyfnewid defnyddiau â'r hylif dialysis, sy'n cael ei newid ar ôl tua 40 munud, ac mae'r broses yn cael ei hailadrodd lawer gwaith bob dydd. Mantais y math hwn o dialysis yw bod y claf yn gallu symud o gwmpas, ond mae'n llai effeithiol na haemodialysis, felly mae dargadw hylif yn debygol.

Ysgarthiad mewn anifeiliaid eraill

cwestiwn cyflym

57 Esboniwch pam mae pysgod dŵr croyw yn ysgarthu amonia ond mae adar yn ysgarthu asid wrig.

cwestiwn cyflym

58 Esboniwch ddau addasiad mae mamolion fel camelod yn eu dangos ar gyfer bywyd mewn amgylcheddau sych.

Mae pysgod dŵr croyw yn ysgarthu amonia:

- Mae amonia'n hydawdd iawn ond mae'n wenwynig iawn, felly does dim modd ei storio. Rhaid ei ysgarthu ar unwaith gan ddefnyddio cyfeintiau mawr o ddŵr i'w wanedu (ac mae llawer o ddŵr ar gael i bysgod dŵr croyw).

Mae mamolion yn ysgarthu wrea:

- Mae wrea yn llawer llai gwenwynig nag amonia, felly mae angen llai o ddŵr i'w wanedu, ac mae'r corff yn gallu ei storio am gyfnodau byr.
- Mae angen egni i drawsnewid amonia yn wrea ond mae'n addasiad i fywyd ar y tir, oherwydd ei fod yn helpu i atal diffyg hylif, gan fod angen llai o ddŵr i'w ysgarthu.

Mae adar, ymlusgiaid a phryfed yn ysgarthu asid wrig:

- Dydy asid wrig ddim yn wenwynig o gwbl bron, felly ychydig iawn o ddŵr sydd ei angen i'w wanedu.
- Mae angen llawer o egni i drawsnewid amonia yn asid wrig, ond mae gwneud hyn yn galluogi'r anifeiliaid hyn i fyw mewn amgylcheddau sych iawn.
- Un fantais fawr i adar yw mai ychydig iawn o ddŵr sydd ei angen, sy'n lleihau eu pwysau wrth iddyn nhw hedfan.

Mae hyd dolen Henle yn addasiad i'r ardal lle mae'r anifail wedi esblygu. Yn yr afanc, sy'n byw mewn dŵr croyw lle mae digonedd o ddŵr ar gael, mae dolen Henle yn fyr iawn ac yn cynhyrchu cyfeintiau mawr o droeth gwanedig. Mewn anifeiliaid sy'n byw mewn amgylcheddau sych iawn, e.e. y llygoden fawr godog, mae dolen Henle yn llawer hirach ac yn cynhyrchu cyfeintiau bach o droeth crynodedig iawn. Mae ganddyn nhw gyfran uwch o'r neffronau hyn, sef y neffronau cyfagos i'r medwla, ac mae cwpan Bowman wedi'i leoli'n agosach at y medwla, a'r dolenni Henle, sy'n treiddio'n ddwfn i mewn i'r medwla. Yr hiraf yw dolen Henle, y mwyaf crynodedig fydd y troeth (sy'n arbed dŵr), oherwydd mae'r lluosydd gwrthgerrynt yn gallu creu crynodiad ïonau uwch yn y medwla.

Mae anifeiliaid mewn amgylcheddau sych hefyd yn dibynnu mwy ar ddŵr metabolaidd, e.e. y camel, sy'n bennaf yn resbiradu braster sydd wedi'i storio yn ei grwb. Mae mamolion eraill yn dangos addasiadau ymddygiadol, fel bod yn nosol, gan ddod allan yn ystod y nos i hela pan mae'n oerach.

3.8 Y system nerfol

Mae rheolaeth hormonau yn newid pethau'n fwy araf, yn ymateb tymor hir, ac yn dibynnu ar gemegion sy'n cael eu cludo yn y gwaed. Mae rheolaeth nerfol yn newid pethau'n fwy cyflym, yn ymateb tymor byr, ac yn dibynnu ar wybodaeth sy'n cael ei chludo gan niwronau. Mae'r system nerfol yn gyfrifol am ganfod newidiadau yn yr amgylchedd mewnol neu allanol (symbyliad), prosesu'r wybodaeth honno a chychwyn ymateb. Mae hyn yn cael ei gyflawni drwy'r model ymateb i symbyliad:

Symbyliad → Canfodydd → Cydlynydd → Effeithydd → Ymateb

- Newid yn yr amgylchedd yw symbyliad.
- Mae canfodydd yn cynnwys celloedd sy'n gallu canfod symbyliadau, e.e. mae'r retina yn canfod golau gweladwy, mae'r glust fewnol yn canfod sain, mae corffilod Pacini yn dermis y croen yn canfod gwasgedd, mae dermis y croen yn canfod tymheredd, ac mae synhwyrau blas ac arogl yn canfod cemegion. Mae'n trawsnewid egni o un ffurf, e.e. golau, i ysgogiad trydanol.
- Y cydlynydd yw'r brif system nerfol, ac mae'n cynnwys yr ymennydd a madruddyn y cefn. Mae'n cydlynu'r ymateb.
- Mae effeithydd yn achosi ymateb. Mae'r effeithydd naill ai'n gyhyr neu'n chwarren.
- Yr ymateb yw'r newid yn yr organeb.

Mewn bodau dynol, mae'r system nerfol yn cynnwys y brif system nerfol a'r system nerfol berifferol. Mae'r system nerfol berifferol yn cynnwys y canlynol:

1. Y system nerfol somatig, sy'n cynnwys parau o nerfau sy'n tarddu yn yr ymennydd a madruddyn y cefn ac sy'n cynnwys niwronau synhwyraidd ac echddygol.
2. Y system nerfol awtonomig, sy'n rheoli gweithredoedd anwirfoddol, e.e. treuliad a rheoli curiad y galon.

Niwronau

Mae tri math o niwronau mewn bodau dynol:

1. Niwronau synhwyraidd sy'n cludo ysgogiadau o dderbynyddion i'r brif system nerfol.
2. Niwronau relái neu gysylltiol o fewn y brif system nerfol sy'n derbyn ysgogiadau o niwronau synhwyraidd neu o niwronau relái eraill ac yn eu trosglwyddo nhw i niwronau echddygol.
3. Niwronau echddygol sy'n trosglwyddo ysgogiadau o'r brif system nerfol i effeithyddion (cyhyrau neu chwarennau).

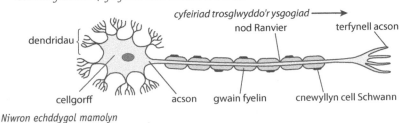

Niwron echddygol mamolyn

cwestiwn cyflym

59 Pa niwronau sy'n cludo ysgogiadau tuag at effeithydd?

Gwella gradd

Dylech chi allu lluniadu a labelu niwron echddygol a disgrifio swyddogaethau ei gydrannau.

cwestiwn cyflym

⑥⓪ Pam mae'r gwynnin yn lliw gwyn?

cwestiwn cyflym

⑥① Pa niwronau ym madruddyn y cefn sy'n anfyelinedig?

Adeiledd	Swyddogaeth
Cellgorff (centron)	Mae'n cynnwys cytoplasm gronynnog â ribosomau ar gyfer synthesis proteinau. Mae DNA yn bresennol mewn cnewyllyn ac mae'n gweithredu fel safle trawsgrifiad.
Acson	Mae'n cludo'r ysgogiad oddi wrth y cellgorff.
Gwain fyelin	Mae'n amgylchynu'r acson (a'r dendron mewn niwronau synhwyraidd) gan ddarparu ynysiad trydanol er mwyn gallu trosglwyddo'r ysgogiad yn gyflymach.
Cell Schwann	Mae'n amgylchynu'r acson (a'r dendron mewn niwronau synhwyraidd) ac yn ffurfio'r wain fyelin.
Nodau Ranvier	Bylchau yn y wain fyelin rhwng celloedd Schwann, tuag 1µm ar draws, lle mae pilen yr acson yn agored. Maen nhw'n cyflymu dargludiad ysgogiadau nerfol (dargludiad neidiol).
Pennau acsonau	Maen nhw'n secretu niwrodrosglwyddydd sy'n achosi dadbolaru'r niwron cyfagos.
Bylbiau pen synaptig	Chwydd ym mhen pellaf acson, lle mae'r niwrodrosglwyddydd yn cael ei syntheseiddio.

Tabl yn dangos swyddogaethau prif gydrannau niwron echddygol

Llwybr atgyrch

Mae atgyrchau yn ymatebion cyflym ac awtomatig i symbyliadau a allai wneud niwed i'r corff, felly mae eu natur yn amddiffynnol. Ar lwybr atgyrch, mae'r derbynnydd yn canfod symbyliad ac yn ei drosglwyddo i'r brif system nerfol ar hyd niwron synhwyraidd. Yna, mae'r ysgogiad yn cael ei anfon ymlaen yn syth at niwron echddygol a'i effeithydd gan niwron relái. Mae'r ymateb hwn yn gyflym ac mae'n cynnwys cyfangu cyhyryn neu ryddhau hormon. Yn y rhan fwyaf o achosion mae atgyrch yn cynnwys madruddyn y cefn, ond bydd rhai atgyrchau, e.e. atgyrch cannwyll y llygad, yn cynnwys yr ymennydd gan mai hwn yw rhan agosaf y brif system nerfol.

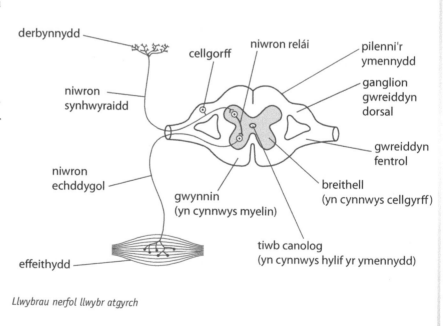

Llwybrau nerfol llwybr atgyrch

Nerfrwydau

Does gan anifeiliaid syml, e.e. Cnidariaid fel *Hydra*, ddim system nerfol fel mamolion, ond mae ganddyn nhw system nerfol syml o'r enw nerfrwyd. Mae'n cynnwys goleudderbynyddion synhwyraidd a derbynyddion cyffwrdd ym mur y corff ac yn y tentaclau. Mae celloedd ganglion yn darparu cysylltiadau rhwng y niwronau i fwy nag un cyfeiriad, ond dydyn nhw ddim yn ffurfio ymennydd.

Nerfrwyd Cnidariad	System nerfol mamolyn
1 math o niwron syml	3 math o niwron (synhwyraidd, relái ac echddygol)
Anfyelinedig	Myelinedig
Niwronau byr, canghennog	Niwronau hir, heb ganghennau
Trosglwyddo ysgogiad i'r ddau gyfeiriad	Trosglwyddo ysgogiad i un cyfeiriad
Trosglwyddo ysgogiad yn araf	Trosglwyddo ysgogiad yn gyflym

 Gwella gradd

Wrth wahaniaethu rhwng Cnidariaid a mamolion, mae tabl yn helpu i ddangos gosodiadau sy'n cymharu.

Nerfrwyd mewn Hydra

cwestiwn cyflym

⑥² Sut mae niwronau Cnidariaid yn wahanol i niwronau mamolion?

Yr ysgogiad nerfol

Pan mae niwron yn gorffwys, h.y. does dim ysgogiadau'n cael eu trosglwyddo, rydym ni'n dweud bod ganddo ei **botensial gorffwys**. Pan mae'n gorffwys, mae'r wefr ar draws pilen yr acson ychydig bach yn negatif, tua −70 mV, o gymharu â'r tu mewn (mae'n fwy positif y tu allan). Mae'r potensial gorffwys yn cael ei greu oherwydd:

- Mae'r haen ddwbl ffosffolipid yn anathraidd i ïonau Na^+/K^+.
- Dim ond trwy broteinau cynhenid a'r pwmp sodiwm/potasiwm mae'r ïonau hyn yn gallu symud ar draws y bilen (cludiant actif).
- Mae gan rai proteinau cynhenid 'gatiau', sy'n gallu agor neu gau i ganiatáu/atal symudiad ïonau.
- Mae gatiau Na^+ yn gadael i ïonau Na^+ lifo i mewn, mae gatiau K^+ yn gadael i ïonau K^+ lifo allan.
- Mae'r rhan fwyaf o gatiau K^+ ar AGOR ond mae'r rhan fwyaf o gatiau Na^+ ar gau. Mae hyn yn golygu bod y bilen 100 gwaith yn fwy athraidd i ïonau K^+ nag i ïonau Na^+.
- Mae'r potensial gorffwys yn negatif bob amser, oherwydd bod yna lai o ïonau positif y tu mewn nag sydd y tu allan.

cwestiwn cyflym

63 Beth yw'r gwahaniaeth potensial ar draws pilen niwron sy'n gorffwys?

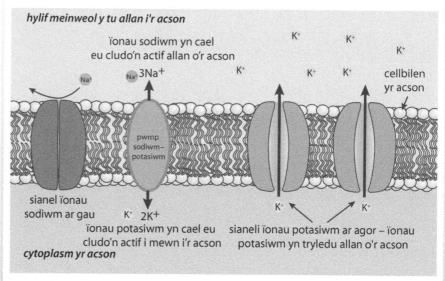

Dosbarthiad ïonau yn ystod potensial gorffwys

Y potensial gweithredu

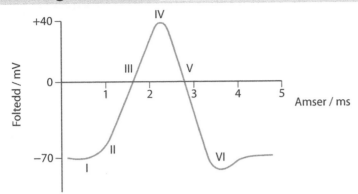

Potensial gweithredu

cwestiwn cyflym

64 Parwch y rhifau ar y graff potensial gweithredu â'r cyflyrau canlynol:

   A Wedi dadbolaru

   B Potensial gorffwys

   C Wedi gorbolaru

 CH Yn dadbolaru

   D Yn ailbolaru

I Yn ystod potensial gweithredu, mae'r gatiau Na^+ ar gau ac mae rhai gatiau K^+ ar agor, sydd, ynghyd â'r pwmp Na^+/K^+, yn achosi gwahaniaeth potensial (gwefr) ar draws y bilen o −70 mV.

II Mae egni'r symbyliad sy'n cyrraedd yn achosi i gatiau foltedd Na^+ AGOR ac mae ïonau Na^+ yn llifo i mewn i lawr eu graddiant crynodiad, gan **ddadbolaru** y niwron. Nawr mae'r wefr ar draws y bilen yn mynd yn FWY positif oherwydd bod MWY o wefrau positif y tu mewn.

III Wrth i fwy o ïonau Na^+ fynd i mewn, mae mwy o gatiau'n agor, felly mae mwy fyth o ïonau Na^+ yn rhuthro i mewn *(adborth positif)*.

IV Pan mae'r potensial yn cyrraedd +40 mV, mae'r niwron wedi'i ddadbolaru. Mae'r gatiau Na^+ yn cau gan atal mwy o ïonau Na^+ rhag llifo i mewn. Yna, mae'r gatiau K^+ yn dechrau agor.

V Mae ïonau K^+ yn llifo allan o'r niwron i lawr eu graddiant crynodiad gan ostwng y graddiant positif (+) ar draws y bilen. O ganlyniad, mae mwy o sianeli K^+ yn agor, gan olygu bod mwy fyth o ïonau K^+ yn gadael y niwron. Mae'r niwron yn cael ei ailbolaru.

VI Mae gormod o ïonau K^+ yn gadael y niwron felly mae'r graddiant trydanol yn mynd dros −70 mV ac yn cyrraedd tua −80 mV (sy'n cael ei alw'n gorbolaru). I ailsefydlu'r potensial gorffwys (−70 mV), mae'r gatiau K^+ nawr yn cau, ac mae'r pwmp Na^+/K^+ yn ailsefydlu'r potensial gorffwys.

Termau Allweddol

Potensial gweithredu: cynnydd a gostyngiad cyflym y potensial trydanol ar draws pilen niwron wrth i ysgogiad nerfol fynd heibio.

Dadbolaru: gwrthdroi'r gwahaniaeth potensial ar draws pilen niwron dros dro fel bod y tu mewn yn mynd yn llai negatif o'i gymharu â'r tu allan, wrth drosglwyddo potensial gweithredu.

Lledaeniad ysgogiad

Mae'r canlynol yn digwydd mewn niwronau anfyelinedig:

☐ Wedi polaru
☐ Wedi dadbolaru
☐ Wedi ail-bolaru

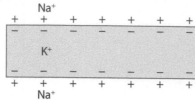
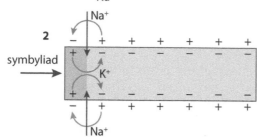

1. Mae pilen niwron yn cael ei PHOLARU, h.y. mae'r wefr ar draws y bilen yn −70 mV.

2. Mae sianeli Na^+ yn AGOR felly mae ïonau Na^+ yn rhuthro i mewn i gytoplasm yr acson. Mae cylched leol yn cael ei sefydlu lle mae ïonau Na^+ yn cael eu pwmpio allan o'r pwmp Na^+/K^+ cyfagos.

symbyliad →

3. Mae sianeli Na^+ yn y rhan gyfagos o'r bilen yn AGOR gan achosi dadbolaru.

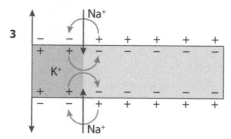

4. Yn y cyfamser, mae sianeli Na^+ yn CAU, mae sianeli K^+ yn AGOR sy'n achosi ailbolaru y tu ôl iddo.

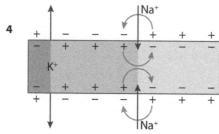

5. Mae dadbolaru'n parhau ar hyd pilen y niwron. Mae'r bilen ar y dechrau nawr wedi'i PHOLARU eto.

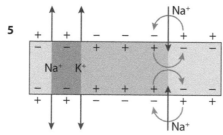

Mewn niwronau myelinedig, dim ond yn nodau Ranvier lle does dim myelin yn bresennol y mae ïonau'n gallu symud ar draws y bilen, felly mae cylchedau lleol yn sefydlu dros bellteroedd mwy (rhwng pob nod). Dim ond wrth y nodau mae dadbolaru'n digwydd, ac mae'r potensial gweithredu, i bob pwrpas, yn 'neidio' o nod i nod, sy'n cyflymu trosglwyddiad yr ysgogiad.

Potensial gweithredu

Gwella gradd

Cofiwch mai'r potensial gweithredu sy'n 'neidio' o nod i nod, NID yr ysgogiad.

Cyfnod diddigwydd

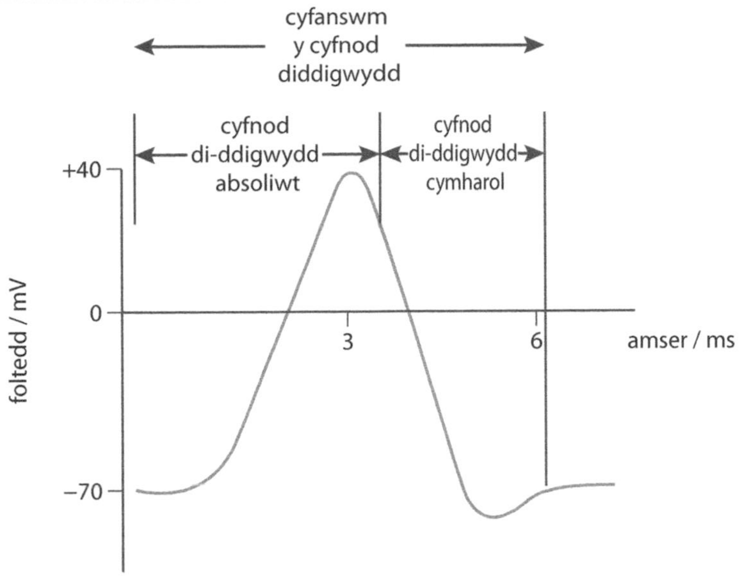

Cyfnod diddigwydd

- *Mae cyfanswm y cyfnod diddigwydd* yn para tua 6 ms, ac mae'n cynrychioli'r cyfnod pan dydy hi ddim fel arfer yn bosibl anfon ysgogiad arall.
- Y *cyfnod diddigwydd absoliwt* yw'r cyfnod pan dydy hi DDIM yn bosibl anfon ysgogiad arall, beth bynnag yw MAINT y symbyliad.
- Y *cyfnod diddigwydd cymharol* yw'r cyfnod pan mae hi'n bosibl anfon ysgogiad arall, os yw'r symbyliad yn ddigon mawr i oresgyn y TROTHWY.

Y ddeddf popeth neu ddim byd

Bydd ysgogiadau'n pasio os ydyn nhw'n fwy na gwerth trothwy (fel arfer −55 mV). Bydd symbyliad mawr yn golygu bod mwy o ysgogiadau'n mynd heibio bob eiliad (cynyddu amlder potensialau gweithredu) yn hytrach na lefel uwch o ddadbolaru. Mae ysgogiadau naill ai yn pasio neu ddim yn pasio, ac maen nhw'r un maint bob amser; rydym ni'n galw hyn yn ddeddf popeth neu ddim byd.

Cwestiwn cyflym

65 Beth yw arwyddocâd y cyfnod diddigwydd?

Cofiwch

Mae rhai niwronau echddygol mewn mamolion yn anfyelinedig, e.e. niwron echddygol i chwarren.

cwestiwn cyflym

66 Nodwch ddwy ffactor sy'n effeithio ar gyfradd trosglwyddo ysgogiadau mewn mamolion.

Ffactorau sy'n effeithio ar fuanedd trosglwyddo ysgogiadau

1. Myeliniad: mae dargludiad neidiol yn gyflymach na throsglwyddo ysgogiadau mewn niwronau anfyelinedig, oherwydd dim ond yn nodau Ranvier mae dadbolaru'n digwydd (bob tuag 1 mm ar hyd yr acson) felly mae'r potensial gweithredu, i bob pwrpas, yn 'neidio' o nod i nod. Mae'r gyfradd trosglwyddo yn amrywio o 1 m/s, mewn niwronau anfyelinedig, i 100 m/s mewn rhai myelinedig.

2. Diamedr yr acson: mae buanedd trosglwyddo ysgogiadau yn cynyddu gyda diamedr yr acson oherwydd bod llai o ïonau'n gollwng o acsonau mwy (oherwydd cymhareb cyfaint i arwynebedd arwyneb fwy).

3. Tymheredd – mae buanedd trosglwyddo ysgogiadau yn cynyddu gyda thymheredd gan fod cyfradd tryledu'n cynyddu oherwydd bod gan yr ïonau fwy o egni cinetig, ond dim ond mewn organebau sydd ddim yn rheoli tymheredd mewnol eu cyrff (rhai ectothermau).

Y synaps

Mae synaps cemegol yn bodoli fel bwlch 20 nm rhwng dau niwron. Mae'r ysgogiad yn cael ei drosglwyddo o un i'r llall gan niwrodrosglwyddydd, sy'n tryledu ar draws yr hollt synaptig o'r bilen gyn-synaptig i dderbynyddion ar y niwron ôl-synaptig, gan sbarduno dadbolaru yn y niwron ôl-synaptig. Un enghraifft o niwrodrosglwyddydd sy'n cael ei ddefnyddio gan y system nerfol barasympathetig yw asetylcolin.

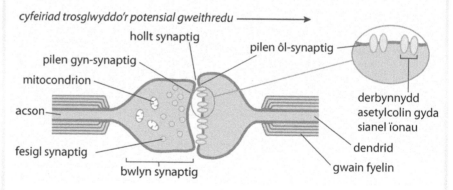

Synaps

Mae gan synapsau nifer o swyddogaethau. Maen nhw'n:
- Trosglwyddo gwybodaeth rhwng niwronau.
- Trosglwyddo gwybodaeth i un cyfeiriad yn unig.
- Gweithredu fel cysylltau.
- Hidlo symbyliadau lefel isel.
- Atal gorsymbylu niwronau a lludded.

Trosglwyddiad synaptig

Gallwn ni grynhoi'r digwyddiadau fel hyn:

- Mae ysgogiad yn cyrraedd y bwlyn cyn-synaptig.
- Mae sianeli calsiwm yn agor, gan achosi i ïonau calsiwm dryledu'n gyflym i mewn i'r bwlyn cyn-synaptig.
- Mae'r fesiglau sy'n cynnwys y niwrodrosglwyddydd asetylcolin yn symud at y bilen gyn-synaptig ac yn asio â hi.
- Mae cynnwys y fesiglau'n cael ei ryddhau i'r hollt synaptig drwy gyfrwng ecsocytosis.
- Mae moleciwlau asetylcolin yn tryledu ar draws yr hollt ac yn rhwymo wrth dderbynyddion ar y bilen ôl-synaptig gan achosi i sianeli sodiwm agor.
- Mae ïonau Na^+ yn rhuthro i mewn i'r niwron ôl-synaptig gan achosi dadbolaru'r bilen ôl-synaptig. Caiff potensial gweithredu ei gychwyn.
- Mae (asetyl) colinesteras yn hollti'r asetylcolin yn asid ethanöig a cholin, gan eu rhyddhau nhw o'r derbynnydd, ac mae'r sianeli sodiwm yn cau. Mae'r cynhyrchion yn tryledu'n ôl ar draws yr hollt.
- Mae'r cynhyrchion yn cael eu hadamsugno i mewn i'r bwlyn cyn-synaptig.
- Mae ATP yn cael ei ddefnyddio i atffurfio asetylcolin yn y bwlyn cyn-synaptig.

Mae'r prosesau canlynol yn atal ailadrodd dadbolaru'r niwron ôl-synaptig:

- Hydrolysu asetylcolin.
- Adamsugno asid ethanöig a cholin yn ôl i mewn i'r bwlyn cyn-synaptig.
- Cludiant actif ïonau calsiwm allan o'r bwlyn cyn-synaptig, sy'n atal mwy o ecsocytosis y niwrodrosglwyddydd.

Os nad oes digon o asetylcolin yn cael ei ryddhau, does dim digon o sianeli sodiwm yn agor ar y bilen ôl-synaptig i fynd dros y potensial trothwy o −55 mV, felly does dim potensial gweithredu'n cychwyn.

cwestiwn cyflym

67 Enwch y math o gludiant sy'n digwydd wrth i ïonau calsiwm symud i mewn i'r bwlyn cyn-synaptig.

cwestiwn cyflym

68 Esboniwch y nifer mawr o fitocondria sy'n bresennol yn y bwlyn cyn-synaptig.

Effeithiau cemegion ar synapsau

Mae cyffuriau'n cael dau brif fath o effaith:

1. Cyffroadol (symbylyddion neu weithyddion) fel caffein a chocên sy'n arwain at fwy o botensialau gweithredu.
2. Tawelyddion (ataliol) fel canabis sy'n arwain at lai o botensialau gweithredu.

Mae pryfleiddiaid organoffosfforws yn gweithredu fel gweithyddion drwy atal colinesteras, felly mae asetylcolin yn aros yn y synaps gan achosi i'r bilen ôl-synaptig ddadbolaru dro ar ôl tro.

Mae llawer o gyffuriau e.e. nicotin, yn dynwared gweithredoedd niwrodrosglwyddyddion, ond yn wahanol i asetylcolin, dydy gweithredoedd colinesteras ddim yn cael gwared ar nicotin. Dros amser, mae'r corff yn cynhyrchu llai o asetylcolin, ac mae'r unigolyn yn mynd yn fwy dibynnol ar nicotin er mwyn i'r synaps weithio'n normal. Mae nicotin hefyd yn achosi rhyddhau mwy o ddopamin yn yr ymennydd, sy'n achosi caethiwed.

Crynodeb Uned 3

3.1 Pwysigrwydd ATP

- Mae ATP yn perthyn i'r grŵp o foleciwlau sy'n cael eu galw'n niwcleotidau.
- Mae tri math o ffosfforyleiddiad: ocsidiol, ffotoffosfforyleiddiad a ffosfforyleiddiad lefel swbstrad.
- Mae ATP yn cynhyrchu 30.6 kJ o egni pan mae'r bond egni uchel yn cael ei dorri. Gall yr egni hwn gael ei ddefnyddio ar gyfer llawer o brosesau gan gynnwys synthesis DNA a phroteinau.
- ATP yw'r cyfnewidiwr egni cyffredinol: pob adwaith ym mhob organeb.

3.3 Resbiradaeth

- Mae resbiradaeth aerobig yn digwydd yn y mitocondria ac, yn ddamcaniaethol, mae'n cynhyrchu hyd at 38 ATP.
- Mae glycolysis yn digwydd yn y cytoplasm gan gynhyrchu 2 ATP (net) a 2 NAD wedi'i rydwytho.
- Mae cyfres o adweithiau dadhydrogeniad a datgarbocsyleiddiad yn digwydd yn ystod yr adwaith cyswllt a chylchred Krebs o fewn matrics y mitocondrion, gan gynhyrchu 2 foleciwl ATP ac NAD wedi'i rydwytho ac FAD wedi'i rydwytho, a charbon deuocsid.
- Mae'r rhan fwyaf o ATP yn cael ei gynhyrchu yn y gadwyn trosglwyddo electronau drwy gyfrwng ffosfforyleiddiad ocsidiol gan ddefnyddio egni electronau i bwmpio protonau ar draws y bilen fewnol i mewn i'r bwlch rhyngbilennol, sy'n creu graddiant protonau.
- Mae ATP yn cael ei wneud gan ATP synthetas wrth i'r protonau lifo'n ôl i mewn i'r matrics drwy gyfrwng cemiosmosis.
- Mae resbiradaeth anaerobig yn cynhyrchu llai o ATP na resbiradaeth aerobig, ac mae'n cynhyrchu lactad mewn anifeiliaid, ethanol a charbon deuocsid mewn planhigion a burum.

3.2 Ffotosynthesis

- Mae'r ddeilen wedi'i haddasu ar gyfer ffotosynthesis.
- Mae pigmentau cloroplastau yn gweithredu fel trawsddygiaduron.
- Mae pigmentau ffotosynthetig yn cynnwys cloroffyl-a, cloroffyl-b, santhoffyl a β-caroten, ac mae pob un o'r rhain yn amsugno golau ar wahanol donfeddi.
- Mae cymhlygion antena yn cynaeafu golau.
- Mae ffotoffosfforyleiddiad yn digwydd drwy ddau lwybr: cylchol ac anghylchol.
- Mae'r cyfnod golau-ddibynnol yn digwydd ym mhilen thylacoid y cloroplast.
- Mae ffotoffosfforyleiddiad anghylchol yn cynhyrchu NADP wedi'i rydwytho a 2 foleciwl ATP wrth i electronau deithio trwy gyfres o gludyddion.
- Mae ffotolysis dŵr yn digwydd, gan ryddhau ocsigen a 2 electron i ffotosystem II.
- Mae cylchred Calvin yn digwydd yn y stroma, ac mae'n sefydlogi un moleciwl carbon deuocsid bob tro mae'r gylchred yn troi gan ddefnyddio'r ensym RwBisCO. Mae glyserad-3-ffosffad yn cael ei rydwytho gan NADP wedi'i rydwytho i ffurfio trios ffosffad.
- Ffactor gyfyngol yw un sy'n effeithio ar gyfradd adwaith.

3.4 Microbioleg

- Rydym ni'n dosbarthu bacteria yn ôl eu siâp, adeiledd eu cellfuriau, a'u nodweddion metabolaidd, antigenig a genynnol.

- Mae gan facteria Gram positif haen peptidoglycan drwchus ac felly maen nhw'n cadw'r staen fioled grisial ac yn edrych yn borffor.

- Dydy bacteria Gram negatif ddim yn cadw'r staen fioled grisial.

- Mae cyfrifon celloedd hyfyw yn amcangyfrif nifer y celloedd byw, ond mae cyfrifon cyfanswm y celloedd yn amcangyfrif cyfanswm nifer y celloedd byw a marw.

- I gael samplau ar gyfer cyfrif celloedd hyfyw, mae angen gwanediad cyfresol i gynhyrchu canlyniadau y gallwn ni eu cyfrif.

3.6 Effaith dyn ar yr amgylchedd

- Mae rhywogaethau mewn perygl o ddifodiant oherwydd newidiadau yn yr hinsawdd a cholli cynefinoedd

- Mae cadwraeth rhywogaethau'n bwysig.

- Rydym ni'n defnyddio rhaglenni deddfwriaethol a rhaglenni bridio mewn caethiwed i warchod rhywogaethau.

- Mae ecsploetio amaethyddol yn arwain at wrthdaro rhwng masgynhyrchu bwyd a chadwraeth.

- Mae datgoedwigo yn creu pren a thir ar gyfer amaethyddiaeth, ac mae'n achosi erydiad pridd sy'n arwain at ddiffeithdiro.

- Gallwn ni reoli coetiroedd drwy eu torri nhw'n ddetholus a phrysgoedio.

- Mae gorbysgota yn lleihau bioamrywiaeth ac yn difrodi cynefinoedd.

- Mae yna naw o derfynau'r blaned, ac rydym ni wedi croesi, neu'n agos at groesi, llawer ohonynt.

3.5 Maint poblogaeth ac ecosystemau

- Cyflenwad yw mesur o faint o unigolion sy'n bodoli o fewn cynefin.

- Gall marcio-rhyddhau-ail-ddal gael ei ddefnyddio i amcangyfrif cyfanswm maint poblogaeth.

- Gall cwadratau a thrawsluniau gael eu defnyddio i amcangyfrif gorchudd canrannol rhywogaethau planhigion.

- Mae colledion egni ar bob cam yn cyfyngu ar hyd cadwynau bwydydd.

- Mae modd cyfrifo llif egni trwy ecosystemau.

- Mae olyniaeth gynradd yn digwydd mewn mannau sydd heb gael eu cytrefu o'r blaen, e.e. craig noeth, ac mae olyniaeth eilaidd yn digwydd ar dir lle mae pridd eisoes yn bodoli.

- Mae carbon yn cael ei ailgylchu gan ddadelfenyddion (micro-organebau) yn y gylchred garbon. Mae nitrogen yn cael ei ailgylchu yn y gylchred nitrogen drwy gyfrwng amoneiddio, nitreiddio, sefydlogi nitrogen a dadnitreiddio gan wahanol rywogaethau o facteria.

- Mae defnyddio gormod o wrteithiau yn arwain at ewtroffigedd a blymau algaidd.

3.7 Homeostasis a'r aren

- Homeostasis yw cynnal yr amgylchedd mewnol o fewn cyfyngiadau y mae'r corff yn gallu eu goddef.

- Adborth negatif yw'r mecanwaith lle mae'r corff yn gwrthdroi cyfeiriad newid mewn system i adfer y pwynt gosod.

- Ysgarthiad yw gwaredu gwastraff, e.e. carbon deuocsid a dŵr, y mae'r corff wedi'i wneud.

- Uwch-hidlo yng nghwpan Bowman, sy'n cael gwared ar foleciwlau bach gan gynnwys dŵr ac wrea o'r gwaed.

- Adamsugniad detholus yn y tiwbyn troellog procsimol, gan adamsugno sylweddau defnyddiol fel dŵr, glwcos ac asidau amino, ond nid wrea.

- Osmoreolaeth yn nolen Henle a'r dwythellau casglu, sy'n rheoli potensial dŵr y gwaed.

- Mae potensial dŵr y gwaed yn cael ei reoli gan osmodderbynyddion yn yr hypothalamws, sy'n ymateb drwy sbarduno rhyddhau mwy neu lai o hormon gwrthddiwretig (*ADH*) i'r gwaed o labed ôl y chwarren bitwïdol.

- Gall methiant yr aren gael ei drin â meddyginiaeth, dialysis neu drawsblaniad.

- Mae gwahanol anifeiliaid yn ysgarthu gwahanol wastraff nitrogenaidd: mae pysgod dŵr croyw yn ysgarthu amonia, mae mamolion yn ysgarthu wrea, ac mae adar, ymlusgiaid a phryfed yn ysgarthu asid wrig.

- Mae cydberthyniad rhwng hyd dolen Henle a'r ardal lle mae anifail wedi esblygu.

3.8 Y system nerfol

- Mewn bodau dynol, mae'r system nerfol yn cynnwys y brif system nerfol a'r system nerfol berifferol.

- Niwronau synhwyraidd sy'n cludo ysgogiadau o dderbynyddion i'r brif system nerfol.

- Niwronau relái neu gysylltiol yn y brif system nerfol, sy'n derbyn ysgogiadau o niwronau synhwyraidd neu o niwronau relái eraill ac yn eu trosglwyddo nhw i niwronau echddygol.

- Mae niwronau echddygol yn trosglwyddo ysgogiadau o'r brif system nerfol i effeithyddion (cyhyrau neu chwarennau).

- Mae atgyrchau yn ymatebion cyflym ac awtomatig i symbyliadau a allai wneud niwed i'r corff, ac felly mae eu natur yn amddiffynnol.

- Does gan anifeiliaid syml, e.e. Cnidariaid fel *Hydra*, ddim system nerfol fel mamolion, ond mae ganddyn nhw system nerfol syml o'r enw nerfrwyd.

- Pan mae niwron yn gorffwys, h.y. does dim ysgogiadau'n cael eu trosglwyddo, rydym ni'n dweud ei fod ar ei botensial gorffwys. Pan mae'n gorffwys, mae'r wefr ar draws pilen yr acson yn negatif, tua −70 mV, o gymharu â'r tu mewn.

- Potensial gweithredu yw cynnydd a gostyngiad cyflym y potensial trydanol ar draws pilen niwron wrth i ysgogiad nerfol fynd heibio.

- Mae cyfanswm y cyfnod diddigwydd yn para tua 6 ms, ac mae'n cynrychioli'r cyfnod pan nad yw hi'n bosibl anfon ysgogiad arall fel arfer.

- Y cyfnod diddigwydd absoliwt yw'r cyfnod pan nad yw hi'n bosibl anfon ysgogiad arall, beth bynnag yw maint y symbyliad.

- Y cyfnod diddigwydd cymharol yw'r cyfnod pan mae hi'n bosibl anfon ysgogiad arall, os yw'r symbyliad yn ddigon mawr i oresgyn y trothwy.

- Mae ysgogiadau'n pasio os ydyn nhw'n fwy na gwerth y trothwy (fel arfer −55 mV).

- Y ffactorau sy'n effeithio ar fuanedd trosglwyddo ysgogiadau yw myelineiddiad, diamedr yr acson a thymheredd.

- Mae synapsau yn trosglwyddo ysgogiadau rhwng niwronau, yn uncyfeiriol, yn gweithredu fel cysylltau ac yn hidlo symbyliadau lefel isel.

- Mae cyffuriau'n gweithredu naill ai fel symbylyddion neu fel tawelyddion drwy ddylanwadu ar niwrodrosglwyddyddion synapsau.

Uned 4 Gwybodaeth a Dealltwriaeth

1. Atgenhedlu rhywiol mewn bodau dynol
tt80–86

2. Atgenhedlu rhywiol mewn planhigion
tt87–92

3. Etifeddiad
tt93–102

Amrywiad, Etifeddiad ac Opsiynau

Opsiynau A, B, C
tt124–153

5. Cymwysiadau atgenhedliad a geneteg
tt109–123

4. Amrywiad ac esblygiad
tt103–108

Wedi ei adolygu!

Nodiadau bras — *Gafael dda* — *Adolygu'n llawn*

4.1 Atgenhedlu rhywiol mewn bodau dynol

Mae'r testun hwn yn ymdrin ag adeiledd y system genhedlu ddynol, prosesau sbermatogenesis ac oogenesis, a rheoli atgenhedlu benywol.

→ **tt80–86** → ☐ ☐ ☐

4.2 Atgenhedlu rhywiol mewn planhigion

Mae'r testun hwn yn ymdrin â mathau o beilliad mewn planhigion, ffrwythloniad dwbl, cynhyrchu a gwasgaru hadau, ac eginiad.

→ **tt87–92** → ☐ ☐ ☐

4.3 Etifeddiad

Mae'r testun hwn yn ymdrin ag egwyddorion etifeddiad Mendelaidd, defnyddio prawf chi-sgwâr, cysylltedd rhyw, mwtaniadau genynnol a rheoli mynegiad genynnau.

→ **tt93–102** → ☐ ☐ ☐

4.4 Amrywiad ac esblygiad

Mae'r testun hwn yn ymdrin â gwahanol fathau o amrywiad a chystadleuaeth, a mecanweithiau esblygiad a ffurfiant rhywogaethau. Mae'n rhoi manylion am ddefnyddio egwyddor a hafaliad Hardy-Weinberg.

→ **tt103–108** → ☐ ☐ ☐

4.5 Cymwysiadau atgenhedliad a geneteg

Mae'r testun hwn yn ymdrin â thechnoleg genynnau a'i chymwysiadau, gan gynnwys dilyniannu genomau, a defnyddio PCR a thechnoleg genynnau ailgyfunol i gynhyrchu cnydau GM a thrin clefydau genynnol.

→ **tt109–123** → ☐ ☐ ☐

Opsiwn A: Imiwnoleg a chlefydau

Mae'r testun hwn yn ymdrin â'r amrywiaeth o ficro-organebau sy'n achosi clefydau, a mecanweithiau amddiffyn y corff. Mae'n rhoi manylion am yr ymateb imiwn a defnyddio gwrthfiotigau.

→ **tt124–131** → ☐ ☐ ☐

Opsiwn B: Anatomi cyhyrysgerbydol dynol

Mae'r testun hwn yn ymdrin ag adeiledd y system gyhyrysgerbydol ddynol a sut mae'n gweithio, a rhai cyflyrau sy'n effeithio arni.

→ **tt132–145** → ☐ ☐ ☐

Opsiwn C: Niwrobioleg ac ymddygiad

Mae'r testun hwn yn ymdrin ag adeiledd yr ymennydd dynol a sut mae'n gweithio, a'r offer rydym ni'n ei ddefnyddio i'w astudio. Mae'n rhoi manylion am wahanol fathau o ymddygiad a sut mae'r rhain yn effeithio ar oroesiad.

→ **tt146–153** → ☐ ☐ ☐

4.1 Atgenhedlu rhywiol mewn bodau dynol

System genhedlu wrywol

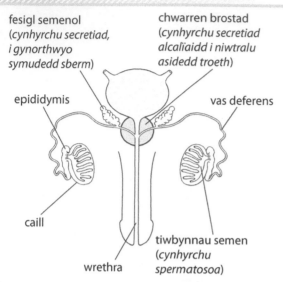

fesigl semenol
(*cynhyrchu secretiad,
i gynorthwyo
symudedd sberm*)

chwarren brostad
(*cynhyrchu secretiad
alcalïaidd i niwtralu
asidedd troeth*)

epididymis

vas deferens

caill

wrethra

tiwbynnau semen
(*cynhyrchu
spermatosoa*)

System genhedlu wrywol

- Mae'r ddau gaill yn cynnwys tua mil o diwbynnau semen yr un, lle mae sbermatosoa yn ffurfio.

- Mae'r sbermatosoa yn casglu yn yr epididymis, lle mae eu gallu i symud yn gwella.

- Mae fesiglau semenol yn secretu mwcws ac mae hylif prostad yn cymysgu â sbermatosoa yn ystod yr alldafliad.

- Mae'r hylifau hyn yn cynnal symudedd sberm, yn darparu maetholion, e.e. ffrwctos, ac maen nhw'n alcalïaidd, sy'n niwtralu'r asidedd sydd i'w gael mewn troeth ac yn y wain.

- Mae'r broses hon yn ffurfio hylif sy'n cynnwys sberm, sef semen, ac mae hwn yn gadael y pidyn drwy'r wrethra.

System genhedlu fenywol

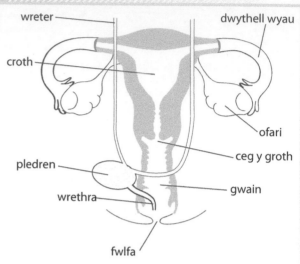

wreter

dwythell wyau

croth

ofari

ceg y groth

pledren

gwain

wrethra

fwlfa

System genhedlu fenywol

- Mae yna ddau ofari, ac yn y rhain mae oocytau yn aeddfedu o gelloedd epitheliwm cenhedlol.

- Bob mis, mae un oocyt eilaidd yn cael ei ryddhau yn ystod ofwliad o arwyneb un o'r ofarïau.

- Mae cilia sy'n leinio'r tiwb Fallopio (dwythell wyau) yn gwthio'r oocyt eilaidd yn ei flaen.

- Mae gan y groth haen allanol denau, sef y perimetriwm. Y tu mewn i hwn, mae'r haen o gyhyr neu'r myometriwm.

- Yr endometriwm yw'r haen fewnol; mae'n cynnwys pilen fwcaidd sy'n cael cyflenwad da o waed. Mae'r haen hon yn cael ei cholli bob mis yn ystod y gylchred fislifol os nad oes embryo yn llwyddo i fewnblannu.

Gwella gradd

Byddwch yn ofalus wrth sillafu. Mae'n hawdd drysu rhwng wreter ac wrethra, a chwarren brostad yw hi NID chwarren brostrad!

Gametogenesis

Gametogenesis yw'r broses o gynhyrchu gametau drwy gyfres o raniadau mitotig a meiotig yn y ceilliau a'r ofarïau:

1. Sbermatogenesis yw'r broses sy'n cynhyrchu sberm.

2. Oogenesis yw'r broses sy'n cynhyrchu wyau.

Sbermatogenesis

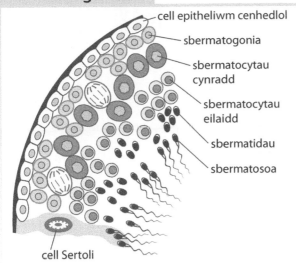

Darlun o diwbyn semen

- Wrth i chi symud o du allan y tiwbyn semen tuag at y canol, mae'r celloedd yn mynd yn fwy aeddfed.
- Mae celloedd epithelaidd cenhedlol diploid yn rhannu drwy gyfrwng mitosis i gynhyrchu sbermatogonia diploid.
- Mae sbermatocytau cynradd (2n) yn rhannu drwy gyfrwng meiosis I i gynhyrchu sbermatocytau eilaidd (n).
- Mae sbermatocytau eilaidd (n) yn cyflawni meiosis II i wneud sbermatidau (n).
- Mae'r sbermatidau'n gwahaniacthu ac yn aeddfedu i ffurfio sbermatosoa (n).
- Mae celloedd Sertoli yn darparu maetholion i sbermatosoa ac yn eu hamddiffyn nhw rhag system imiwnedd y gwryw.
- Mae celloedd interstitaidd yn secretu testosteron.

 ## Gwella gradd

Efallai y bydd gofyn i chi gymharu sbermatogenesis ac oogenesis neu adeiledd sbermatosoa ac oocytau eilaidd.

 ## Cofiwch

Cofiwch diploid = 2n, haploid = n, lle n yw nifer y cromosomau.

 ## Gwella gradd

Ofwliad yw rhyddhau oocyt eilaidd – nid ofwm.

Oogenesis

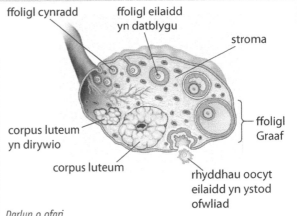

Darlun o ofari

- Cyn genedigaeth, mae celloedd epithelaidd cenhedlol yn rhannu drwy gyfrwng mitosis i gynhyrchu oogonia (2n) ac yna oocytau cynradd (2n).
- Mae'r oocytau cynradd yn cael eu hamgylchynu â chelloedd epithelaidd cenhedlol, sy'n ffurfio'r ffoligl cynradd.
- Mae'r oocytau cynradd yn dechrau meiosis I ond yn stopio yn ystod proffas I. Maen nhw'n ailddechrau rhannu yn ystod y glasoed.
- Bob mis, mae oocyt cynradd yn parhau â meiosis I i gynhyrchu oocyt eilaidd a chorff polar; mae'r ddau o'r rhain yn haploid.
- Mae'r ffoligl cynradd hefyd yn datblygu'n ffoligl eilaidd, sy'n aeddfedu i ffurfio ffoligl Graaf. Mae hwn yn symud i'r arwyneb ac yn byrstio, gan ryddhau'r oocyt eilaidd (ofwliad).
- Mae'r oocyt eilaidd yn cyflawni meiosis II, gan stopio ym metaffas II.
- Os oes sberm yn cwrdd â'r oocyt eilaidd ac yn mynd i mewn, mae meiosis II yn cael ei gwblhau gan gynhyrchu'r ofwm (n) ac ail gorff polar (n).
- Mae cyn-gnewyllyn y sberm nawr yn gallu asio â chyn-gnewyllyn yr ofwm i ffurfio sygot diploid.
- Ar ôl ffrwythloniad, mae'r ffoligl Graaf yn troi'n corpus luteum ac yn cynhyrchu progesteron. Os nad oes ffrwythloniad yn digwydd, mae'n atchwelyd.

 Cyswllt Edrychwch eto ar bwnc meiosis yn UG.

cwestiwn cyflym

① Enwch y ffurfiadau sy'n cynhyrchu sbermatosoa.

cwestiwn cyflym

② Enwch ddau ffurfiad sy'n cynhyrchu secretiadau sy'n cynorthwyo symudedd sberm.

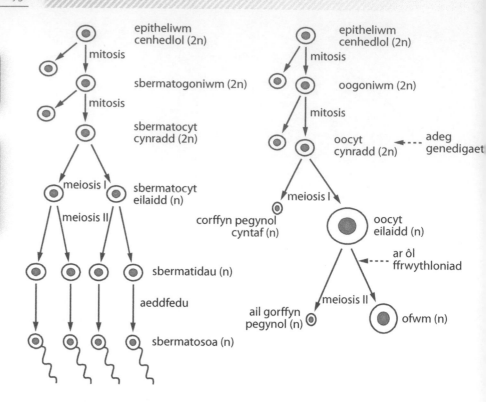

Diagramau llif gametogenesis

Adeiledd sbermatosoon dynol

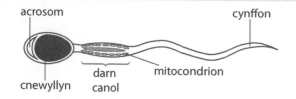

Diagram o sbermatosoon

- Mae pob pen sbermatosoon tua 5 µm o hyd, a gyda chynffon sy'n 50 µm.

- O fewn y pen mae cnewyllyn haploid, a'r acrosom sy'n cynnwys proteasau i dreulio celloedd y corona radiata a'r zona pellucida.

- Mae'r darn canol yn cynnwys llawer o fitocondria, sy'n darparu ATP ar gyfer symud.

- Mae'r gynffon (fflagelwm) yn symud mewn tonnau crwn i wthio'r sbermatosoon yn ei flaen.

cwestiwn cyflym

③ Beth yw swyddogaeth y mitocondria yn y darn canol mewn sbermatosoon?

Adeiledd oocyt eilaidd dynol

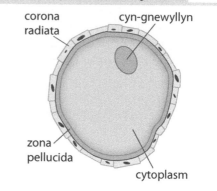

Diagram o oocyt eilaidd

- Mae diamedr ofwm nodweddiadol yn 120 µm, ac mae'n un o'r celloedd mwyaf yn y corff dynol.

- Mae brasterau ac albwminau yn y cytoplasm yn darparu maeth i'r embryo sy'n datblygu nes iddo fewnblannu ym mur y groth ac wedyn mae'r brych yn gallu darparu maetholion.

- Mae newidiadau i'r zona pellucida sy'n digwydd ar ôl i un sbermatosoon fynd i mewn, yn atal polysbermedd (mwy o sberm yn mynd i mewn).

Y gylchred fislifol ddynol

Mae'r gylchred fislifol ddynol yn cymryd tua mis i'w gwblhau. Mae'r broses yn cael ei rheoli gan hormonau gonadotroffig o'r chwarren bitẅidol flaen a gan hormonau o'r ofari ei hun. O tua diwrnod 5 y gylchred, mae hormon symbylu ffoliglau (FSH: *follicle-stimulating hormone*) yn cael ei ryddhau o'r chwarren bitẅidol flaen gan gynorthwyo'r ffoligl Graaf i aeddfedu a symbylu'r broses o gynhyrchu'r hormon steroid, oestrogen, yn yr ofari. Effaith oestrogen yw cynyddu trwch a fasgwlaredd leinin y groth, yr endometriwm, i baratoi am fewnblaniad ofwm ffrwythlon.

Erbyn tua diwrnod 14, mae lefelau oestrogen yn ddigon uchel i atal cynhyrchu mwy o FSH drwy adborth negatif, a symbylu'r broses o ryddhau hormon lwteneiddio (LH: *luteinising hormone*). Mae LH yn cael ei ryddhau'n gyflym, gan achosi ofwliad. Mae hefyd yn cynorthwyo'r broses o ffurfio corpus luteum ac yn symbylu'r broses o ryddhau hormon steroid arall ohono, sef progesteron. Mae'r lefelau uchel o brogesteron sy'n ffurfio dros y 10 diwrnod nesaf, yn atal FSH ac LH. Mae lefelau oestrogen a phrogesteron yn gostwng ac mae leinin yr endometriwm yn ymddatod gan arwain at y mislif. Os yw ffrwythloniad wedi digwydd, bydd lefelau progesteron yn aros yn uchel a bydd hyn yn atal y chwarren bitẅidol rhag rhyddhau FSH ac LH.

Gwella gradd

Dysgwch enwau'r gwahanol gelloedd ym mhrosesau sbermatogenesis ac oogenesis.

cwestiwn cyflym

④ Beth yw swyddogaeth:
   a) Celloedd Sertoli?
   b) Y celloedd interstitaidd?

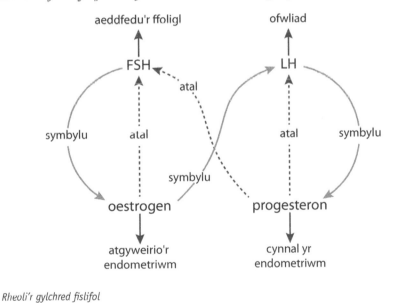

Rheoli'r gylchred fislifol

ychwanegol

4.1

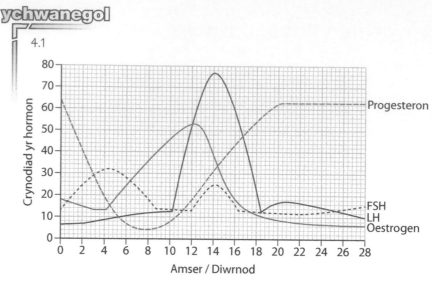

Defnyddiwch y graff i ateb y cwestiynau canlynol:

a) Beth yw'r dystiolaeth bod FSH yn symbylu'r broses o ryddhau oestrogen?

b) Esboniwch pryd mae ofwliad fwyaf tebygol o ddigwydd.

c) Esboniwch pa hormon ofaraidd byddai'n bosibl ei chwistrellu i'r corff i symbylu ofwliad.

ch) Esboniwch pa hormon ofaraidd byddai'n bosibl ei chwistrellu i'r corff i atal ofwliad.

Cyfathrach rywiol

Yn ystod cyfathrach rywiol, mae'r pidyn yn cael ei roi i mewn yn y wain, ac ar ôl symudiadau'r pidyn, mae semen yn cael ei alldaflu i mewn i'r wain gan gyfangiadau'r cyhyr anrhesog ym muriau'r epididymis, y vas deferens a'r pidyn. Mae grym yr alldafliad yn gyrru rhywfaint o sberm ymlaen drwy geg y groth ac i mewn i'r groth, ac mae'r gweddill yn casglu wrth frig y wain.

Digwyddiadau sy'n arwain at ffrwythloniad

Mae sberm yn ymateb i gemegion sy'n cael eu cynhyrchu gan yr oocyt ac yn dechrau nofio drwy'r groth ac i mewn i'r ddwythell wyau. Ar ôl cyrraedd yno, mae'r sberm yn gallu aros yn fyw am rai dyddiau, ond maen nhw ar eu mwyaf ffrwythlon yn y 12–24 awr ar ôl cyfathrach rywiol. Dim ond am 24 awr ar ôl ofwliad mae'r oocyt yn aros yn fyw, felly mae angen ei ffrwythloni'n gymharol gyflym ar ôl ofwliad. Dyma'r digwyddiadau sy'n arwain at ffrwythloniad:

1. Mae colesterol a glycoproteinau yn cael eu tynnu o'r gellbilen sy'n gorchuddio acrosom y sberm, gan wneud y bilen yn fwy hylifol. Enw'r broses hon yw **cynhwysiant**, ac mae'n digwydd sawl awr ar ôl gadael y sberm.

2. Mae'r acrosom yn rhyddhau ensymau proteas sydd yn treulio'r celloedd sy'n ffurfio'r corona radiata o gwmpas yr oocyt, gan ganiatáu i ben y sberm ddod i gysylltiad â'r zona pellucida. Nawr mae acrosin (proteas arall) yn hydrolysu'r zona pellucida, ac felly mae'r pen yn gallu mynd i mewn i'r oocyt. Dyma'r **adwaith acrosom**.

Termau Allweddol

Cynhwysiant: newidiadau i bilenni sberm sy'n ei wneud yn fwy hylifol ac yn caniatáu i'r adwaith acrosom ddigwydd.

Adwaith acrosom: mae ensymau acrosom yn treulio'r zona pellucida, gan ganiatáu i gellbilen y sberm asio â chellbilen yr oocyt.

Adwaith cortigol: mae hwn yn digwydd wrth i bilenni gronynnau cortigol asio â chellbilen yr oocyt. Mae'r zona pellucida yn cael ei drawsnewid yn bilen ffrwythloniad.

3. Mae cellbilenni'r sberm a'r oocyt yn asio, ac mae'r cnewyllyn gwrywol yn gallu dechrau mynd i mewn i gytoplasm yr oocyt. Mae hyn yn cychwyn yr **adwaith cortigol**, lle mae pilenni'r gronynnau cortigol yn asio â chellbilen yr oocyt gan achosi iddi ehangu a chaledu i ffurfio'r bilen ffrwythloniad sy'n atal polysbermedd, sef mwy o sberm yn mynd i mewn.

4. Yn y cyfamser, mae'r ail raniad meiotig yn cwblhau, ac mae'r ofwm yn ffurfio sy'n cynnwys y cnewyllyn benywol ac ail gorffyn pegynol.

5. Ffrwythloniad yw'r dilyniant o ddigwyddiadau o'r pwynt lle mae'r sberm yn dod i gysylltiad â'r oocyt, nes bod y cromosomau gwrywol a benywol yn uno ar y cyhydedd mitotig. Mae'r rhaniad mitotig cyntaf yn cynhyrchu dwy gell, ac rydym ni'n galw'r gell sydd wedyn yn ffurfio yn embryo.

Mewnblaniad

Mae'r embryo yn parhau i rannu drwy gyfrwng mitosis wrth iddo symud i lawr y ddwythell wyau, gan ffurfio pelen o gelloedd o'r enw morwla erbyn diwrnod 3, mewn proses o'r enw ymraniad. Erbyn diwrnod 7 mae pelen wag o gelloedd o'r enw blastocyst yn ffurfio; mae gan hon haen allanol o gelloedd, sef **troffoblast**, sy'n datblygu allwthiadau o'r enw filysau'r troffoblast. Mae'r endometriwm yn tewychu sy'n caniatáu i **fewnblaniad** y blastocyst ddigwydd erbyn diwrnod 8–10.

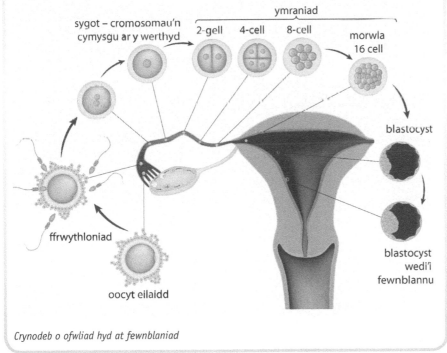

Crynodeb o ofwliad hyd at fewnblaniad

Y brych

Mae'r corion yn datblygu o'r troffoblast, gan ffurfio'r filysau corionig mwyaf. Mae capilarïau'n ffurfio yn y rhain, ac maen nhw'n mewnblannu yn yr endometriwm. Maen nhw'n cael eu cyflenwi gan y rhydweli a'r wythïen wmbilig sy'n datblygu, ac yn ffurfio'r brych.

---

cwestiwn cyflym

⑤ Awgrymwch pam mae ffrwythloniad mewnol yn addasiad angenrheidiol i fywyd ar dir.

cwestiwn cyflym

⑥ Beth yw swyddogaeth yr ensymau proteas sydd wedi'u cynnwys yn yr acrosom?

cwestiwn cyflym

⑦ Beth yw swyddogaeth yr adwaith cortigol?

Termau Allweddol

Troffoblast: y celloedd sy'n ffurfio haen allanol y blastocyst.

Mewnblaniad: y blastocyst yn suddo i mewn i'r endometriwm.

cwestiwn cyflym

⑧ Nodwch ddwy o swyddogaethau'r brych.

cwestiwn cyflym

⑨ Nodwch ddwy o swyddogaethau'r hylif amniotig.

Wrth i'r embryo ddatblygu'n ffoetws (lle mae'r gwahanol organau i'w gweld o tua 10 wythnos o feichiogrwydd ymlaen) mae'r brych yn ymgymryd â nifer o swyddogaethau:

- Caniatáu cyfnewid ocsigen, carbon deuocsid, maetholion a gwastraff rhwng gwaed y fam a'r ffoetws. Dydy'r gwaed byth yn dod i gysylltiad uniongyrchol, ond dim ond rhai mm sy'n gwahanu'r ddau, ac mae llif gwaed gwrthgerrynt yn sicrhau bod graddiannau crynodiad yn cael eu cynnal ar draws holl hyd y brych.
- Cynhyrchu hormonau i gefnogi'r beichiogrwydd.
- Gweithredu fel rhwystr ffisegol rhwng y ddau gylchrediad. Mae hyn yn bwysig oherwydd bod pwysedd gwaed y fam yn llawer uwch a byddai'n rhwygo capilarïau main yn y ffoetws, ac mae'n gwahanu systemau imiwnedd y fam a'r ffoetws i atal ymateb imiwn.
- Mae gwrthgyrff yn gallu croesi'r brych, gan roi rhywfaint o imiwnedd goddefol i'r ffoetws rhag clefydau. Fodd bynnag, mae rhai micro-organebau'n gallu croesi'r brych, e.e. *firws Rwbela*, a llawer o gyffuriau, e.e. nicotin a heroin.

Mae gwaed yn gadael y ffoetws drwy'r rhydweli wmbilig gan gludo gwastraff, gan gynnwys carbon deuocsid, i'r brych. Mae'r wythïen wmbilig yn cludo gwaed sy'n gyfoeth o faetholion, e.e. glwcos ac asidau amino, yn ôl tuag at y ffoetws.

Beichiogrwydd

Mae beichiogrwydd yn para tua 39 wythnos, mae'n cael ei rannu'n dri thymor ac mae'n para o ddiwrnod cyntaf y mislif olaf nes yr enedigaeth. Wrth i'r ffoetws ddatblygu, mae wedi'i amgáu mewn pilen o'r enw amnion, sy'n cynhyrchu hylif amniotig erbyn y bumed wythnos. Mae gan hylif amniotig nifer o swyddogaethau pwysig. Mae'n:

- Amsugno sioc i amddiffyn y ffoetws sy'n datblygu.
- Helpu i gynnal tymheredd corff y ffoetws.
- Iro.
- Caniatáu symudiad.

Hormonau a genedigaeth

Mae gonadotroffin corionig dynol (hCG: *human chorionic gonadotrophin*) yn cael ei secretu gan y blastocyst, ac yn ddiweddarach gan y corion. Mae hCG yn grifol am gynnal y corpus luteum sy'n secretu progesteron (cynnal yr endometriwm) hyd at tuag 16 wythnos pan mae progesteron yn cael ei gynhyrchu'n uniongyrchol gan y brych. Yn ystod beichiogrwydd, mae progesteron hefyd yn atal ocsitosin er mwyn atal y myometriwm rhag cyfangu, ac mae oestrogen yn symbylu twf y groth a'r chwarennau llaeth.

I gychwyn yr enedigaeth, mae'r chwarren bitẅidol ôl yn secretu ocsitosin, sy'n arwain at gyfangiadau'r myometriwm. Mae'r cyfangiadau hyn wedyn yn achosi secretu mwy o ocsitosin ac yn y blaen (adborth positif) gan achosi cyfangiadau cryfach a mwy aml. Mae'r chwarren bitẅidol flaen yn secretu prolactin, sy'n arwain at gynhyrchu llaeth, ac mae hwn yn cael ei ryddhau o'r tethi wrth i ocsitosin achosi cyfangiad y cyhyrau o gwmpas y dwythellau llaeth.

4.2 Atgenhedlu rhywiol mewn planhigion

Adeiledd blodyn

Mae planhigion blodeuol, neu Angiosbermau, yn defnyddio blodau fel eu ffurfiadau atgenhedlu. Mae'r gametau gwrywol wedi'u cynnwys mewn paill sy'n cael ei gynhyrchu yn yr antheri. Mae'r ofwl(au) yn cynnwys coden embryo; mae un gamet benywol yn y goden hon. I gynorthwyo trawsbeilliad, mae rhannau gwrywol a benywol y rhan fwyaf o flodau yn datblygu ar wahanol adegau. Mae'r sepalau, sydd fel arfer yn wyrdd, yn amddiffyn y blodyn yn y blaguryn. Mae'r petalau'n gallu bod yn absennol, yn fach ac yn wyrdd, neu'n fawr ac yn lliwgar. Mae rhannau gwrywol y blodau, y brigerau, yn cynnwys ffilament sy'n cynnal yr anther sydd yn cynnwys pedair coden baill. Mae rhannau benywol y blodyn, y carpelau, yng nghanol y blodyn ac yn cynnwys yr ofari, lle mae'r ofwlau yn datblygu. Y stigma yw'r arwyneb sy'n derbyn paill yn ystod **peilliad**.

cwestiwn cyflym

⑩ Disgrifiwch ddau wahaniaeth rhwng adeileddau blodau sy'n cael eu peillio gan bryfed a blodau sy'n cael eu peillio gan y gwynt.

cwestiwn cyflym

⑪ Enwch dair rhan y carpel.

Blodyn sy'n cael ei beillio gan bryfed

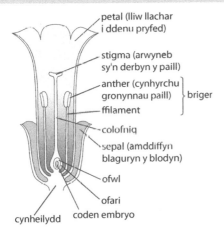

Diagram cyffredinol o flodyn sy'n cael ei beillio gan bryfed

- Petalau mawr lliwgar, arogl a neithdar i ddenu peillwyr fel pryfes.
- Antheri y tu mewn i'r blodyn sy'n trosglwyddo paill i bryfed wrth iddyn nhw fwydo ar neithdar.
- Stigma y tu mewn i'r blodyn i gasglu paill oddi ar bryfed wrth iddyn nhw fwydo ar neithdar.
- Symiau bach o baill gludiog â gwead garw i lynu wrth bryfyn.

Blodyn sy'n cael ei beillio gan y gwynt

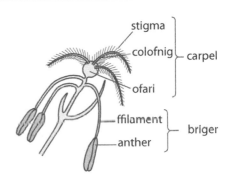

Diagram cyffredinol o flodyn sy'n cael ei beillio gan y gwynt

- Bach, gwyrdd a disylw, dim persawr, dim petalau fel arfer.
- Antheri yn hongian y tu allan i'r blodyn fel bod y gwynt yn gallu chwythu'r paill i ffwrdd.
- Stigmâu mawr pluog i ddarparu arwynebedd arwyneb mawr i ddal gronynnau paill.
- Symiau mawr o baill bach, llyfn, ysgafn i'w cludo gan y gwynt.

cwestiwn cyflym

⑫ Beth yw'r fantais ddetholus i blanhigion sy'n cael eu peillio gan y gwynt o gynhyrchu paill ysgafn?

Term Allweddol

Peilliad: trosglwyddo paill o anther un blodyn i stigma aeddfed blodyn arall o'r un rhywogaeth.

Datblygiad gametau

Datblygiad y gamet gwrywol

Gwella gradd

Efallai y bydd gofyn i chi gyfrifo chwyddhad lluniad neu faint y sbesimen gwreiddiol. Cofiwch eich fformiwla!

Mae coden baill yn cynnwys llawer o famgelloedd paill, ac mae pob un o'r rhain yn rhannu drwy gyfrwng meiosis i gynhyrchu tetrad. Mae'r haen faethol o gwmpas y goden baill, y tapetwm, yn darparu maetholion i'r gronynnau paill sy'n datblygu. Mae cellfur paill yn wydn ac yn gallu gwrthsefyll sychu. Mae'r cnewyllyn haploid y tu mewn i'r gronyn paill yn cyflawni mitosis i gynhyrchu cnewyllyn cenhedlol a chnewyllyn tiwb paill. Yna, mae'r cnewyllyn cenhedlol yn cyflawni rhaniad mitotig arall i gynhyrchu dau gnewyllyn gwrywol. Wrth i haenau allanol yr anther aeddfedu a sychu, mae'r muriau allanol yn cyrlio i ffwrdd i ddatgelu'r gronynnau paill – proses o'r enw **ymagor**.

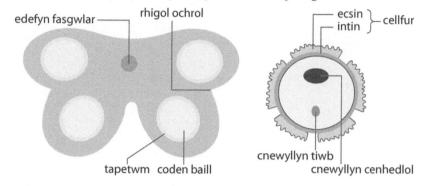

Toriad ardraws drwy anther a gronyn paill

Datblygiad y gamet benywol

Cofiwch

Edrychwch eto ar eich nodiadau mitosis a meiosis o UG.

Mae'r ofwlau yn cynnwys mamgell megasbor sy'n cyflawni meiosis i gynhyrchu pedair cell haploid; dim ond un o'r rhain sy'n datblygu ymhellach. Mae'n cynhyrchu wyth cell haploid ar ôl tri rhaniad mitotig. Mae dwy o'r celloedd hyn yn asio i gynhyrchu cnewyllyn polar diploid, gan adael chwe chell haploid: 3 cell antipodaidd, 2 synergid ac 1 oosffer, sydd i gyd y tu mewn i'r goden embryo sydd wedi'i hamgylchynu â'r pilynnau.

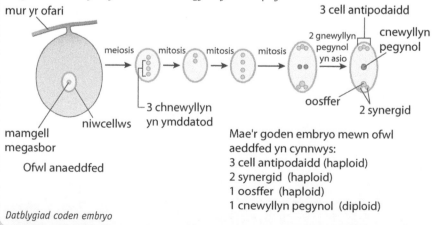

Mae'r goden embryo mewn ofwl aeddfed yn cynnwys:
3 cell antipodaidd (haploid)
2 synergid (haploid)
1 oosffer (haploid)
1 cnewyllyn pegynol (diploid)

Datblygiad coden embryo

Hunanbeilliad a thrawsbeilliad

Peilliad yw trosglwyddo paill o anther un blodyn i stigma aeddfed blodyn arall o'r un rhywogaeth. Pan fydd peilliad yn digwydd rhwng yr anther a'r stigma yn yr *un* blodyn, neu flodyn gwahanol ar yr *un* planhigyn, rydym ni'n ei alw'n hunanbeilliad. Pan fydd paill yn cael ei drosglwyddo i flodyn arall ar blanhigyn gwahanol o'r un rhywogaeth, trawsbeilliad yw hyn.

Mae hunanbeilliad yn arwain at hunanffrwythloniad sy'n golygu mewnfridio ac felly'n lleihau amrywiad genynnol yn fawr, oherwydd dim ond mwtaniadau, rhydd-ddosraniad a thrawsgroesi sy'n gallu achosi amrywiad genynnol. Mae mwy o risg y bydd alelau enciliol niweidiol yn dod at ei gilydd, ond mae mewnfridio yn gwarchod genomau llwyddiannus. Mae trawsbeilliad yn cyfuno deunydd genynnol dau unigolyn gwahanol ac felly'n arwain at fwy o amrywiad; rydym ni'n galw hyn yn allfridio. Yma, mae llai o siawns y bydd alelau enciliol niweidiol yn dod at ei gilydd, ac mae posibilrwydd o fwy o amrywiad genynnol a allai arwain at esblygiad rhywogaethau dros amser.

Sicrhau trawsbeilliad

I sicrhau trawsbeilliad, mae rhywogaethau planhigion wedi esblygu nifer o ddulliau.

- Y briger a'r stigma yn aeddfedu ar adegau gwahanol. Os mai'r brigerau sy'n aeddfedu'n gyntaf, **protandredd** yw hyn.
- Mae'r anther wedi'i leoli o dan y stigma, sy'n lleihau'r risg y gallai paill rhydd ddisgyn arno.
- Mae gan rai planhigion flodau gwrywol a benywol ar wahân, e.e. india-corn, neu blanhigion gwrywol a benywol ar wahân, e.e. celyn.
- Mae genynnau rhai planhigion yn anghydnaws, e.e. meillion coch – dydy paill ddim yn gallu egino ar stigma yr un planhigyn.

Ffrwythloniad dwbl

Ffrwythloniad yw'r broses lle mae'r gamet gwrywol yn asio â'r gamet benywol i gynhyrchu sygot diploid. Pan fydd gronyn paill yn glanio ar stigma aeddfed planhigyn arall o'r un rhywogaeth (neu ar yr un planhigyn, yn achos hunanbeilliad), mae'n egino ac yn cynhyrchu tiwb paill. Cnewyllyn y tiwb paill sy'n rheoli twf y tiwb, ac mae hefyd yn cynhyrchu hydrolasau, e.e. cellwlasau a phroteasau sy'n treulio llwybr drwy'r golofnig tuag at y micropyl ac i mewn i'r goden embryo gydag arweiniad atynwyr cemegol, e.e. GABA. Yna, mae'r cnewyllyn tiwb yn ymddatod ac mae'r ddau gamet gwrywol yn mynd i mewn i'r ofwl. Mae un cnewyllyn gwrywol yn asio â'r cnewyllyn benywol haploid, yr oosffer, i ffurfio'r sygot. Mae'r ail gnewyllyn gwrywol yn asio â'r cnewyllyn polar diploid i ffurfio cnewyllyn triploid sy'n datblygu i ffurfio'r endosberm, a fydd yn darparu maeth i'r planhigyn embryo sy'n datblygu. Rydym ni'n galw hyn yn ffrwythloniad dwbl.

Gwella gradd

Un camgymeriad cyffredin yw ystyried bod hunanbeilliad yn fath o atgynhyrchu anrhywiol. Gan fod paill ac ofwlau yn cael eu cynhyrchu drwy gyfrwng meiosis, mae rhywfaint o amrywiad yn bodoli felly dydy'r epil ddim yn enynnol unfath. Fodd bynnag, mae hyn yn arwain at lawer llai o amrywiad.

Termau Allweddol

Protandredd: y brigerau'n aeddfedu cyn y stigmâu.

Ffrwythloniad: y gamet gwrywol yn asio â'r gamet benywol, i gynhyrchu sygot diploid.

Gwella gradd

Mae dau ffrwythloniad yn digwydd: un gyda'r oosffer a'r llall gyda'r cnewyllyn diploid, felly dyna pam mae'n cael ei alw'n ffrwythloniad dwbl.

cwestiwn cyflym

⑬ Sut mae'r endosberm yn ffurfio?

cwestiwn cyflym

⑭ Beth yw swyddogaeth yr endosberm?

Adeiledd ffrwyth a hedyn

Ar ôl ffrwythloniad, mae mur yr ofari'n troi'n ffrwyth, tra bod yr ofwl yn troi'n hedyn. Mae ffa (*Vicia faba*) yn blanhigion deugotyledonaidd ac felly mae ganddyn nhw ddwy o'r dail hedyn neu gotyledonau sy'n amsugno'r storfa fwyd neu'r endosberm. Mae'r cynwreiddyn yn ffurfio'r gwreiddyn, ac mae'r cyneginyn yn ffurfio'r cyffyn. Mewn planhigion monogotyledonaidd, e.e. india-corn, dim ond un cotyledon sydd. Mae'r hadgroen a mur yr ofari'n asio, felly ffrwyth un hedyn yw india-corn mewn gwirionedd! Mae hadau'n gallu aros yn gwsg am lawer o flynyddoedd.

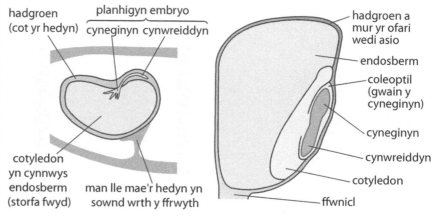

Diagram o hedyn ffeuen

Diagram o india-corn

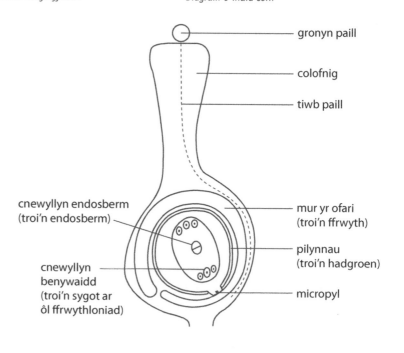

Twf y tiwb paill, a beth sy'n digwydd i'r ofwl ar ôl ffrwythloniad

Gwasgaru hadau

Mae gan wahanol blanhigion wahanol ddulliau o wasgaru hadau. Mae gwasgaru hadau'n bwysig, oherwydd mae'n galluogi eginblanhigion i egino i ffwrdd o'r rhiant-blanhigyn ac felly'n lleihau cystadleuaeth am adnoddau. Mae rhai yn cael eu cludo gan:

- Y gwynt, e.e. hadau dant y llew.
- Dŵr, e.e. cnau coco.
- Anifeiliaid, yn sownd yn eu ffwr, e.e. cyngaf (*burdock*).
- Anifeiliaid, sy'n bwyta'r ffrwythau ac yn carthu'r hadau oddi wrth y rhiant-blanhigyn, e.e. ceirios. Mae'r system dreulio'n gwanhau'r hadgroen ac yn caniatáu i eginiad ddigwydd, ac mae'n cyflenwi ei gwrtaith ei hun – ymgarthion.

Eginiad y ffeuen, *Vicia faba*

- Mae'r hedyn yn amsugno dŵr, gan achosi i'r meinweoedd chwyddo yn ogystal â symud yr ensymau.
- Mae'r hadgroen (cot yr hedyn) yn rhwygo, mae'r cynwreiddyn yn gwthio drwodd yn gyntaf tuag i lawr, ac yna'r cyneginyn tuag i fyny.
- Mae ensym amylas yn hydrolysu startsh i ffurfio maltos sy'n cael ei gludo i'r rhannau o'r planhigyn sy'n tyfu i'w ddefnyddio yn ystod resbiradaeth.
- Yn ystod eginiad, mae'r cotyledonau'n aros dan ddaear.
- Mae'r cyneginyn yn plygu i siâp bachyn fel nad yw'r blaen yn cael ei niweidio drwy grafu yn erbyn pridd.
- Pan mae'r cyneginyn yn dod allan o'r pridd, mae'n sythu ac yn dechrau cynhyrchu glwcos drwy gyflawni ffotosynthesis oherwydd mae'r cronfeydd bwyd yn y cotyledonau nawr wedi'u disbyddu.

Gofynion:

- Tymheredd optimwm ar gyfer actifedd ensymau.
- Dŵr i symud ensymau a chludo cynhyrchion i fannau sy'n tyfu.
- Ocsigen ar gyfer resbiradaeth aerobig i gynhyrchu ATP ar gyfer prosesau celloedd fel synthesis proteinau.

Wrth i hedyn **egino** mae màs sych y cotyledonau'n lleihau gan fod cronfeydd bwyd yn cael eu defnyddio ar gyfer twf yr embryo. Mae cyfanswm màs yr hedyn yn lleihau i ddechrau, nes bod y cyneginyn yn gallu dechrau cyflawni ffotosynthesis.

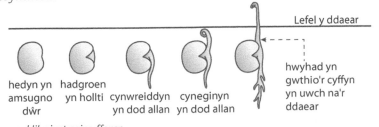

Diagram o ddilyniant egino ffeuen

Labels: Lefel y ddaear; hedyn yn amsugno dŵr; hadgroen yn hollti; cynwreiddyn yn dod allan; cyneginyn yn dod allan; hwyhad yn gwthio'r cyffyn yn uwch na'r ddaear

cwestiwn cyflym

⑰ Esboniwch dri o'r gofynion ar gyfer eginiad.

cwestiwn cyflym

⑱ Pam mae'n bwysig sefydlu system gwreiddyn cyn system cyffyn?

Effaith giberelin

Mae asid giberelig (GA: *giberellic acid*) yn rheolydd twf planhigion sy'n tryledu i mewn i'r haen alewron o gwmpas yr endosberm i actifadu genynnau sy'n ymwneud â thrawsgrifiad a throsiad, gan arwain at gynhyrchu amylasau a phroteasau.

Mae'r asidau amino sy'n cael eu cynhyrchu drwy hydrolysu proteinau yn cael eu defnyddio i syntheseiddio amylasau, sydd wedyn yn hydrolysu'r startsh sydd wedi'i storio i ffurfio maltos a glwcos ar gyfer resbiradaeth celloedd yn y cynwreiddyn a'r cyneginyn.

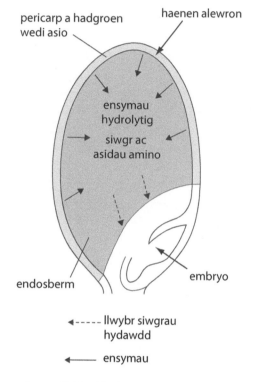

Ffrwyth india-corn yn dangos effaith asid giberelig

4.3 Etifeddiad

Genynnau ac alelau

Genyn yw dilyniant DNA ar gromosom sydd fel arfer yn codio ar gyfer polypeptid penodol, sy'n cymryd safle neu locws penodol. Mae genynnau fel arfer yn bodoli ar ffurf dau neu fwy o **alelau**, er enghraifft grŵp gwaed Rhesws (positif neu negatif) neu grŵp gwaed ABO (tri alel I^A, I^B, I^O). Genoteip organeb yw'r cyfansoddiad genynnol, h.y. pa alelau sydd ganddi, tra bod ffenoteip yn cynrychioli nodweddion yr organeb, sy'n ymddangos o ganlyniad i'r genoteip a'r amgylchedd. Pan fydd y ddau alel yr un fath, mae'r organeb yn **homosygaidd** ar gyfer y genyn hwnnw, e.e. RR neu rr. Pan fydd y ddau alel yn wahanol, mae'r organeb yn **heterosygaidd** ar gyfer y genyn hwnnw, e.e. Rr.

Cyflawni croesiadau genynnol

Mae yna rai rheolau syml i wneud yn siŵr eich bod chi'n cyflwyno croesiad genynnol rhwng dwy organeb yn y ffordd gywir:

1. Dewiswch un llythyren i gynrychioli pob nodwedd, e.e. R.
2. Defnyddiwch briflythrennau i gynrychioli nodweddion **trechol** (R), llythrennau bach ar gyfer rhai **enciliol** (r), a nodwch beth maen nhw'n ei gynrychioli.
3. Labelwch y RHIENI yn glir a rhowch gylch o amgylch y GAMETAU.
4. Defnyddiwch fatrics o'r enw sgwâr Punnett i gyfrifo'r croesiad.
5. Nodwch ffenoteip yr epil a'u cymarebau. Defnyddiwch F_1 i gynrychioli'r genhedlaeth gyntaf, ac F_2 i gynrychioli'r ail.

Etifeddiad monocroesryw

Mae etifeddiad monocroesryw yn golygu etifeddu un genyn. Cynhaliodd Gregor Mendel nifer o arbrofion gyda phlanhigion pys am eu bod nhw'n hawdd eu tyfu a bod gwahaniaethau clir rhwng eu ffenoteipiau, e.e. planhigion tal a byr, rhai â blodau porffor neu wyn, hadau melyn neu wyrdd, a'u bod nhw'n cynhyrchu niferoedd mawr o hadau sy'n golygu bod y canlyniadau'n ddibynadwy.

Un o arbrofion cyntaf Mendel oedd croesi pys â blodau porffor gyda rhai â blodau gwyn. Sylwodd Mendel fod blodau'r genhedlaeth gyntaf (F_1) i gyd yn borffor, ond wrth iddo hunanbeillio'r genhedlaeth F_1, roedd y blodau gwyn yn ymddangos eto mewn cymhareb o 3 porffor i 1 gwyn.

P yw alel y blodau porffor, a p yw alel y blodau gwyn.

Blodau porffor v Blodau gwyn

(rhieni)	PP	pp
(gametau)	Ⓟ	ⓟ
F_1	i gyd yn borffor, Pp	

Termau Allweddol

Genyn: dilyniant DNA ar locws penodol ar gromosom sydd fel arfer yn codio ar gyfer polypeptid penodol.

Alel: ffurf wahanol ar yr un genyn, sy'n codio ar gyfer polypeptid penodol.

Homosygaidd: lle mae'r ddau alel ar gyfer nodwedd benodol yr un fath.

Heterosygaidd: lle mae'r ddau alel ar gyfer nodwedd benodol yn wahanol.

Trechol: yr alelau sy'n cael eu mynegi bob amser, h.y. mewn homosygot ac mewn heterosygot, e.e. RR neu Rr.

Enciliol: yr alelau sydd ddim ond yn cael eu mynegi yn yr homosygot, e.e. rr.

Gwella gradd

Dysgwch eich Termau Allweddol yn ofalus!

cwestiwn cyflym

⑲ Diffiniwch alel enciliol.

Yna, mae cenhedlaeth F1 yn cael eu hunanbeillio.

(rhieni)   P p   ×   P p

(gametau)   P, p   P, p

	P	p
P	PP	Pp
p	Pp	pp

1 PP (porffor) 2 Pp (porffor) ac 1 pp (gwyn)

O ganlyniad i hyn, ffurfiodd Mendel ei ddeddf etifeddiad gyntaf, sef y ddeddf arwahanu, sy'n datgan *'Mae nodweddion organeb yn dibynnu ar ffactorau (alelau) sy'n bodoli mewn parau. Dim ond un o bâr o ffactorau (alelau) sy'n gallu bod yn bresennol mewn un gamet.'*

Croesiad prawf neu ôl-groesiad

Mae croesiad prawf yn cael ei gynnal i ddangos os mai un neu ddau alel trechol sy'n pennu nodwedd drechol, h.y. PP neu Pp, ac mae'n golygu croesi'r organeb ag organeb homosygaidd enciliol. Yn yr enghraifft uchod, byddai hyn yn golygu croesi planhigyn pys â blodau porffor (naill ai PP neu Pp) â phlanhigyn gwyn pp. Os yw'r genhedlaeth F_1 i gyd yn borffor, roedd y planhigyn porffor yn frid pur neu'n homosygaidd, ond os oes 1 planhigyn porffor ac 1 planhigyn gwyn, doedd y planhigyn a ddefnyddiwyd ddim yn frid pur, h.y. roedd yn heterosygot Pp.

Cyd-drechedd

Mewn cyd-drechedd, mae'r ddau alel yn y croesiad yn drechol ac felly mae'r ddau'n cael eu mynegi'n hafal. Un enghraifft o hyn yw'r grŵp gwaed ABO lle mae A a B yn gyd-drechol. Wrth ddangos cyd-drechedd, mae'n haws defnyddio llythyren i gynrychioli'r genyn, e.e. I a defnyddio uwchysgrifau i ddangos yr alelau gan fod rhaid i chi ddefnyddio llythrennau gwahanol.

$I^A I^A$ yw grŵp gwaed A

$I^B I^B$ yw grŵp B

$I^A I^B$ yw grŵp AB

Mae dau liw i flodau trwyn y llo: porffor a gwyn. Os yw'r ddau alel yn bresennol, mae'r blodau'n ymddangos yn binc – mae'r ffenoteip yn rhyngol yn hytrach na bod y ddau alel yn cael eu mynegi. Trechedd anghyflawn yw hyn.

$C^P C^P$ porffor

$C^W C^W$ gwyn

$C^P C^W$ pinc

≫ Cofiwch

Mae cyd-drechedd yn golygu bod y ddau alel yn cael eu mynegi'n hafal felly mae'r ddwy nodwedd i'w gweld. Mae trechedd anghyflawn yn arwain at ffenoteip rhyngol.

Etifeddiad deugroesryw

Cynhaliodd Mendel arbrofion â phlanhigion pys oedd yn ymwneud â dwy nodwedd wahanol ar yr un pryd, e.e. planhigion oedd yn cynhyrchu hadau melyn neu wyrdd A hadau crychlyd neu grwn. Etifeddu dau enyn digyswllt (genynnau ar wahanol gromosomau) ar yr un pryd yw etifeddiad deugroesryw. Sylwodd Mendel fod lliw'r hedyn yn cael ei etifeddu'n annibynnol ar wead yr hedyn (crychlyd neu grwn) ac arweiniodd hyn at yr ail ddeddf, sef deddf rhydd-ddosraniad, sy'n datgan *'Mae'r naill aelod neu'r llall o bâr o alelau yn gallu cyfuno ar hap â'r naill neu'r llall o bâr arall'.*

e.e. Cafodd pys melyn crwn brid pur (homosygaidd) eu croesi â phys gwyrdd crychlyd. Roedd pys cenhedlaeth F1 i gyd yn felyn a chrwn.

Allwedd alel ar gyfer lliw melyn M   alel ar gyfer lliw gwyrdd m
alel ar gyfer pys crwn C   alel ar gyfer pys crychlyd c

Ffenoteip y rhieni

Hadau melyn crwn × Hadau gwyrdd crychlyd

Genoteip y rhieni   MMCC   mmcc

Gametau   (MC)   (mc)

Genoteip F1   MmCc

Ffenoteip F1   pys melyn crwn

Roedd cenhedlaeth F1 wedi hunanbeillio.

Ffenoteip   pys melyn crwn   pys melyn crwn

Genoteip   MmCc   MmCc

Gametau

	(MC)	(Mc)	(mC)	(mc)
(MC)	MMCC melyn crwn	MMCc melyn crwn	MmCC melyn crwn	MmCc melyn crwn
(Mc)	MMCc melyn crwn	MMcc melyn crychlyd	MmCc melyn crwn	Mmcc melyn crychlyd
(mC)	MmCC melyn crwn	MmCc melyn crwn	mmCC gwyrdd crwn	mmCc gwyrdd crwn
(mc)	MmCc melyn crwn	Mmcc melyn crychlyd	mmCc gwyrdd crwn	mmcc gwyrdd crychlyd

Cymhareb ffenoteip

9 melyn crwn : 3 melyn crychlyd : 3 gwyrdd crwn : 1 gwyrdd crychlyd

Etifeddiad deugroesryw

Roedd data gwirioneddol Mendel yn dangos bod 315 yn grwn a melyn, 101 yn grychlyd a melyn, 108 yn grwn a gwyrdd a 32 yn grychlyd a gwyrdd. Dydy hyn ddim yn union 9:3:3:1 ond mae'n ddigon agos!

ychwanegol

4.3

Mae pys crwn melyn (homosygaidd ar gyfer lliw ond heterosygaidd ar gyfer gwead) yn cael eu croesi â phys crwn gwyrdd homosygaidd. Beth yw genoteipiau a ffenoteipiau'r epil?

Cysylltedd awtosomaidd

Mae hyn yn digwydd pan mae dau enyn gwahanol yn bodoli ar yr un cromosom ac felly'n methu arwahanu ar hap (am eu bod nhw ar yr un cromosom). Mae hyn yn berthnasol i awtosomau, sef cromosomau heblaw'r cromosomau rhyw. Gan ddefnyddio'r un enghraifft o heterosygot melyn crwn â'r un sydd ar y dudalen flaenorol (MmCc), dim ond un pâr homologaidd sydd ei angen i gynnwys pob un o'r pedwar alel, a'r canlyniad yw llai o gyfuniadau posibl o'r gametau, MC ac mc YN UNIG. *Gallai* trawsgroesiad ddigwydd os nad yw'r ddau enyn yn rhy agos at ei gilydd, ond mae hyn yn digwydd ar hap, felly dydy hyn ddim yn digwydd bob amser ar bob pâr o gromosomau. Os *yw* trawsgroesiad yn digwydd, byddai'n ffurfio'r gametau Mc ac mC. Dydy ail ddeddf Mendel DDIM yn berthnasol oherwydd dydy'r broses ddim yn ffurfio'r un cyfrannau o'r pedwar gamet posibl.

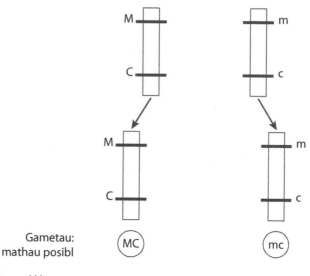

Gametau:
mathau posibl

Cysylltedd awtosomaidd

>> *Cofiwch*

Peidiwch â drysu rhwng cysylltedd rhyw a chysylltedd awtosomaidd.

cwestiwn cyflym

20 Beth yw ystyr cysylltedd awtosomaidd?

Defnyddio ystadegau a thebygolrwydd

Ydy merched yn dalach na bechgyn? Edrychwch ar y ddau graff isod.

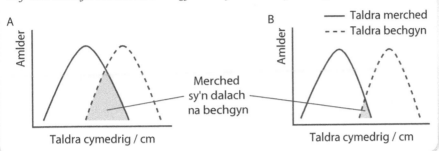

Arwyddocâd

Er mwyn i ni ddweud bod bechgyn yn arwyddocaol dalach na merched, rhaid i hyn fod yn wir mewn >95% (19 o bob 20) o achosion, ac felly ddim yn wir mewn <5%. Gallwn ni neilltuo gradd o sicrwydd i ddynodi pa mor siŵr ydym ni gan ddefnyddio tebygolrwydd, p, lle mae p = 1 yn 100% a p = 0 yn 0%. Felly, i fodloni ein meini prawf arwyddocâd, rhaid i fechgyn fod yn dalach na merched mewn o leiaf 95% o achosion, h.y. p = 0.95. Rhaid i'r tebygolrwydd *nad* yw bechgyn yn dalach na merched, h.y. bod unrhyw wahaniaethau wedi digwydd oherwydd siawns, fod yn llai na 5% o achosion, h.y. < p = 0.05. Rydym ni'n cyfeirio at hwn fel y gwerth critigol.

Gwella gradd

Cofiwch fod yn rhaid i'r gwerth critigol p fod < 0.05

Rhagdybiaeth nwl

Yn yr enghraifft uchod, y rhagdybiaeth wirioneddol (sy'n cael ei galw'n rhagdybiaeth arall) yw bod bechgyn yn dalach na merched. Y rhagdybiaeth nwl fyddai nad oes dim gwahaniaeth rhwng taldra cymedrig bechgyn a merched. Rhaid i chi ysgrifennu'r ddwy, a defnyddio'r prawf ystadegol i ddweud a ydych chi'n derbyn neu'n gwrthod y rhagdybiaeth nwl a pham.

Cofiwch

Rhaid i chi allu datgan rhagdybiaeth nwl ar gyfer unrhyw arbrawf.

Gwerth critigol

Gan ddefnyddio gwahanol brofion ystadegol, byddwch chi'n cyfrifo gwerth (gwerth wedi'i gyfrifo) sy'n gorfod bod yn fwy na *gwerth critigol* (ar p = 0.05) ar gyfer y nifer penodol hwnnw o gyfresi data a'r prawf penodol hwnnw, er mwyn i'ch canlyniad fod yn arwyddocaol.

Os yw eich gwerth wedi'i gyfrifo'n fwy na'r gwerth critigol (ar p = 0.05), yn yr enghraifft yma mae gwahaniaeth arwyddocaol rhwng taldra bechgyn a merched.

Yn achos prawf Chi sgwâr, os yw eich gwerth wedi'i gyfrifo'n fwy na'r gwerth critigol (ar p = 0.05), byddai yna wahaniaeth arwyddocaol rhwng y canlyniadau gwirioneddol a'r canlyniadau disgwyliedig, felly gallwch chi wrthod eich rhagdybiaeth nwl, oherwydd nid siawns oedd yn gyfrifol am unrhyw wahaniaethau oedd i'w gweld ar p = 0.05. (Mae hyn yn golygu NAD YW deddfau Mendel yn berthnasol.)

Os yw eich gwerth wedi'i gyfrifo'n llai na'r gwerth critigol (ar p = 0.05), does DIM gwahaniaeth arwyddocaol rhwng y canlyniadau gwirioneddol a'r canlyniadau disgwyliedig, a rhaid i chi dderbyn eich rhagdybiaeth nwl, oherwydd siawns oedd yn gyfrifol am unrhyw wahaniaethau oedd i'w gweld ar p = 0.05. (Mae deddfau Mendel yn berthnasol.)

Defnyddio'r prawf ystadegol Chi sgwâr

Mewn moch cwta, mae'r alel ar gyfer cot ddu (B) yn drechol dros yr alel ar gyfer albino (b) ac mae'r alel ar gyfer cot arw (R) yn drechol dros yr alel ar gyfer cot lyfn (r). Mae mochyn cwta du heterosygaidd â chot lyfn yn cael ei gyplu â mochyn cwta albino sy'n heterosygaidd ar gyfer cot arw. Yn y genhedlaeth gyntaf, dyma oedd ffenoteipiau'r epil: 27 du cot arw; 22 du cot lyfn; 28 albino cot arw; 23 albino cot lyfn. Byddai etifeddiad deugroesryw Mendel yn rhagfynegi cymhareb 1:1:1:1 neu 25:25:25:25.

Gallwn ni ddefnyddio χ^2 i ddarganfod a oes gwahaniaeth arwyddocaol rhwng y niferoedd gwirioneddol a'r niferoedd disgwyliedig o epil o'r gwahanol ffenoteipiau.

Rhagdybiaeth nwl: does dim gwahaniaeth rhwng y niferoedd gwirioneddol a'r niferoedd disgwyliedig.

Rydym ni'n cyfrifo Chi sgwâr o $\chi^2 = \Sigma \dfrac{(O-E)^2}{E}$

>> **Cofiwch**

Mae Σ yn golygu cyfanswm.

Drwy ddefnyddio tabl, gallwn ni symleiddio'r fformiwla fesul cam:

1. Rhoi'r niferoedd gwirioneddol (O) yn y tabl.
2. Cyfrifo'r niferoedd disgwyliedig (E) o'r cyfanswm gwirioneddol, h.y. 100 a'r cymarebau disgwyliedig, e.e. bydd 1 o bob 4 yn ddu a garw = 0.25 × 100 = 25.
3. Tynnu'r gwerth gwirioneddol o'i werth disgwyliedig cyfatebol, yna sgwario'r gwerth hwnnw.
4. Rhannu *pob* gwerth $(O-E)^2$ â'i werth disgwyliedig, e.e. $\frac{4}{25} = 0.16$.
5. Yna adio'r rhain i gyd i gael χ^2.

Categori	O	E	O–E	(O–E)²	$\dfrac{(O-E)^2}{E}$
du cot arw	27	25	2	4	0.16
du cot lyfn	22	25	–3	9	0.36
albino cot arw	28	25	3	9	0.36
albino cot lyfn	23	25	–2	4	0.16
	Σ 100				Σ = 1.04

$\chi^2 = 1.04$

Yna defnyddio tabl chi-sgwâr i weld a ydy'r gwerth wedi'i gyfrifo yn fwy na'r gwerth critigol (tabl).

Graddau rhyddid	P = 0.10	P = 0.05	P = 0.02
1	2.71	3.84	5.41
2	4.61	5.99	7.82
3	6.25	**7.82**	9.84
4	7.78	9.49	11.67
5	9.24	11.07	13.39

>> **Cofiwch**

Y graddau rhyddid = nifer y dosbarthiadau –1.

>> **Cofiwch**

I ganfod y gwerth critigol, defnyddiwch y golofn p = 0.05.

Tabl (gwerth critigol ar p = 0.05 = **7.82** (graddau rhyddid = n–1 h.y. 3).

Gan fod y gwerth wedi'i gyfrifo yn llai na'r gwerth critigol ar p = 0.05 (1.04 < 7.82); *gallwn ni dderbyn y rhagdybiaeth nwl; siawns oedd yn gyfrifol am unrhyw wahaniaeth oedd i'w weld.* Byddai'r gwrthwyneb yn wir pe bai'r χ^2 yn fwy na'r gwerth critigol.

Pennu rhyw

Mae gan fodau dynol 46 cromosom wedi'u trefnu'n 23 o barau; mae 22 o'r parau 'yr un fath', h.y. yn cynnwys yr un genynnau (ond nid o reidrwydd yr un alelau) felly rydym ni'n dweud eu bod nhw'n homologaidd; y rhain yw'r *awtosomau*. Mae pâr 23, y cromosomau rhyw, yr un fath mewn benywod (XX) ond yn wahanol mewn gwrywod (XY), a'r rhain sy'n pennu rhyw. Mewn bodau dynol, mae siawns o 50:50 y bydd unrhyw blentyn yn wryw.

Cysylltedd rhyw

Mae cysylltedd rhyw yn golygu bod genyn wedi'i gludo ar gromosom rhyw, fel bod nodwedd mae'n ei hamgodio yn ymddangos yn bennaf mewn un rhyw. Gan fod gan fodau dynol un cromosom X ac un cromosom Y, rhaid i'r Y ddod o'i dad, a'r X o'i fam. Mae'r cromosom Y yn llai na'r cromosom X, a dim ond ar y cromosom X mae rhai genynnau'n cael eu cludo, felly dim ond un copi o'r rhain mae gwrywod yn ei gael.

cwestiwn cyflym

㉑ Diffiniwch gysylltedd rhyw.

Haemoffilia

Mae'r genyn ar gyfer ffactor ceulo VIII, sydd ei angen i geulo'r gwaed ar ôl anaf, ddim ond yn cael ei gludo ar y cromosom X. Mae haemoffilia yn anhwylder cromosom X enciliol, cysylltiedig â rhyw, ac mae'n fwy tebygol o ddigwydd i wrywod nag i fenywod, oherwydd bod gan fenywod ddau gromosom X a dim ond un sydd gan wrywod. Os yw gwryw'n cael yr alel haemoffilia enciliol (sy'n codio ar gyfer y ffactor VIII diffygiol sy'n achosi haemoffilia), bydd yn dioddef o'r clefyd, oherwydd does ganddo ddim ail gromosom X a allai gludo alel normal. Cludyddion fydd benywod bron bob amser oherwydd gallan nhw etifeddu'r alel diffygiol gan eu mam neu eu tad, neu o ganlyniad i fwtaniad newydd. Mae'n brin iawn i fenywod ddioddef o haemoffilia, oherwydd byddai angen iddyn nhw etifeddu'r alel diffygiol gan y ddau riant (homosygaidd enciliol).

Dystroffi cyhyrol Duchenne (DCD)

Fel haemoffilia, mae DCD (*DMD: Duchenne muscular dystrophy*) yn cael ei achosi gan alel enciliol cysylltiedig ag X, ond mae'n ymwneud â'r genyn sy'n codio ar gyfer dystroffin, rhan o glycoprotein sy'n sefydlogi cellbilenni ffibrau cyhyrau. Mae'r clefyd yn achosi colled cyhyrau a gwendid cynyddol. Fel haemoffilia, mae'r alel diffygiol yn cael ei drosglwyddo i blant gan eu mamau (oherwydd bod bechgyn yn cael y cromosom Y gan eu tad).

X^D yw alel dystroffin normal

X^d yw'r alel sy'n codio ar gyfer dystroffin diffygiol sy'n arwain at DCD.

Mae canlyniad cludydd benywol sy'n cael plant gyda gwryw normal wedi'i ddangos isod.

	X^D	Y
X^D	$X^D X^D$	$X^D Y$
X^d	$X^d X^D$	$X^d Y$

1 $X^D X^D$ benyw normal

1 $X^d X^D$ benyw cludydd

1 $X^D Y$ gwryw normal

1 $X^d Y$ gwryw DCD

cwestiwn cyflym

㉒ Gan ddefnyddio'r symbol X^H i gynrychioli alel ffactor ceulo gwaed VIII normal, ac X^h i gynrychioli alel ffactor VIII diffygiol sy'n cynhyrchu haemoffilia, beth yw'r tebygolrwydd bod mam sy'n gludydd yn cael plentyn gwrywol â haemoffilia?

cwestiwn cyflym

㉓ Defnyddiwch y diagram tras i esbonio ffenoteipiau rhieni 1 a 2.

Diagramau tras

Coed teulu yw'r rhain, sy'n dangos achosion o gyflwr etifeddol penodol o fewn teulu. Mae'r diagram yn dangos etifeddiad haemoffilia mewn teulu.

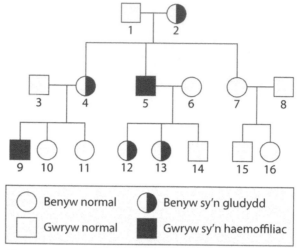

Diagram tras

Mae'r diagram yn dangos, gan mai dim ond gwrywod sy'n dioddef o haemoffilia yn y teulu hwn, ei bod yn debygol ei fod yn gysylltiedig â rhyw, a gan ei fod yn cael ei etifeddu drwy'r fam, ei bod yn debygol ei fod yn cael ei gludo ar y cromosom X.

Mwtaniadau

Mwtaniad yw newid i swm, trefniad neu adeiledd y DNA mewn organeb. Mae dau fath:

1. Mwtaniadau genynnol neu fwtaniadau pwynt, e.e. clefyd cryman-gell, sy'n cael ei achosi yn ystod dyblygiad DNA.

2. Mae mwtaniadau cromosom yn achosi newidiadau i adeiledd neu nifer y cromosomau cyfan mewn celloedd. O ganlyniad, caiff cromosom cyfan ei ychwanegu neu ei golli (mae hyn yn cael ei alw'n anewploidedd, e.e. trisomedd 21 neu syndrom Down), neu bydd un cromosom yn torri i ffwrdd ac yn cydio wrth gromosom arall mewn proses o'r enw trawsleoliad, e.e. syndrom Down trawsleoliad.

Mae mwtaniadau'n gallu digwydd yn ddigymell ac ar hap, ac yr un mor debygol o ddigwydd yn unrhyw le yng ngenom organebau diploid. Maen nhw'n gallu cyfrannu at esblygiad os ydyn nhw'n rhoi manteision y gellir eu 'dethol'. Yn gyffredinol, mae cyfraddau mwtaniadau'n isel iawn, ond maen nhw'n cael eu cynyddu gan belydriad ïoneiddiol, pelydrau-X, hydrocarbonau amlgylchredol mewn mwg tybaco, a rhai cemegion, e.e. bensen. Mae mwtaniadau'n fwy cyffredin ymysg organebau sydd â chylchred bywyd byr, e.e. mewn bacteria lle mae'r gylchred bywyd mor fyr ag 20 munud. Mae'r rhan fwyaf o fwtaniadau'n digwydd yn ystod trawsgroesiad proffas I ac anwahaniad anaffas I ac anaffas II yn ystod meiosis. Dydy mwtaniadau sy'n digwydd mewn celloedd somatig (corffgelloedd) ddim yn etifeddol.

Gwella gradd

Mae mwtaniadau yn digwydd ar hap, ond maen nhw yn digwydd ar amlder penodol sy'n amrywio rhwng rhywogaethau. Mae mwtagenau yn cynyddu cyfradd mwtaniadau.

Mwtaniadau genynnol neu fwtaniadau pwynt

Mae mwtaniadau pwynt yn digwydd o ganlyniad i:

- Adio neu dynnu: ychwanegu/dileu bas. Mae'r ddau o'r rhain yn achosi symud ffrâm, lle mae'r ffrâm ddarllen yn symud un lle ac mae fel arfer yn achosi protein sydd ddim yn gweithio oherwydd newid mawr i'r dilyniant asidau amino.
- Amnewid: 'cyfnewid' un bas am un arall; mae hyn yn gallu newid y codon, ac felly'r asid amino.

Dydy llawer o fwtaniadau pwynt ddim yn cael unrhyw effaith oherwydd bod y newid:

- Yn dawel, h.y. mae'r bas yn newid ond mae'r codon yn dal i godio ar gyfer yr un asid amino.
- Yn digwydd mewn rhan sydd ddim yn codio neu intron.
- Yn digwydd mewn alel enciliol sydd ddim yn cael ei fynegi.
- Yn newid asid amino ond ddim yn newid y ffordd mae'r protein yn gweithio.

Un enghraifft o fwtaniad pwynt yw clefyd cryman-gell, sy'n gyffredin mewn poblogaethau Affro-Caribïaidd, y Dwyrain Canol, Dwyrain Môr y Canoldir a phoblogaethau Asiaidd sydd wedi esblygu mewn cynefinoedd â malaria. Mae clefyd cryman-gell yn cael ei achosi gan fwtaniad sy'n amnewid adenin am thymin ac yn troi un asid amino yn falin, gan achosi i gelloedd coch anffurfio a blocio capilarïau dan wasgedd rhannol ocsigen isel. Mae'r alelau haemoglobin normal a diffygiol yn gyd-drechol, felly mae pobl ag un copi o'r alel diffygiol yn profi symptomau sydd ddim mor ddifrifol â'r dioddefwyr, ond mae ganddynt fwy o allu i wrthsefyll malaria, sy'n enghraifft o fantais heterosygot.

Mwtaniad cromosom

Mae syndrom Down yn anhwylder cromosomaidd sy'n digwydd mewn tuag 1 o bob 800 o enedigaethau, pan mae unigolyn yn etifeddu copi ychwanegol cyfan neu rannol o gromosom 21. Mae hyn yn digwydd amlaf ar ôl anwahaniad cromosom 21 yn ystod anaffas 1 neu 2 meiosis, lle mae'r ddau gopi o gromosom 21 yn mynd i mewn i'r gamet. Os yw hwn yna'n cael ei ffrwythloni gan gamet normal, mae'n creu tri chopi o gromosom 21 (trisomedd 21). Mae'r oocyt sydd ddim yn cynnwys unrhyw gopïau o gromosom 21 yn methu â datblygu ymhellach. Mae cysylltiad rhwng y risg o syndrom Down ac oed y fam:

> 18 mlwydd oed = 1 o bob 2100 genedigaeth
>
> 30 mlwydd oed = 1 o bob 1000 genedigaeth
>
> 40 mlwydd oed = 1 o bob 100 genedigaeth

Does dim triniaeth, ond gallwn ni roi diagnosis â phrofion cyn-geni, e.e. amniosentesis.

Gwella gradd

Dydy pob mwtaniad ddim yn arwain at newid i'r protein sy'n cael ei gynhyrchu. Mae rhai'n gallu bod yn dawel, mewn alelau enciliol neu intronau, neu'n newid asid amino mewn ffordd sydd ddim yn effeithio ar y ffordd mae'r protein yn gweithio.

cwestiwn cyflym

㉔ Nodwch y ddau fath o fwtaniad

Cofiwch

Mae trisomedd yn golygu tri chopi o gromosom.

Canser

Carsinogen yw mwtagen sy'n achosi canser. Mae canser yn digwydd os yw mwtaniadau mewn proto-oncogenynnau yn cynhyrchu oncogenynnau sy'n cynyddu cyfradd cellraniad, naill ai oherwydd cynhyrchu mwy o ffactor twf, neu â phroteinau derbyn mwtan lle does dim angen ffactor twf i gychwyn cellraniad.

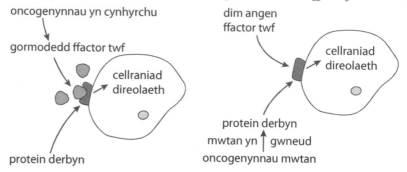

Swyddogaeth oncogenynnau mwtan (proto-oncogenynnau)

Mae genynnau atal tiwmorau, neu wrth-oncogenynnau, yn arafu cellraniad. Mae genyn atal mwtan hefyd yn achosi cynnydd i gyfradd cellraniad oherwydd bod y genyn wedi'i anactifadu.

cwestiwn cyflym

㉕ Beth yw'r gair am fwtagenau sy'n achosi canser?

Rheoli mynegiad genynnau – Addasiadau epigenetig

Mae amrywiad o fewn poblogaeth yn digwydd oherwydd dau beth, sef amrywiadau alelau a'r amgylchedd. Mae addasiadau **epigenetig** yn digwydd o ganlyniad i amodau amgylcheddol, sy'n achosi newidiadau i sut caiff genynnau eu trawsgrifio. Mae'r gwahaniaethau sydd i'w gweld rhwng gefeilliaid unfath yn digwydd yn bennaf oherwydd addasiadau epigenetig. Mae'r pethau canlynol yn gallu achosi addasiadau epigenetig:

1. Methyleiddio DNA, sef ychwanegu grŵp methyl neu hydrocsimethyl at gytosin, sy'n lleihau trawsgrifiad y genyn.

2. Addasu histonau ar ôl trosiad, sy'n newid y ffordd mae'r histonau'n rhyngweithio â DNA gan fod y niwcleosomau wedi'u trefnu'n fwy llac. Mae hyn yn achosi mwy o drawsgrifiad oherwydd ei bod hi'n haws i RNA polymeras a ffactorau trawsgrifio eraill fynd at y DNA. Mae addasu histonau'n gallu golygu adio grŵp asetyl neu fethyl at lysin, ac arginin neu grwpiau ffosffad at serin a threonin.

Wrth i gelloedd bonyn wahaniaethu, mae newidiadau epigenetig yn arwain at gynhyrchu gwahanol broteinau, e.e. melanin mewn celloedd croen, ac amylas mewn celloedd pancreatig. Mae rhai addasiadau epigenetig yn gallu bod yn etifeddol os yw newidiadau'n digwydd mewn gametau, sef argraffu genomig, ac mae hyn yn gallu anactifadu cromosomau cyfan, e.e. anactifadu cromosom X sy'n achosi patrwm clytwaith cathod trilliw.

Term Allweddol

Epigeneteg: rheoli mynegiad genynnau drwy addasu DNA neu histonau, heb newid y dilyniant basau.

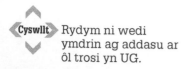 **Cyswllt** Rydym ni wedi ymdrin ag addasu ar ôl trosi yn UG.

4.4 Amrywiad ac esblygiad

Mathau o amrywiad

Mae gwahaniaethau rhwng ffenoteipiau organebau yn gallu ymddangos oherwydd bod eu genoteipiau yn wahanol, oherwydd bod eu genoteipiau yr un fath ond bod ganddyn nhw addasiadau epigenetig gwahanol, neu oherwydd eu bod nhw'n byw mewn amgylcheddau gwahanol. Mae amrywiad sy'n etifeddol, h.y. yn gallu cael ei drosglwyddo i epil, yn deillio o'r canlynol:

- Mwtaniadau genynnol (mwtaniadau pwynt).
- Trawsgroesiad yn ystod proffas I meiosis.
- Rhydd-ddosraniad yn ystod metaffas I a II meiosis.
- Cyplu ar hap, h.y. mae unrhyw organeb yn gallu cyplu gydag un arall.
- Asio gametau ar hap, h.y. ffrwythloniad unrhyw gamet gwrywol gydag unrhyw gamet benywol.
- Ffactorau amgylcheddol sy'n arwain at addasiadau epigenetig.
- Mae ffactorau amgylcheddol hefyd yn gallu arwain at amrywiad anetifeddadwy o fewn poblogaeth, e.e. deiet.

Mae dau fath o amrywiad:

1. Amrywiad parhaus, e.e. taldra.
    - Amrediad o ffenoteipiau i'w weld.
    - Llawer o enynnau'n ei reoli (polygenig).
    - Dilyn dosraniad 'normal'.
    - Ffactorau amgylcheddol yn cael dylanwad mawr, e.e. deiet ar bwysau.

2. Amrywiad amharhaus, e.e. grŵp gwaed.
    - Nodweddion yn ffitio mewn grwpiau pendant gwahanol.
    - Does dim nodweddion rhyngol.
    - Fel arfer yn cael eu rheoli gan un genyn â dau neu fwy o alelau (monogenig).
    - Dim llawer o ddylanwad gan ffactorau amgylcheddol, e.e. dydy deiet ddim yn effeithio ar grŵp gwaed.

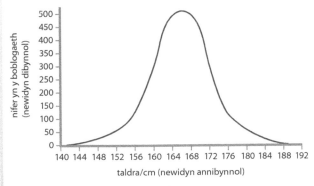

Cromlin dosraniad normal

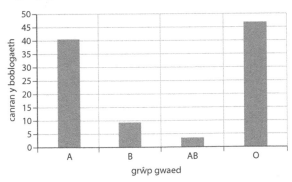

Dosbarthiad grwpiau gwaed ABO

Arwyddocâd ystadegol newidynnau parhaus gan ddefnyddio'r prawf-*t*

Mae'r cymedr yn fesur o ganoldwedd. Y ffordd fwyaf cyffredin o'i gyfrifo yw fel y cymedr rhifyddol, sef cyfanswm y gwerthoedd wedi'i rannu â nifer y gwerthoedd. Mae'n bwysig cofio'r gwahaniaeth rhwng hwn a'r modd, sef y gwerth mwyaf cyffredin.

Mae'r gwyriad safonol (SD: *standard deviation*) yn mesur amrywiad y data ar y ddwy ochr i'r cymedr. Os oes gan y data ddosraniad normal, bydd 95.4% o'r data o fewn 2× wyriad safonol ar y naill ochr neu'r llall i'r cymedr.

Yn ystadegol, os oes gwahaniaeth arwyddocaol rhwng dwy gyfres ddata, fydd dim data'n gorgyffwrdd o fewn y cymedr + 2 SD.

I gymharu cymedrau gwerthoedd data o ddwy boblogaeth, mae'r prawf-*t* yn defnyddio'r fformiwla:

$$t = \frac{\bar{x}_1 - \bar{x}_2}{\sqrt{\frac{s_1^2}{n_1} + \frac{s_2^2}{n_2}}}$$

lle mae $\bar{x}$ = cymedr yr arsylwadau

n = nifer yr arsylwadau (maint y sampl)

s = gwyriad safonol

(Mae'r isysgrifau 1 a 2 yn cyfeirio at samplau 1 a 2 yn ôl eu trefn.)

Noder: Rhaid i'r ddau sampl gynnwys yr un nifer o arsylwadau.

1. Cyfrifwch gymedrau'r ddau sampl.

2. Yna tynnwch un o'r llall.

3. Yna cyfrifwch wyriad safonol y ddau sampl drwy dynnu'r gwerth gwirioneddol o'r cymedr ar gyfer POB arsylwad.

4. Yna sgwariwch BOB gwerth ac YNA eu hadio nhw at ei gilydd.

5. Rhannwch y gwerth hwn â nifer yr arsylwadau tynnu 1 a darganfyddwch ail isradd eich ateb.

$$\sqrt{\frac{\Sigma(x - \bar{x})^2}{n - 1}}$$

6. Cyfrifwch wyriad safonol y sampl arall.

7. Sgwariwch eich gwyriad a'i rannu â nifer yr arsylwadau yn y sampl hwnnw, gwnewch yr un peth ar gyfer y sampl arall, adiwch nhw at ei gilydd a darganfyddwch ail isradd eich ateb.

8. Yn olaf, rhannwch y gwahaniaethau rhwng y cymedrau â

$$\sqrt{\frac{s_1^2}{n_1} + \frac{s_2^2}{n_2}}$$

lle S_1 yw gwyriad safonol sampl 1, ac S_2 ar gyfer sampl 2.

Rhaid i'r gwerth-*t* rydych chi wedi'i gyfrifo fod *yn fwy* na'r gwerth critigol yn y tabl ar gyfer 0.05 (tebygolrwydd 5%) ar gyfer y graddau rhyddid (cyfanswm nifer yr arsylwadau −2) er mwyn i chi fod yn siŵr nad siawns sy'n gyfrifol am y gwahaniaethau sydd i'w gweld. Gweler tudalen 97 'Defnyddio ystadegau a thebygolrwydd'.

cwestiwn cyflym

㉖ Mae planhigion pys yn gallu bod yn dal neu'n fyr. Pa gasgliad allwch chi ei ffurfio am y math hwn o amrywiad?

cwestiwn cyflym

㉗ Nodwch bedair ffynhonnell amrywiad.

Ffactorau amgylcheddol

Mae dylanwadau amgylcheddol yn effeithio ar sut mae genoteip yn cael ei fynegi ac yn arwain at ffenoteipiau gwahanol, e.e. melanedd diwydiannol yn y gwyfyn brith *Biston betularia*. Mae dau fath o wyfyn brith: golau a thywyll (melanig). Mewn cynefinoedd llygredig lle mae coed wedi'u gorchuddio â huddygl, y ffurf dywyll sy'n drechaf, ond mewn cynefinoedd heb lygredd lle mae cennau i'w cael, y ffurf olau yw'r fwyaf cyffredin. Yn y naill achos a'r llall, mae lliw'r gwyfyn yn darparu cuddliw yn erbyn yr amgylchedd sy'n rhoi mantais ddetholus iddo, fel ei fod yn fwy tebygol o oroesi, ac atgenhedlu i drosglwyddo alelau manteisiol i'r genhedlaeth nesaf, felly mae'r niferoedd yn cynyddu o fewn y boblogaeth.

Cystadleuaeth

Mae dau fath o gystadleuaeth:

- Cystadleuaeth fewnrywogaethol lle mae aelodau o'r *unrhywogaeth* yn cystadlu am yr un adnodd mewn ecosystem, e.e. bwyd, golau, maetholion, mannau i nythu.
- Cystadleuaeth ryngrywogaethol yw lle mae aelodau o *wahanol* rywogaethau yn cystadlu am yr un adnodd mewn ecosystem, e.e. gwahanol rywogaethau planhigion yn cystadlu am ddŵr.

Mae'r gwahanol adnoddau mae'r organebau'n cystadlu amdanyn nhw yn gweithredu fel **pwysau dethol**, felly mae unigolion â mantais, sy'n golygu eu bod nhw'n *fwy* llwyddiannus wrth ganfod bwyd a chysgod, yn *fwy* tebygol o oroesi a throsglwyddo'r alelau manteisiol hynny i'r genhedlaeth nesaf. Mae gan organebau â ffenoteipiau sy'n gweddu i'w hamgylchedd siawns uwch o oroesi ac atgenhedlu. **Detholiad naturiol** yw hyn, ac mae'n gallu arwain at esblygiad.

Geneteg poblogaeth

Cyfanswm genynnol poblogaeth yw'r holl alelau sy'n bresennol mewn poblogaeth ar unrhyw un adeg. Mae geneteg poblogaeth yn ystyried cyfrannau cymharol y gwahanol alelau, neu **amlderau'r alelau** o fewn y cyfanswm genynnol. Os yw'r amgylchedd yn sefydlog, bydd amlderau'r alelau hefyd yn aros yn sefydlog; fodd bynnag, mae amgylcheddau'n newid ac felly'n cyflwyno gwahanol bwysau dethol, sy'n ffafrio rhai alelau dros rai eraill, felly mae eu hamlder yn cynyddu.

Symudiad genynnol a'r effaith sylfaenydd

Symudiad genynnol yw'r amrywiadau ar hap mewn amlder cymharol alelau mewn poblogaeth. Mae hyn yn digwydd oherwydd *hapsamplu* (pa alelau sy'n cael eu hetifeddu) a *siawns* (bod unigolyn yn goroesi a bridio). Mae symudiad genynnol yn arwain at newidiadau i amlderau alelau dros amser, ac mae ar ei fwyaf arwyddocaol mewn poblogaethau bach neu boblogaethau arunig lle bydd newid yn effeithio ar gyfran lawer fwy o'r boblogaeth gan fod y boblogaeth yn fach, ac felly mae'n gallu bod yn broses esblygol bwysig.

Term Allweddol

Effaith sylfaenydd: colli amrywiad genynnol mewn poblogaeth newydd sydd wedi'i sefydlu gan nifer bach iawn o unigolion o boblogaeth fwy.

Os yw nifer bach o unigolion yn cael eu harunigo ac yn dechrau poblogaeth newydd, e.e. drwy gytrefu ynys newydd, mae sylfaenwyr y boblogaeth newydd yn sampl bach o'r boblogaeth maen nhw wedi dod ohoni, (yr **effaith sylfaenydd**) ac mae symudiad genynnol yn gallu digwydd iddynt. Roedd ymlediad ymaddasol pincod/pilaon Darwin ar Ynysoedd y Galapagos yn enghraifft o hyn.

Egwyddor Hardy-Weinberg

Mae egwyddor Hardy-Weinberg yn datgan, mewn amodau delfrydol, bod amlderau alelau a genoteipiau mewn poblogaeth yn gyson. Dan amodau delfrydol:

- Mae organebau'n ddiploid, mae amlderau alelau'n hafal yn y ddau ryw, maen nhw'n atgenhedlu'n rhywiol ac yn cyplu ar hap, a does dim gorgyffwrdd rhwng cenedlaethau.
- Mae maint y boblogaeth yn fawr iawn, a does dim mudo, mwtaniadau na dethol.

Egwyddor Hardy-Weinberg yw $p^2 + 2pq + q^2 = 1$
Lle mae p yn cynrychioli amlder yr alel trechol, e.e. A
Lle mae q yn cynrychioli amlder yr alel enciliol, e.e. a
Felly mae $p + q = 1$

p^2 = amlder homosygaidd trechol, e.e. AA
$2pq$ = amlder heterosygaidd, e.e. Aa
q^2 = amlder homosygaidd enciliol, e.e. aa

Felly, gallwn ni ddefnyddio'r hafaliad i gyfrifo amlderau alelau a genoteipiau o nifer yr achosion o glefyd, neu nodwedd ffenoteipaidd arall.

Gwella gradd

Cofiwch eich llythrennau p a q!
$p^2 + 2pq + q^2 = 1$ a
$p + q = 1$.

Enghraifft ymarferol

Mae ffibrosis cystig yn gyflwr enciliol sy'n effeithio ar tua 1 o bob 2500 o fabanod. Cyfrifwch amlder yr alel enciliol a chyfran y cludyddion yn y boblogaeth.

$q^2 = \dfrac{1}{2500} = 0.0004$

$q = \sqrt{0.0004} = 0.02$ felly amlder alel (q) = 2%

gan fod $p + q = 1$, $p = 1 - 0.02 = 0.98$

amlder yr heterosygotau (Aa) h.y. 2pq,
felly amlder = $2 \times 0.98 \times 0.02 = 0.0392 = 0.04$ (2 le degol)

$0.04 \times 100 = 4\%$ neu mae 1 o bob 25 yn gludyddion.

ychwanegol

4.4

Mae thalasaemia yn gyflwr genynnol enciliol sy'n golygu bod dioddefwyr yn cynhyrchu rhy ychydig o haemoglobin, sy'n arwain at anaemia. Mae'n cael ei reoli gan un genyn â dau alel. Mae'n effeithio'n bennaf ar bobl o darddiad Mediteranaidd, De Asiaidd, De Ddwyrain Asiaidd a'r Dwyrain Canol, ac mae 4.4 o achosion o'r cyflwr i bob 10 000 o enedigaethau byw ledled y byd mewn blwyddyn. Cyfrifwch gyfran y cludyddion yn y boblogaeth yn yr un flwyddyn.

Detholiad naturiol

Mae organebau'n gorgynhyrchu epil, fel bod llawer o amrywiad ymysg ffenoteipiau'r boblogaeth. Mae newidiadau i amodau amgylcheddol yn dod â phwysau dethol newydd oherwydd cystadleuaeth/ysglyfaethu/clefydau, sy'n newid yr amlder alelau.

Arunigo a ffurfiant rhywogaethau

Ffurfiant rhywogaethau yw esblygiad **rhywogaethau** newydd o rywogaethau sy'n bodoli.

Mae dau fath:

1. **Ffurfiant rhywogaethau alopatrig** – o ganlyniad i arunigo daearyddol, sy'n achosi arunigo atgenhedlu dau is-grŵp (cymdogaeth) o fewn poblogaeth o'r un rhywogaeth, gan atal llif genynnau rhyngddynt. Yn dilyn hyn, mae'r ddwy gymdogaeth yn wynebu gwahanol amodau amgylcheddol sy'n ffafrio gwahanol unigolion yn y ddwy. Ar ôl i filoedd o genedlaethau fyw yn y gwahanol amodau, mae amlderau alelau o fewn y cymdogaethau yn newid o ganlyniad i wahanol fwtaniadau. Os caiff y rhwystr ei dynnu, mae'r ddwy boblogaeth wedi newid cymaint nes nad ydyn nhw'n gallu rhyngfridio mwyach.

2. **Ffurfiant rhywogaethau sympatrig** – arunigo atgenhedlu yn digwydd i boblogaethau sy'n byw gyda'i gilydd am resymau heblaw rhwystr daearyddol, e.e. mae arunigo ymddygiadol yn digwydd mewn anifeiliaid ag ymddygiad carwriaethol cymhleth lle mae unigolion o un isrywogaeth yn methu â denu'r ymateb gofynnol, e.e. crethyll (*sticklebacks*). Mae mecanweithiau eraill yn cynnwys:

   - Arunigo tymhorol lle mae organebau'n cael eu harunigo oherwydd nad yw eu cylchredau atgenhedlu yn cyd-daro, fel eu bod nhw'n ffrwythlon ar wahanol adegau o'r flwyddyn. Mae hyn i'w weld gyda llyffantod, lle mae gan bob un o bedwar math gwahanol ei dymor bridio ei hun, e.e. llyffant y coed, y llyffant rhwydog, y llyffant dringol a'r marchlyffant.
   - Arunigo mecanyddol o ganlyniad i organau cenhedlu anghydnaws.
   - Arunigo gamedol oherwydd methiant gronynnau paill i egino ar stigma neu fethiant sberm i oroesi mewn dwythell wyau, e.e. pryfed ffrwythau.
   - Anhyfywedd croesryw – efallai na wnaiff yr embryo ddatblygu.

» Cofiwch

Mae arunigo atgenhedlu'n gallu bod yn gyn-sygotig (atal gametau rhag asio i ffurfio sygot), neu'n ôl-sygotig (y sygot yn ffurfio ond mae'r organeb sy'n datblygu yn anffrwythlon).

Anffrwythlondeb croesryw

cwestiwn cyflym

㉙ Pam mae anffrwythlondeb croesryw yn digwydd wrth i rywogaethau sy'n perthyn yn agos i'w gilydd ryngfridio?

Mae anffrwythlondeb croesryw yn digwydd pan fydd dwy rywogaeth sy'n perthyn yn agos i'w gilydd yn rhyngfridio ond oherwydd gwahaniaethau i adeiledd neu nifer y cromosomau, dydy'r cromosomau ddim yn gallu paru yn ystod proffas I meiosis ac felly does dim gametau'n ffurfio. Mae hyn yn arwain at epil anffrwythlon.

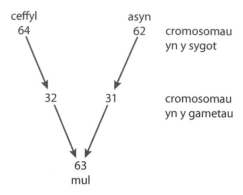

Anffrwythlondeb croesryw mewn mulod

Esblygiad Darwinaidd

cwestiwn cyflym

㉚ Gwahaniaethwch rhwng ffurfiant rhywogaethau alopatrig a sympatrig.

Gwella gradd

Rhaid i chi sôn am alelau, nid genynnau, wrth esbonio esblygiad.

Esblygiad yw'r broses o ffurfio rhywogaethau newydd o rai a oedd yn bodoli eisoes, dros gyfnod hir. Datblygodd Darwin ddamcaniaeth detholiad naturiol ac esblygiad Darwinaidd yn y 19eg ganrif ar ôl arsylwi amrywiad o fewn poblogaeth. Yn fyr:

- Mae organebau'n cynhyrchu gormod o epil, fel bod llawer o amrywiad ymysg genoteipiau'r boblogaeth.
- Mae newidiadau i amodau amgylcheddol yn dod â phwysau dethol newydd oherwydd cystadleuaeth/ysglyfaethu/clefydau.
- Dim ond yr unigolion hynny ag alelau buddiol sy'n cael mantais ddetholus, e.e. lliw tywodlyd y corlwynog sy'n byw ar ddiffeithdir Gogledd Affrica ac Asia, sy'n helpu i ddarparu cuddliw, ac yn cynyddu ei siawns o oroesi.
- Mae'r unigolion hyn, yna'n atgenhedlu'n fwy llwyddiannus na'r rhai heb yr alelau buddiol.
- Mae'r epil yn fwy tebygol o etifeddu'r alelau buddiol.
- Felly, mae amlder yr alel buddiol yn cynyddu o fewn y cyfanswm genynnol.

4.5 Cymwysiadau atgenhedliad a geneteg

Y Project Genom Dynol

Dechreuodd y Project Genom Dynol yn 1990 a chymerodd ddeg mlynedd i'w gwblhau, ond cymerodd lawer mwy o amser i ddadansoddi'r holl ddilyniannau. Prif amcanion y project oedd:

1. Adnabod pob genyn yn y genom dynol a chanfod locws pob un (ei safle ar y cromosom).

2. Canfod dilyniant y 3.6 biliwn o fasau sy'n bresennol yn y genom dynol a'i storio mewn cronfeydd data.

3. Ystyried y materion moesegol, cymdeithasol a chyfreithiol sy'n deillio o storio'r wybodaeth hon.

Fe wnaeth y project ganfod:

- Bod tua 20,500 o enynnau'n bresennol yn y genom dynol.

- Bod niferoedd mawr o ddilyniannau sy'n ailadrodd, sef ailadroddiadau tandem byr (STRs: *short tandem repeats*).

Dilyniannu Sanger

Roedd y project yn defnyddio dull dilyniannu o'r enw 'dilyniannu Sanger' wedi'i enwi ar ôl y gwyddonydd wnaeth ddyfeislo'r dull. Mae'n gweithio drwy ddilyniannu darnau bach o DNA â hyd tuag 800 bas sy'n cael eu creu drwy ddefnyddio **ensymau cyfyngu**. Yna, cafodd DNA polymeras ei ddefnyddio i syntheseiddio edafedd cyflenwol gan ddefnyddio'r **adwaith cadwynol polymeras**. Cafodd pedwar adwaith eu cynnal (un ar gyfer adenin, thymin, cytosin a gwanin), a phob un yn cynnwys niwcleotidau cyflenwol wedi'u marcio â marciwr ymbelydrol, ond roedd cyfran o'r niwcleotidau oedd yn cael eu defnyddio ym mhob adwaith wedi'u haddasu (niwcleotidau stop). Pan oedd rhain yn cael eu rhoi yn yr edefyn cyflenwol, roedden nhw'n atal mwy o synthesis.

Ystyriwch y dilyniant canlynol:

5' AGC**T**AGCCCGG**T**AGACC 3'

Yn yr adwaith thymin, hapddigwyddiad yw cynnwys niwcleotid thymin normal neu niwcleotid stop yn safle bas 4, ond dros lawer o adweithiau, bydd rhai o'r edafedd DNA a gynhyrchwyd yn cynnwys niwcleotid stop ac eraill ddim. Mae'r un peth yn wir am thymin yn safle 12. Canlyniad yr adwaith fydd rhai darnau o DNA 4 bas o hyd a rhai 12. Wrth osod canlyniadau'r holl adweithiau ar gyfer pob niwcleotid ochr wrth ochr ar gel agaros gan ddefnyddio **electrofforesis**, ac yna roi'r gel hwn ar ffilm pelydr-x i ganfod y signal ymbelydrol, gallwn ni ganfod y dilyniant drwy ddarllen y patrwm

Termau Allweddol

Ensymau cyfyngu: ensymau bacteriol sy'n torri DNA ar ddilyniannau basau penodol.

Adwaith cadwynol polymeras: techneg sy'n cynhyrchu nifer mawr o gopïau o ddarnau penodol o DNA, yn gyflym.

Electrofforesis: techneg sy'n gwahanu moleciwlau yn ôl eu maint.

bandio oherwydd bod electrofforesis yn gwahanu darnau o DNA yn ôl eu maint. Wrth weithio o'r gwaelod i fyny, trefn y dilyniant yw A G C T, etc.

Mae dull Sanger yn araf iawn; mae'n cymryd dyddiau i lunio dilyniant manwl gywir o rai miloedd o fasau. Drwy gyflwyno Dilyniannu'r Genhedlaeth Nesaf (*NGS: Next Generation Sequencing*), gallwn ni ddilyniannu genomau cyfan mewn oriau.

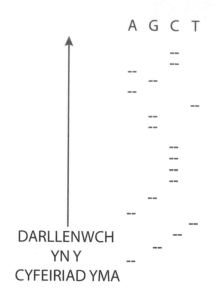

Gel dilyniannu Sanger

cwestiwn cyflym

㉛ Esboniwch sut mae'r dull electrofforesis yn gweithio.

Y Project Genom 100K

Cafodd y project ei lansio yn 2012 gan ddefnyddio NGS, a'i nod yw dilyniannu 100,000 genom o unigolion iach a chleifion â chyflyrau meddygol ledled y Deyrnas Unedig, i weld a oes unrhyw amrywiad rhwng eu dilyniannau basau a chanfod a oes cydberthyniad genynnol. Y gobaith yw cael gwell dealltwriaeth o glefydau a chanfod triniaethau newydd.

Pryderon moesol a moesegol

Bydd angen i gymdeithas benderfynu sut i drin yr holl wybodaeth gaiff ei chasglu yn y Project Genom Dynol a'r Project 100K. Mae rhai pryderon moesegol yn bodoli:

- Os oes gan glaf ragdueddiad genynnol at glefyd penodol, a ddylai'r wybodaeth hon gael ei rhoi i gwmnïau yswiriant bywyd neu iechyd?
- Os caiff perthnasoedd hynafiadol eu canfod, byddai'n bosibl defnyddio hyn i wahaniaethu'n gymdeithasol yn erbyn pobl.
- Os caiff clefydau genynnol eu canfod, mae hyn yn achosi goblygiadau i rieni a phlant y bobl sy'n cael diagnosis. Os caiff plant eu sgrinio, pryd ddylai rhywun ddweud wrthynt os oes ganddyn nhw ragdueddiad, er enghraifft, at glefyd Alzheimer?
- A fyddai modd ymestyn sgrinio embryonau o glefydau genynnol i nodweddion dymunol?
- Sut i sicrhau bod data cleifion yn cael eu storio'n ddiogel.

Y project genom mosgito

Rydym ni wedi dilyniannu genomau organebau eraill, sydd wedi golygu ein bod ni'n gallu canfod perthnasoedd esblygol, e.e. pa mor agos yw'r berthynas rhwng bodau dynol a phrimatiaid. Rydym ni hefyd wedi dilyniannu genom y mosgito *Anopheles gambiae* sy'n gyfrifol am drosglwyddo malaria i tua 200 miliwn o bobl bob blwyddyn, mewn ymgais i leihau gallu'r fector i wrthsefyll pryfeiddiaid. Mae trafodaeth fanylach am falaria ar dudalen 126.

Yn 2015, cafodd technoleg golygu genynnau ei defnyddio i gynhyrchu mosgito a'i enynnau wedi'u haddasu oedd yn gallu cynhyrchu gwrthgyrff yn erbyn y parasit *Plasmodium* mae'n ei drosglwyddo. Er na chaiff y mosgito ei ryddhau i'r gwyllt, mae'n gam cyffrous ymlaen o ran rheoli malaria.

Mae ymdrechion eraill i reoli malaria wedi canolbwyntio ar y parasit, *Plasmodium*. Mae hwnnw wedi datblygu ymwrthedd i lawer o'r cyffuriau rydym ni'n eu defnyddio i'w drin, e.e. atofacwon, lariwm, artimesinin, ond y gobaith yw y gallwn ni ddatblygu cyffuriau newydd ar ôl dilyniannu genom y parasit.

Adwaith cadwynol polymeras (PCR)

Gan ddefnyddio techneg yr adwaith cadwynol polymeras (PCR: *polymerase chain reaction*), mae modd gwneud nifer mawr o gopïau o ddarnau penodol o DNA yn gyflym. O bob edefyn DNA, mae'n bosibl i gynhyrchu mwy na biliwn o gopïau mewn rhai oriau.

Mae angen y canlynol ar gyfer y PCR:

- DNA polymeras sy'n sefydlog mewn gwres o'r bacteriwm *Thermus aquaticus*, sy'n byw mewn tarddellau poeth.
- Darnau byr un edefyn o DNA o'r enw **paratowyr** (6–25 bas o hyd) sy'n gweithredu fel man cychwyn i'r DNA polymeras, ac sy'n gyflenwol i'r man cychwyn ar yr edefyn DNA dan sylw.
- Deocsiriboniwcleotidau sy'n cynnwys y pedwar bas gwahanol.
- Byffer.

Yn ystod yr adwaith, rydym ni'n defnyddio cylchydd thermol i newid y tymheredd yn gyflym.

1. Cam 1 – gwresogi i 95 °C i wahanu'r edafedd DNA drwy dorri'r bondiau hydrogen rhwng y ddau edefyn DNA cyflenwol.
2. Cam 2 – oeri i 50–60 °C i adael i'r paratowyr gydio drwy gyfrwng paru basau cyflenwol (anelio).
3. Cam 3 – gwresogi i 70 °C i adael i'r DNA polymeras uno niwcleotidau cyflenwol (ymestyn).
4. Ailadrodd 30–40 gwaith.

Mae rhai cyfyngiadau i'r PCR:

- Mae unrhyw halogiad yn cael ei fwyhau (copïo) yn gyflym.
- Weithiau, mae DNA polymeras yn gallu ymgorffori'r niwcleotid anghywir (tuag unwaith bob 9000 niwcleotid).
- Dim ond darnau bach mae'n gallu eu copïo (hyd at rai miloedd o fasau).
- Mae effeithlonrwydd yr adwaith yn lleihau ar ôl tua 20 cylchred, wrth i grynodiadau'r adweithyddion leihau, a'r cynnyrch gynyddu.

Term Allweddol

Paratöwr: edefyn DNA unigol byr rhwng 6 a 25 bas o hyd, sy'n gyflenwol i'r dilyniant basau ar un pen i dempled DNA un edefyn, ac sy'n gweithio fel man cychwyn i DNA polymeras i gydio ynddo.

≫ **Cofiwch**

Bydd 30 cylchred o PCR yn cynhyrchu 2^{30} o gopïau o DNA – mae hynny dros 1 biliwn!

cwestiwn cyflym

(32) Pam mae angen gostwng y tymheredd i 50–60 °C yn ystod y PCR?

Gwella gradd

Mae'n bwysig eich bod chi'n gwybod beth sy'n digwydd yn ystod pob un o dri cham y PCR a pha dymheredd sydd ei angen i gyflawni hyn.

Proffilio genynnol

Digwyddodd datblygiad pwysig yng nghanol yr 1980au pan lwyddodd yr Athro Alec Jeffreys ym Mhrifysgol Caerlŷr i ddefnyddio'r nifer o rannau newidiol o DNA sydd ddim yn codio ar gyfer asidau amino, sef yr **ailadroddiadau tandem byr (STR)**, i gynhyrchu proffil genynnol. Microloerenni oedd yr enw ar y rhannau hyn, ac mae miloedd ohonyn nhw wedi'u gwasgaru drwy'r cromosomau i gyd. Mae unigoliaeth yn deillio o'r nifer o weithiau mae'r darnau hyn yn ailadrodd. Yna, gallwn ni ddefnyddio PCR i fwyhau dilyniannau microloeren penodol o samplau bach iawn o DNA sydd wedi'u gadael mewn safle trosedd.

Un enghraifft o STR yw D7S280, dilyniant sy'n ailadrodd ac sy'n bodoli ar gromosom dynol 7. Mae dilyniant DNA alel cynrychiadol o'r locws hwn i'w weld isod. Dilyniant ailadrodd tetramerig D7S280 yw 'gata'. Mae gan wahanol alelau'r locws hwn rhwng 6 ac 15 o ailadroddiadau tandem o'r dilyniant 'gata', felly yr amlaf mae'n ailadrodd, y mwyaf fydd y darn o DNA.

1   aatttttgta ttttttttag agacggggtt tcaccatgtt ggtcaggctg actatggagt
61   tattttaagg ttaatatata taaagggtat gatagaacac ttgtcatagt ttagaacgaa
121   ctaac**gatag atagatagat agatagatag atagatagat agatagatag atagata**gat
181   tgatagtttt tttttatctc actaaatagt ctatagtaaa catttaatta ccaatatttg
241   gtgcaattct gtcaatgagg ataaatgtgg aatcgttata attcttaaga atatatattc
301   cctctgagtt tttgatacct cagattttaa ggcc

Yn yr enghraifft uchod, mae '**gata**' mewn teip trwm yn ailadrodd 13 gwaith, felly maint y darn DNA sydd wedi'i gynhyrchu bydd 13 × 4 bas = 52 pb. Ar hyn o bryd, rydym ni'n defnyddio deg gwahanol ddilyniant microloeren i greu proffil genynnol unigryw yn y Deyrnas Unedig (13 yn Unol Daleithiau America). Pan mae'r darnau gwahanol faint hyn yn cael eu delweddu ag electrofforesis gel, maen nhw'n creu patrwm bandio unigryw. Rydym ni'n aml yn defnyddio ethidiwm bromid i ddelweddu DNA oherwydd ei fod yn gorymddwyn â DNA (mewnosod rhwng y parau o fasau) ac yn fflworoleuo o dan olau uwchfioled.

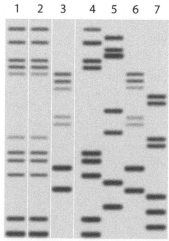

Proffilio genynnol   © N. Roberts

Electrofforesis gel

Dull o wahanu darnau o DNA yn ôl eu maint yw electrofforesis gel.

Mae'r gel sy'n cael ei ddefnyddio wedi'i wneud o agaros (y prif bolysacarid mewn agar) ac mae mandyllau yn ei fatrics. Rydym ni'n llwytho samplau DNA ac yn rhoi foltedd ar draws y gel. Mae DNA yn cael ei atynnu at yr electrod positif oherwydd y wefr negatif ar ei grwpiau ffosffad.

Mae darnau llai yn symud yn rhwyddach drwy'r mandyllau yn y gel ac felly'n teithio'n bellach na darnau mawr yn yr un amser. Gallwn ni amcangyfrif maint y darnau drwy ddadansoddi sampl o ddarnau DNA o faint hysbys (sef ysgol DNA) ar yr un pryd â'r samplau.

Gallwn ni hefyd ddefnyddio **chwiliedyddion** DNA i ddod o hyd i ddilyniannau DNA o ddiddordeb mewn darnau o DNA. Mae chwiliedyddion, sef darnau o DNA un edefyn sy'n cynnwys olinydd ymbelydrol (^{32}P) neu label fflwroleuol, wedi'u dylunio i fod yn gyflenwol i ddarn o'r dilyniant dan sylw. Pan mae'r chwiliedydd yn cael ei olchi dros y gel, mae'n rhwymo wrth y niwcleotidau cyflenwol sydd wedi'u datgelu mewn proses o'r enw **croesrywedd DNA**. Yna, rydym ni'n adnabod y darn o DNA sy'n cynnwys y dilyniant dan sylw yn ôl ei fflwroleuedd neu ei signal ymbelydrol. I ganfod signal ymbelydrol, rydym ni'n trosglwyddo'r DNA o'r gel i bilen neilon, ac yna'n rhoi'r bilen ar ffilm pelydr-X, i gynhyrchu awtoradiograff.

Defnyddio proffilio genynnol – proffilio DNA

Mae proffilio DNA yn broses anymwthiol (*non-invasive*) sy'n defnyddio samplau gwallt neu swab ceg i gasglu digon o DNA i'w fwyhau ymhellach â PCR. Mae'r broses wedi cael ei defnyddio'n llwyddiannus i ddarparu tystiolaeth mewn achosion troseddol, ac mewn nifer o sefyllfaoedd eraill:

- I roi tystiolaeth fforensig i gadarnhau neu ddiystyru pobl dan amheuaeth, neu i adnabod gweddillion dynol.
- I brofi tadolaeth, neu mewn achosion prin, mamolaeth. Yma, mae proffil genynnol y plentyn wedi'i wneud o elfennau o broffiliau genynnol y ddau riant. Mae hefyd wedi cael ei ddefnyddio i adnabod brodyr a chwiorydd.
- Mewn ceisiadau mewnfudo lle mae gan riant a phlant hawl i aros mewn gwlad.
- Astudiaethau esblygol lle gallwn ni ymchwilio i'r berthynas rhwng rhywogaethau i awgrymu cysylltiadau esblygol.

Dydy proffilio DNA ddim yn gallu rhoi sicrwydd llwyr: ar ei orau, mae gan broffil genynnol siawns 1 mewn 1 biliwn y gallai rhywun arall fod â'r un proffil, sy'n dal i adael rhywfaint o ansicrwydd. Mae pryderon moesegol a chyfreithiol ynglŷn â storio proffiliau DNA mewn asiantaethau fel yr heddlu, neu ddarparwyr yswiriant iechyd, a storio data personol yn ddiogel. Yn aml mae achosion troseddol yn dibynnu gormod ar dystiolaeth DNA i brofi euogrwydd, yn hytrach nag i ategu tystiolaeth arall: gallai sampl DNA positif o safle trosedd ddynodi'n gryf bod unigolyn penodol yn bresennol, ond nid o reidrwydd mai'r unigolyn hwnnw gyflawnodd y drosedd.

Termau Allweddol

Chwiliedydd: darn byr o DNA sydd wedi'i labelu â marciwr fflworoleuol neu ymbelydrol, sy'n cael ei ddefnyddio i ganfod presenoldeb dilyniant basau penodol mewn darn arall o DNA, drwy baru basau cyflenwol.

Croesrywedd DNA: moleciwlau DNA un edefyn sy'n anelio â DNA cyflenwol.

cwestiwn cyflym

(33) Pam mae DNA yn mudo tuag at yr electrod positif yn ystod electrofforesis?

Termau Allweddol

DNA ailgyfunol: DNA sy'n cael ei gynhyrchu drwy gyfuno DNA o ddwy wahanol rywogaeth.

Trawsenynnol: organeb a'i genynnau wedi'u haddasu drwy ychwanegu genyn neu enynnau o rywogaeth arall.

» Cofiwch

Mae ensymau cyfyngu yn cael eu henwi ar ôl y bacteria maen nhw wedi'u harunigo ohonynt, e.e. *mae EcoR1* yn dod o *E. coli*.

Peirianneg enynnol

Mae peirianneg enynnol yn ein galluogi ni i drin genynnau, eu haddasu nhw neu eu trosglwyddo nhw o un organeb neu rywogaeth i un arall, gan wneud organeb a'i genynnau wedi'u haddasu (GMO: *genetically modified organism*). Mae'r broses wedi'i defnyddio'n llwyddiannus i gynhyrchu inswlin drwy fewnosod genyn inswlin dynol mewn bacteria, i gynhyrchu cnydau sy'n gallu gwrthsefyll clefydau, ac yn rhannol lwyddiannus i leddfu symptomau rhai clefydau genynnol, e.e. dystroffi cyhyrol Duchenne (DCD).

Wrth gyfuno deunydd genynnol dwy rywogaeth wahanol, y canlyniad yw **DNA ailgyfunol**, ac os caiff DNA rhoddwr ei fewnosod mewn organeb arall, bydd yr organeb yn **drawsenynnol**. Ensymau cyfyngu yw'r prif offer rydym ni'n eu defnyddio ym maes peirianneg enynnol.

Ensymau cyfyngu

Ensymau bacteriol yw ensymau cyfyngu (endoniwcleasau cyfyngu), ac maen nhw'n torri unrhyw DNA estron sy'n mynd i mewn i gell yn ddarnau. Pan mae ensym cyfyngu'n gwneud toriad, mae'r toriad yn gallu bod yn igam-ogam ac mae darnau byr, un edefyn ar y ddau ben. Rydym ni'n galw'r darnau hyn yn 'bennau gludiog'. Weithiau, mae'r ensymau hyn yn torri DNA rhwng dilyniannau basau penodol sy'n cael eu hadnabod gan yr ensym, heb adael 'pen gludiog'. Rydym ni'n galw'r rhain yn 'dorwyr pŵl':

```
A | A  G  C  T  T
                        Torrwr 'gludiog'
T  T  C  G  A | A
```

```
G  G | C  C
                  Torrwr 'pŵl'
C  C | G  G
```

Mathau o doriad mae gwahanol ensymau cyfyngu'n eu gwneud

Defnyddio ensymau cyfyngu i fewnosod genyn mewn plasmid

Cyn cyflwyno PCR, roedd modd mwyhau DNA drwy ei fewnosod mewn plasmid bacteria. Pan mae'r bacteriwm sy'n cynnwys y plasmid yn rhannu, mae'r plasmid (a'r DNA sydd wedi'i fewnosod ynddo) yn cael ei gopïo. Heddiw, rydym ni'n defnyddio mwy ar y broses o fewnosod genynnau mewn plasmidau bacteria er mwyn mynegi'r genyn dan sylw a chasglu'r cynnyrch mae'n ei wneud, e.e. inswlin dynol. Fel arfer rydym ni'n canfod genynnau o ddiddordeb drwy ddefnyddio chwiliedyddion DNA, ac yn defnyddio ensymau cyfyngu i'w torri nhw allan o'r sampl DNA. Mae llawer o enynnau ewcaryotig yn cynnwys intronau (rhannau sydd ddim yn codio), felly byddai'r dull hwn hefyd yn cael gwared ar yr intronau a fyddai'r genyn ddim yn cael ei fynegi.

1 2il farciwr e.e. Lac Z, sy'n cael ei aflonyddu pan gaiff y plasmid ei dorri ar agor

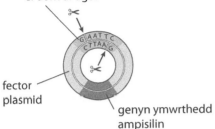

fector plasmid

genyn ymwrthedd ampisilin

2 'pennau gludiog'

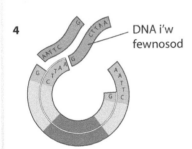

3

DNA i'w fewnosod

4

DNA i'w fewnosod

5

2il farciwr e.e. Lac Z, ddim yn weithredol mwyach

Mewnosod genyn mewn plasmid bacteria

1. Mae'r plasmid bacteria yn cynnwys dau enyn marcio: mae'r cyntaf yn rhoi'r gallu i wrthsefyll ampisilin, felly bydd unrhyw facteria sy'n cynnwys y plasmid yn gallu tyfu ar blât agar ag ampisilin arno, ac rydym ni'n defnyddio twf y rhain i gadarnhau bod y bacteria wedi derbyn y plasmid. Mae'r ail farciwr yn defnyddio genyn sydd ddim yn gweithio os oes DNA wedi'i fewnosod yn llwyddiannus ynddo, ac rydym ni'n defnyddio hwn i gadarnhau bod y genyn targed wedi'i fewnosod.

2. Torri'r plasmid ag ensym cyfyngu i agor y plasmid.

3. Torri'r DNA neu enyn estron â'r un ensym cyfyngu i sicrhau pennau gludiog cyflenwol.

4. Mewnosod DNA gan ddefnyddio ensym **DNA ligas** sy'n uno esgyrn cefn siwgr-ffosffad y ddau ddarn o DNA gyda'i gilydd.

5. I sicrhau bod gan y bacteria blasmid â genyn y rhoddwr ynddo, rydym ni'n defnyddio'r ail enyn marcio, e.e. genyn Lac Z. Mae'r genyn Lac Z yn metaboleiddio x-gal gan ei droi o ddi-liw i las. Bydd plasmidau â genyn Lac Z anactif (sydd felly'n cynnwys DNA wedi'i fewnosod) yn edrych yn las os caiff x-gal ei daenu ar y plât, oherwydd dydyn nhw ddim yn gallu ei fetaboleiddio.

Term Allweddol

DNA ligas: ensym bacteriol sy'n uno esgyrn cefn siwgr-ffosffad dau foleciwl DNA â'i gilydd.

Gwella gradd

Mae'n bwysig gwybod beth yw swyddogaeth y ddau enyn marcio.

cwestiwn cyflym

㉞ Esboniwch swyddogaeth yr ail enyn marcio yn y plasmid.

ychwanegol

4.5

Mae'r diagram isod yn dangos plasmid bacteria 4400 bas o hyd, a'r safleoedd lle mae chwech o wahanol ensymau cyfyngu yn ei dorri, e.e. mae safle *Pst1* 35 pâr basau oddi wrth safle *EcoR*1. Defnyddiwch y diagram i ateb y cwestiynau canlynol:

a) Os yw'r plasmid yn cael ei dorri â phob un o'r chwech ensym cyfyngu:

   i. Faint o ddarnau sy'n cael eu cynhyrchu?

   ii. Beth yw maint y darn lleiaf?

   iii. Beth yw maint y darn sy'n cael ei gynhyrchu gan EcoR1 a Bal1?

b) Mae un genyn yn cael ei ganfod rhwng 1515 a 2140 bas yn y plasmid. Pa ensymau cyfyngu fyddai angen eu defnyddio i dynnu'r genyn gyda chyn lleied â phosibl o fasau ychwanegol?

> **≫ Cofiwch**
>
> Os yw'r ensym yn torri darn syth o DNA unwaith, mae'n cynhyrchu dau ddarn. Os ydych chi'n torri darn crwn o DNA unwaith, rydych chi'n cael un darn llinol.

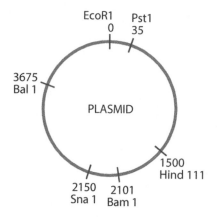

Plasmid bacteria yn dangos safleoedd torri ensym cyfyngu

c) Os yw'r dilyniant DNA canlynol yn cael ei dorri â Bam 1 a Pst 1, faint o ddarnau mae'n eu cynhyrchu? Mae dilyniannau adnabod Bam 1 a Pst 1 wedi'u dangos. Esboniwch eich ateb gan ddangos y darnau sy'n cael eu cynhyrchu.

GATTCCCTAGGATCGAAGTCGGGTTTAAA
CGAAGGGATCCTAGCTTCAGCCCAAATTT

Bam 1	C|CTAGG	Pst 1	G|ACGTC
	GGATC|C		CTGCA|G

Defnyddio transgriptas gwrthdro

Mae llawer o enynnau ewcaryotig yn cynnwys intronau, ac mae nhw'n anodd eu canfod o blith 3.6 biliwn o fasau ar draws 46 o gromosomau. I ddatrys y broblem hon, mae gwyddonwyr wedi troi at ensym arall, **transgriptas gwrthdro**, sy'n cynhyrchu DNA cyflenwol neu gopi (cDNA) o dempled mRNA. Drwy dargedu celloedd β yn y pancreas, mae yna gyfran uchel o DNA aeddfed sy'n codio ar gyfer inswlin, a gallwn ni echdynnu hwn a'i drawsgrifio'n wrthdro i ffurfio cDNA. I sicrhau'r mynegiad cywir yn y bacteria, mae rheolydd bacteria yn cael ei ddefnyddio yn lle'r dilyniant rheolydd dynol (sy'n rheoli mynegiad genynnau), ac mae'r cDNA yn cael ei fewnosod yn y plasmid gan ddefnyddio ensymau cyfyngu a ligas fel sydd i'w weld isod. Unwaith mae'r inswlin yn cael ei fynegi yn y celloedd bacteria, gallwn ni ei buro i'w ddefnyddio.

> ### Term Allweddol
> **Transgriptas gwrthdro**: ensym sy'n cynhyrchu DNA o dempled RNA.

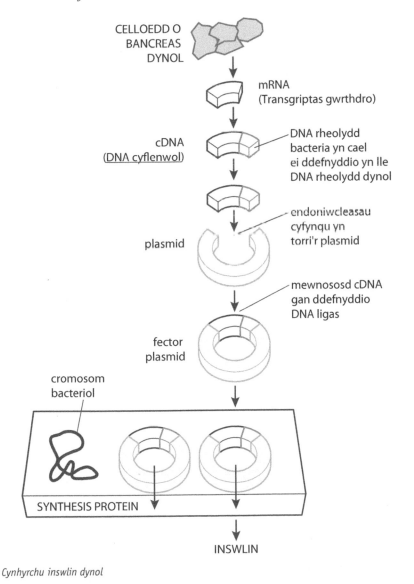

Cynhyrchu inswlin dynol

> ## ≫ Cofiwch
> Does gan brocaryotau ddim intronau yn eu DNA felly mae'r broses hon yn darparu DNA heb intronau i'w fewnosod.

> ### cwestiwn cyflym
> ㉟ Beth yw cDNA a sut mae'n cael ei wneud?

> ### cwestiwn cyflym
> ㊱ Beth yw swyddogaeth DNA ligas yn y broses o gynhyrchu inswlin dynol?

> ### cwestiwn cyflym
> ㊲ Awgrymwch un o fanteision defnyddio mRNA yn hytrach na DNA wrth gynhyrchu inswlin dynol.

Gwella gradd

Byddwch yn ofalus gyda manteision, anfanteision a pheryglon: Mae perygl yn fwy difrifol nag anfantais!

Cofiwch

Cofiwch un fantais, un anfantais ac un perygl ar gyfer GM.

Manteision ac anfanteision peiriannu genynnol bacteria

Manteision:

- Caniatáu cynhyrchu proteinau neu beptidau cymhleth nad ydym ni'n gallu eu gwneud drwy ddulliau eraill.
- Cynhyrchu cynhyrchion meddyginiaethol, e.e. inswlin dynol, ffactor ceulo ffactor VIII. Mae'r rhain yn llawer mwy diogel na defnyddio hormonau wedi'u hechdynnu o anifeiliaid eraill neu o roddwyr. Cafodd llawer o bobl â haemoffilia yn y Deyrnas Unedig eu heintio â HIV yn ystod yr 1980au oherwydd echdynion ffactor VIII.
- Gallwn ni eu defnyddio nhw i wella twf cnydau – cnydau GM.
- Rydym ni wedi defnyddio bacteria GM i drin pydredd dannedd oherwydd eu bod nhw'n cystadlu'n well na'r bacteria sy'n cynhyrchu asid lactig sy'n arwain at bydredd dannedd.

Anfanteision:

- Mae'n dechnegol gymhleth ac felly mae'n ddrud iawn ar raddfa ddiwydiannol.
- Mae anawsterau'n gysylltiedig ag adnabod y genynnau o werth mewn genom enfawr.
- I syntheseiddio'r protein gofynnol, gall fod angen llawer o enynnau, a phob un yn codio ar gyfer polypeptid.
- Mae trin DNA dynol ag ensym cyfyngu yn cynhyrchu miliynau o ddarnau sydd ddim yn ddefnyddiol.
- Fydd pob genyn ewcaryot ddim yn mynegi ei hun mewn celloedd procaryot.

Peryglon:

- Mae bacteria'n cyfnewid defnydd genynnol yn rhwydd, e.e. wrth ddefnyddio genynnau ymwrthedd i wrthfiotigau mewn *E. coli* gallai'r genynnau hyn gael eu trosglwyddo ar ddamwain i *E. coli* sydd yn y coludd dynol, neu i facteria pathogenaidd eraill.
- Y posibilrwydd o drosglwyddo oncogenynnau drwy ddefnyddio darnau o DNA dynol, sy'n cynyddu'r risg o ganser.

Cnydau GM

Mae defnyddio cnydau GM yn beth cyffredin yn UDA ac mae'n ehangu yn yr UE, Brasil, India a gwledydd eraill. Dydy manteision ac anfanteision pob cnwd GM ddim wedi'u profi'n llawn. Y cnwd mwyaf cyffredin a'i enynnau wedi'u haddasu sy'n cael ei dyfu yw soia. Mae enghreifftiau o gnydau GM yn cynnwys:

- Cnydau sy'n gwrthsefyll pryfed gan ddefnyddio genyn sy'n codio ar gyfer tocsin o'r bacteria *Bacillus thuringiensis (Bt)*.
- Cnydau sy'n gallu goddef chwynladdwyr fel glyffosad (Roundup™) neu glwffosinad amoniwm (Liberty™).
- Cnydau sy'n gallu gwrthsefyll pryfed Bt a goddef chwynladdwyr.
- Cnydau ag ymwrthedd i firysau.

Trawsffurfio planhigion ag *Agrobacterium tumifaciens*

1. Echdynnu plasmid o'r *A. tumifaciens*.

2. Defnyddio ensym cyfyngu i dorri'r plasmid a thynnu'r genyn sy'n ffurfio tiwmor.

3. Canfod darn o DNA sy'n cynnwys genyn sy'n rhoi'r gallu i wrthsefyll clefyd a'i arunigo gan ddefnyddio'r un endoniwcleas cyfyngu.

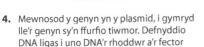

4. Mewnosod y genyn yn y plasmid, i gymryd lle'r genyn sy'n ffurfio tiwmor. Defnyddio DNA ligas i uno DNA'r rhoddwr a'r fector at ei gilydd.

genyn sy'n rhoi'r gallu i wrthsefyll clefyd → Mewnosod y plasmid yn ôl yn y bacteriwm.

5. Cyflwyno'r gell facteriol i gell planhigyn. Mae'r gell facteriol yn rhannu a chaiff y genyn ei fewnosod mewn cromosom planhigyn.

6. Tyfu celloedd planhigyn trawsenynnol mewn meithriniad meinwe ac atffurfio planhigion wedi'u trawsffurfio.

Gwneud planhigion wedi'u trawsffurfio sydd ag ymwrthedd i glefydau

Buddion cnydau GM:

- Cyfraddau twf uwch, e.e. mae adroddiadau am gynnyrch cnwd uchel ar gyfer cotwm a soia, ond efallai nad yw'r rhain wedi'u cynnal.
- Gwell gwerth maethol, e.e. mae llawer o ragsylweddyn fitamin A mewn Reis Euraidd.
- Mwy o ymwrthedd i blâu, e.e. Bt-india-corn.
- Hawdd eu rheoli, e.e. defnyddio chwynladdwyr ar gnydau ymwrthol.
- Goddef amodau anffafriol, e.e. mae cnydau cotwm ac ŷd sy'n gallu gwrthsefyll sychder yn cael eu datblygu.

Pryderon am gnydau GM:

- Halogiad genynnol, e.e. paill o gnydau GM yn cael ei drosglwyddo i gnydau eraill sy'n gallu arwain at ddatblygu arch-chwyn (*superweeds*) e.e. glwffosinad – math o had olew ymwrthol sydd wedi'i drawsfridio â'r chwynnyn mwstard gwyllt i gynhyrchu chwynnyn ymwrthol i chwynladdwyr.
- Camddefnyddio plaleiddiaid, e.e. gorddefnyddio'r chwynladdwr Roundup ar soia Roundup™-barod.
- Corfforaethau'n rheoli amaethyddiaeth, e.e. rheoli cyflenwad hadau i ffermwyr.

Peryglon:

- Bygythiadau i fioamrywiaeth o drosglwyddo paill GM i blanhigion gwyllt sy'n gallu newid cyfansymiau genynnol naturiol. Gallai hyn arwain at ostyngiad mewn bioamrywiaeth.
- Effeithiau anhysbys bwyta protein newydd sy'n cael ei gynhyrchu yn y cnydau.

Gwella gradd

Dylech chi ddisgwyl cwestiwn yn gofyn i chi esbonio'r risgiau sy'n gysylltiedig â chynhyrchu cnydau GM, gan gynnwys yr effaith ar yr amgylchedd.

cwestiwn cyflym

㊳ Beth yw'r prif bryder ynglŷn â'r paill o gnydau GM?

Sgrinio genynnau a therapi genynnau

Mae clefydau genynnol yn cynnwys cyflyrau un genyn, e.e. dystroffi cyhyrol Duchenne a ffibrosis cystig, anhwylderau cromosomau, e.e. syndrom Down, a chyflyrau aml-ffactor lle mae genynnau diffygiol yn rhannol gyfrifol, e.e. clefyd Alzheimer.

Sgrinio genynnau

Drwy sgrinio ar gyfer cyflyrau genynnol, gallwn ni roi diagnosis a thriniaeth gywir, adnabod pobl sy'n wynebu risg o gyflyrau y gellir eu hatal, profi cyn i symptomau ymddangos am anhwylderau sy'n ymddangos mewn oedolion, e.e. clefyd Alzheimer, a helpu teuluoedd i gynllunio er mwyn osgoi trosglwyddo cyflyrau i blant, e.e. clefyd Tay-Sachs, sy'n gyffredin ymysg Iddewon Ashcenasi. Gellir cynnal profion sgrinio ar rieni, embryonau IVF cyn eu mewnblannu, ffoetysau yn ystod beichiogrwydd (profi cyn-geni) a babanod newydd-anedig. Mae'r sgrinio'n cynnwys sesiynau gyda chwnselydd geneteg i sicrhau bod pobl yn deall y goblygiadau'n llawn. Mae yna bryderon ynglŷn â storio a defnyddio gwybodaeth profion genynnol, e.e. darparu gofal iechyd neu yswiriant bywyd, a'r posibilrwyd o wahaniaethu yn erbyn pobl.

Therapi genynnau

Nod therapi genynnau yw trin clefyd genynnol drwy ddisodli genynnau diffygiol mewn claf â chopïau o ddilyniant DNA newydd, ond mae'r driniaeth hefyd yn gallu cynnwys defnyddio cyffuriau i ddyblygu swyddogaethau genynnau.

Dau ddull posibl:

1. Therapi celloedd somatig – trosglwyddo'r genynnau therapiwtig i gelloedd somatig (corffgelloedd) claf. Bydd unrhyw addasiadau ac effeithiau wedi'u cyfyngu i'r claf unigol yn unig; fyddan nhw ddim yn cael eu trosglwyddo drwy'r gametau. Mae DNA yn cael ei gyflwyno i gelloedd targed gan fector, e.e. plasmid neu firws. Er enghraifft, defnyddio liposomau sy'n cynnwys copïau o'r alel normal i drin ffibrosis cystig.

2. Therapi celloedd llinach – addasu sberm neu wyau drwy gyflwyno genynnau gweithredol, sy'n cael eu hintegreiddio yn eu genomau. Byddai hyn yn golygu y gallai'r therapi fod yn etifeddol a chael ei drosglwyddo i genedlaethau diweddarach. Mae hyn yn brin am resymau moesegol a thechnegol.

Mae dystroffi cyhyrol Duchenne (DCD) yn fath o ddystroffi cyhyrol sy'n enciliol ac yn gysylltiedig â rhyw, ac mae'n effeithio ar tuag un o bob 3500 o enedigaethau gwrywol byw. Mae'n cael ei achosi gan fwtaniad yn y genyn dystroffin sy'n golygu bod y corff yn methu cynhyrchu dystroffin, cydran adeileddol bwysig mewn meinwe cyhyr. O ganlyniad, mae'r cyhyrau'n nychu'n ddifrifol ac mae dioddefwyr yn aml yn gorfod defnyddio cadair olwyn erbyn iddyn nhw gyrraedd eu harddegau, a dim ond 27 yw'r disgwyliad oes. Mae cyffur o'r enw drisapersen wedi cael ei ddatblygu gyda'r nod o drin DCD drwy gyflwyno 'darn moleciwlaidd' dros yr ecson â'r mwtaniad fel bod modd darllen y genyn eto. Mae math byrrach o ddystroffin yn cael ei gynhyrchu, ond rydym ni'n meddwl bod hwn yn gweithio'n well na'r fersiwn heb ei drin. Neidio ecsonau yw'r math hwn o driniaeth.

≫ Cofiwch

Dydy therapi celloedd somatig ddim wedi bod yn llwyddiant llwyr.

Gwella gradd

Dim ond therapi celloedd llinach sy'n barhaol, ond mae'n faes dadleuol iawn.

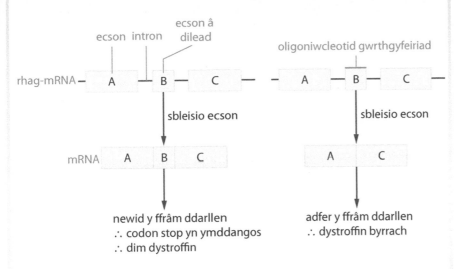

Neidio ecsonau

Mae ffibrosis cystig yn cael ei achosi gan alel enciliol sy'n codio ar gyfer ffurf fwtan ar y rheolydd trawsbilennol ffibrosis cystig (CFTR: *cystic fibrosis transmembrane regulator*). O ganlyniad, dydy'r protein pilen ddim yn gallu cludo ïonau clorid allan o gelloedd, ac mae'r mwcws sy'n gorchuddio'r meinweoedd epithelaidd yn aros yn drwchus ac yn ludiog oherwydd dydy'r potensial dŵr ddim yn cael ei ostwng gan bresenoldeb ïonau clorid sy'n tynnu dŵr i mewn i'r mwcws drwy gyfrwng osmosis. Felly, mae cleifion â ffibrosis cystig yn dioddef mwcws trwchus sy'n blocio bronciolynnau ac alfeoli, gan arwain at heintiau dro ar ôl tro. Mae mwcws hefyd yn blocio'r dwythellau pancreatig, sy'n arwain at dreulio bwyd yn wael. Mae therapi genynnau wedi cynnwys mewnosod y genyn CFTR iach mewn **liposom** sydd yna'n cael ei roi i'r claf drwy gyfrwng aerosol. Mae'r liposomau'n asio â'r cellbilenni sy'n leinio'r bronciolynnau, gan adael i DNA fynd i mewn i'r gell a chael ei drawsgrifio. Gan fod celloedd epithelaidd newydd yn ffurfio drwy'r amser, dim ond triniaeth yw hyn ac mae'n rhaid ailadrodd y broses.

Term Allweddol

Liposom: sffêr ffosffolipid gwag sy'n cael ei ddefnyddio fel fesigl i gludo moleciwlau i mewn i gell.

cwestiwn cyflym

(39) Esboniwch pam byddai hi hefyd yn bosibl defnyddio firws annwyd cyffredin wedi'i addasu i gyflwyno copïau o'r alel CFTR normal.

Effeithiolrwydd therapi genynnau

Mae'r canlyniadau'n amrywio, ac yn aml mae'n rhaid ailadrodd y therapi, felly dydy'r therapi ddim yn gwella'r cyflwr yn barhaol. Mae methiant yn digwydd oherwydd yn aml dydy'r plasmid ddim yn cael ei dderbyn, a hyd yn oed os yw'n cael ei dderbyn, dydy'r genyn sydd ynddo ddim yn cael ei fynegi bob amser.

Genomeg a gofal iechyd

Genomeg yw astudiaeth adeiledd, swyddogaeth ac esblygiad genomau, a'u mapio nhw, e.e. y Project Genom Dynol a'r Project 100K. Dylai genomeg ein galluogi ni i wella gofal iechyd yn y ffyrdd canlynol:

- Rhoi diagnosis cywirach o glefydau.
- Rhagfynegi effeithiau cyffuriau'n well a dylunio cyffuriau'n well. Mae

cleifion unigol yn metaboleiddio cyffuriau mewn gwahanol ffyrdd, felly mae'n bwysig gwybod a fydd cyffur yn effeithiol, ac os bydd, beth fyddai'r dos effeithiol diogel.

- Triniaethau newydd a gwell ar gyfer clefydau o ganlyniad i ddeall biocemeg clefydau'n well, h.y. y proteinau diffygiol sy'n cael eu cynhyrchu.

Ar ôl cyflwyno technoleg dilyniannu'r genhedlaeth nesaf, efallai y bydd hi'n bosibl edrych ar deilwra therapïau i gleifion unigol a rhoi triniaeth unigryw i unigolyn ar gyfer clefyd cyffredin.

Peirianneg meinwe

Y feinwe drwyddedig gyntaf wedi'i pheiriannu, yn 1998, oedd croen artiffisial o'r enw 'Apligraf' oedd yn cael ei ddefnyddio yn lle impiad croen (*skin graft*) ar gyfer cleifion â llosgiadau. Roedd ffibroblastau yn cael eu tynnu o gelloedd y croen ac roedd eu hoes yn cael ei hymestyn drwy hwyhau'r telomerau sy'n bresennol ac sydd fel rheol yn byrhau gyda phob cellraniad, ac felly'n cyfyngu ar farwoldeb y gell. Roedd y celloedd hyn yn cael eu 'hadu' ar sgaffald, sef ffurfiad artiffisial sy'n gallu cynnal twf meinwe 3D. Rhaid i sgaffaldiau ganiatáu trylediad maetholion a chynhyrchion gwastraff, caniatáu i gelloedd gydio â'i gilydd a symud, a rhaid iddyn nhw allu cael eu diraddio a'u hamsugno gan y meinweoedd o'u cwmpas wrth iddyn nhw dyfu.

Mae meithriniad meinwe yn cael ei ddefnyddio i dyfu niferoedd mawr o gelloedd genynnol unfath yn gyflym o un rhiant-gell; clonio therapiwtig yw hyn. Prif fantais hyn yw ei fod yn defnyddio celloedd y claf, felly mae'n annhebygol y caiff y feinwe ei gwrthod. Yn ystod y broses o feithrin meinwe, mae'n rhaid darparu digon o ocsigen a maetholion, ac amodau optimaidd, e.e. rhaid cynnal tymheredd a lleithder. Mae cyfraith y Deyrnas Unedig yn atal clonio atgenhedlol bodau dynol gan ddefnyddio organebau cyfan.

cwestiwn cyflym

④⓪ Beth yw swyddogaeth y sgaffald ym maes peirianneg meinwe?

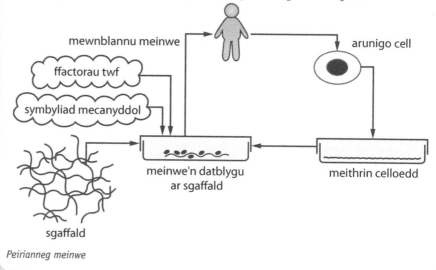

Peirianneg meinwe

Celloedd bonyn

Celloedd sydd heb wahaniaethu yw **celloedd bonyn**, ac maen nhw'n gallu datblygu'n llawer o wahanol fathau o gelloedd gyda'r sbardun cywir.

Prif ffynonellau celloedd bonyn yw:

- O embryonau (celloedd bonyn embryonig).
- Celloedd bonyn llawn dwf, e.e. mêr esgyrn sy'n ffurfio celloedd gwaed newydd, ond dydy'r rhain ddim yn gelloedd bonyn 'go iawn' oherwydd maen nhw'n amlbotensial; dydyn nhw ddim yn gallu gwahaniaethu i bob math o gell fel celloedd bonyn llwyralluog.

Gallwn ni ddefnyddio celloedd bonyn i atffurfio meinweoedd ac organau, e.e. celloedd pancreatig sy'n methu rhyddhau digon o inswlin mewn cleifion â diabetes, celloedd madruddyn y cefn sydd wedi'u niweidio neu groen newydd i ddioddefwyr llosgiadau. Gallwn ni hefyd eu defnyddio nhw i sgrinio cyffuriau newydd, a datblygu systemau model i astudio namau geni a thwf.

Manteision defnyddio celloedd bonyn:

- Gallu eu cynhyrchu'n gyflym.
- Eu cynhyrchu ar raddfa fawr.
- Cynhyrchu celloedd â genynnau unfath ar gyfer trawsblaniad, i leihau'r risg o'u gwrthod.

Anfanteision defnyddio celloedd bonyn:

- Ar gyfer mamolion, mae'r dechneg yn ddrud iawn ac yn annibynadwy.
- Ar gyfer planhigion, mae clefyd neu bathogenau'n gallu achosi problemau.
- Dethol alelau anfanteisiol yn anfwriadol.
- Effeithiau hirdymor/annisgwyl fel heneiddio'n gynnar.

Mae materion moesegol yn gysylltiedig â chael celloedd bonyn o embryonau a chlonio meinweoedd ac organau dynol.

≫ Cofiwch

Moeseg yw set o safonau sy'n cael eu dilyn gan grŵp penodol o unigolion ac sydd wedi'u cynllunio i reoli eu hymddygiad, h.y. pennu beth sy'n dderbyniol.

Gwella gradd

Mae defnyddio clonio a chelloedd bonyn yn faes dadleuol. Byddwch yn barod i drafod y dadleuon o blaid ac yn erbyn eu defnyddio nhw.

cwestiwn cyflym

(41) Nodwch y gwahaniaeth rhwng celloedd bonyn llawn dwf ac embryonig.

A. Imiwnoleg a chlefydau

Clefyd yw salwch mewn pobl, anifeiliaid neu blanhigion sy'n cael ei achosi gan haint, e.e. gan facteriwm, ffwng neu firws, neu gan fethiant iechyd, e.e. meinwe nerfol yn dirywio. Mae clefydau yn gallu effeithio ar y micro-organebau lleiaf hyd yn oed, e.e. mae bacterioffagau yn heintio bacteria, e.e. *E. coli*.

Gwella gradd

Dysgwch eich Termau Allweddol yn y testun hwn, a sut mae'r gwahanol fathau o glefydau sydd wedi'u rhestru yn cael eu trosglwyddo a'u trin.

Termau Allweddol

Endemig: clefyd sy'n digwydd yn aml, ar gyfradd rydym ni'n gallu ei rhagfynegi, mewn lleoliad neu boblogaeth benodol.

Tocsin: moleciwl bach, e.e. peptid sy'n cael ei wneud mewn celloedd neu organebau, sy'n achosi clefyd ar ôl dod i gysylltiad ag ef neu ei amsugno. Mae tocsinau'n aml yn effeithio ar facromoleciwlau, e.e. ensymau, derbynyddion arwyneb cell.

Cludydd: unigolyn neu organeb arall sydd wedi'i heintio, sydd ddim yn dangos unrhyw symptomau ond sy'n gallu heintio eraill.

Cronfa clefyd: organeb letyol tymor hir pathogen, sydd heb lawer o symptomau neu ddim symptomau o gwbl, sydd bob amser yn ffynhonnell bosibl i gychwyn clefyd.

Haint: clefyd sy'n gallu cael ei drosglwyddo, yn aml drwy fewnanadlu, llyncu neu gyffyrddiad corfforol.

Math antigenig: unigolion gwahanol o'r un rhywogaeth bathogenaidd â gwahanol broteinau ar eu harwynebau, sy'n arwain at gynhyrchu gwrthgyrff gwahanol.

Epidemig: clefyd heintus yn lledaenu'n gyflym i nifer mawr o bobl o fewn cyfnod byr.

Pandemig: epidemig dros ardal eang iawn, sy'n croesi ffiniau rhyngwladol ac yn effeithio ar nifer mawr iawn o bobl.

Antigen: moleciwl sy'n achosi i'r system imiwnedd gynhyrchu gwrthgyrff yn ei erbyn. Mae antigenau'n cynnwys moleciwlau unigol a moleciwlau ar firysau, bacteria, sborau neu ronynnau paill. Maen nhw'n gallu ffurfio y tu mewn i'r corff, e.e. tocsinau bacteria.

Fector: unigolyn, anifail neu ficrob sy'n cludo pathogen heintus ac yn ei drosglwyddo i organeb fyw arall.

Clefydau

Clefyd	Symptomau	Trosglwyddiad	Triniaeth
Y bacteriwm Gram negatif *Vibrio cholera* sy'n achosi colera. Mae'n **endemig** mewn rhai rhannau o'r byd.	Pan maen nhw wedi'u heintio â cholera, mae'r bacteria'n rhyddhau **tocsin** sy'n achosi dolur rhydd dyfrllyd a diffyg hylif	Mae pobl yn cael eu heintio drwy fwyta reu yfed bwyd neu ddiod sydd wedi'i halogi. Mae'r bobl hynny yna'n **gludyddion** i'r clefyd ac yn gweithredu fel **cronfeydd** i'r **clefyd**.	Rydym ni'n trin diffyg hylif drwy roi dŵr glân ac electrolytau, a gallwn ni drin yr **haint** â gwrthfiotigau. Gall colera gael ei atal drwy gael carthffosiaeth well a thrin dŵr yn well, drwy drin bwyd yn ddiogel, a golchi dwylo. Mae brechlyn ar gael.
Y basilws *Mycobacterium tuberculosis* sy'n achosi twbercwlosis (TB).	Mae celloedd yn yr ysgyfaint yn cael eu niweidio, gan ffurfio tiwbercylau neu gnepynnau. Mae cleifion yn profi poen yn y frest, gwaed yn y poer, a thwymyn. Os nad yw'n cael ei drin, mae'n gallu bod yn argheuol, oherwydd y niwed difrifol i'r ysgyfaint.	Mae'r haint yn lledaenu'n gyflym drwy fewnanadlu defnynnau dŵr o besychu a thisian pobl wedi'u heintio. Mae'n lledaenu'n gyflymach ymysg pobl â systemau imiwnedd gwan, e.e. oherwydd HIV-AIDS, ac mewn mannau sy'n llawn pobl.	Mae'n cael ei drin â chwrs hir (6 mis) o wrthfiotigau, ond mae rhai rhywogaethau nawr yn dangos y gallu i wrthsefyll gwrthfiotigau. Mae brechlyn BCG ar gael (wedi'i wneud o fath gwanedig o facteriwm sy'n perthyn, sef *M. bovis*).
Y firws *Variola major* sy'n achosi'r frech wen.	Mae'n achosi haint a phoen, gyda brech a phothelli llawn hylif Mae'n gallu gwneud cleifion yn ddall ac achosi anffurfiadau i'w haelodau (*limb deformities*).	Mae'r haint yn mynd i bibellau gwaed bach yn y croen a'r geg, ac mae'n lledaenu o gwmpas y corff yn gyflym.	Mae cyffuriau lleddfu poen a therapi cyflenwi hylif yn helpu i leddfu'r symptomau. Mae gwrthfiotigau'n gallu helpu i drin heintiau eilaidd, ond mae'r gyfradd marwolaethau yn uchel – 60%. O ganlyniad i frechlyn wedi'i wneud o'r firws *Vaccinia*, cafodd y frech wen ei dileu'n llwyr erbyn 1979.

Clefyd	Symptomau	Trosglwyddiad	Triniaeth
Mae tri is-grŵp i firws ffliw, sy'n cynnwys firysau â **mathau antigenig** gwahanol (mae ganddyn nhw antigenau gwahanol ar eu harwyneb) sy'n golygu nad yw'r system imiwnedd yn gallu amddiffyn yn ddigonol rhag pob math o ffliw, sy'n gallu arwain at **epidemigau**. Mae **pandemig** yn gallu digwydd, e.e. ffliw Sbaen yn 1918–20 a laddodd dros 50 miliwn o bobl ledled y byd.	Mae firws ffliw yn ymosod ar y pilenni mwcaidd yn rhan uchaf y llwybr resbiradu gan achosi twymyn, dolur gwddf a pheswch. Mae heintiau eilaidd yn gallu digwydd mewn pobl sy'n agored i niwed, e.e. plant a'r henoed.	Mae ffliw yn lledaenu mewn defnynnau o besychu a thisian.	Gallwn ni leihau lledaeniad yr haint drwy olchi dwylo'n rheolaidd, defnyddio hancesi papur wrth disian a phesychu a chadw cleifion ar eu pen eu hunain. Mae brechlynnau'n cael peth effaith, gan ddibynnu ar i ba raddau y mae'r **antigenau** firaol wedi mwtanu. Mae cyffuriau gwrth-firaol, e.e. Tamiflu, yn gallu lleihau hyd y symptomau ac yn gallu atal ffliw rhag datblygu os ydyn nhw'n cael eu cymryd fel mesur ataliol.
Y parasit protoctistaidd *Plasmodium* sy'n achosi malaria. Y ddwy rywogaeth sy'n achosi'r niferoedd mwyaf o achosion yw *P. falciparum* a *P. vivax*, sy'n cael eu trosglwyddo gan dros 100 o wahanol rywogaethau o fosgitos *Anopheles*. Y mosgito benywol sy'n gweithredu fel **fector** wrth fwydo ar waed. Mae malaria yn endemig mewn rhai ardaloedd istrofannol ac mae epidemig yn gallu digwydd yn ystod tymhorau gwlyb.	Mae'r gylchred lle mae celloedd coch y gwaed yn byrstio, yn ailadrodd bob yn ail a thrydydd diwrnod, ac yn achosi twymyn sy'n dychwelyd dro ar ôl tro.	Pan mae mosgito benywol yn bwydo ar waed dynol, mae'n trosglwyddo'r parasit *Plasmodium* sy'n mynd i'r afu/iau lle mae'n datblygu cyn cael ei ryddhau i heintio celloedd coch y gwaed ac achosi iddyn nhw fyrstio.	Rydym ni'n defnyddio amrywiaeth o gyffuriau i drin malaria; cwinin oedd y cyntaf o'r rhain. Erbyn hyn, mae *Plasmodium* yn dangos ymwrthedd i lawer o'r cyffuriau hyn, felly rydym ni'n aml yn defnyddio cyfuniadau o gyffuriau. Rydym ni'n ystyried ei bod hi'n well ceisio atal malaria drwy ddefnyddio ymlidyddion mosgitos a rhwydi gwely â phryfleiddiaid ynddynt. Mae dulliau eraill wedi cael eu defnyddio i reoli mosgitos, er enghraifft defnyddio pryfleiddiaid, draenio dŵr llonydd lle mae mosgitos yn dodwy eu hwyau, rhyddhau mosgitos gwrywol anffrwythlon a rheoli biolegol gan ddefnyddio pysgod sy'n bwyta larfáu mosgitos.

Pathogenedd firysau ac atgenhedlu firysau

Parasitiaid mewngellol yw firysau sy'n defnyddio llwybrau metabolaidd y gell letyol i atgynhyrchu. Maen nhw'n achosi effeithiau pathogenaidd ar yr organeb letyol mewn llawer o ffyrdd:

- Yn ystod lysis cell, mae'r gell yn byrstio gan adael i ronynnau firws ddod allan a heintio celloedd eraill, sy'n achosi llawer o'r symptomau sydd i'w gweld.
- Mae firysau'n cynhyrchu llawer o wahanol sylweddau gwenwynig, e.e. mae proteinau firaol yn gallu atal synthesis DNA a phroteinau, ac mae glycoproteinau wedi'u cynhyrchu gan y firws *Herpes* yn gallu achosi i gelloedd asio.
- Mae trawsffurfiad celloedd yn gallu digwydd, sy'n golygu bod DNA firaol yn integreiddio i mewn i gromosom yr organeb letyol. Os yw hyn yn digwydd mewn proto-oncogenyn neu enyn atal tiwmorau, mae'n gallu achosi cellraniad direolaeth (canser), e.e. firws papiloma dynol; rydym ni wedi dangos bod hwn yn achosi canser ceg y groth.
- Mae rhai firysau'n achosi atal imiwnedd, e.e. firws HIV, sy'n dinistrio celloedd helpu T.

Rheoli haint bacteriol

- Mae sterileiddio yn lladd pob micro-organeb a phob sbôr. Mae hyn yn cael ei gyflawni fel arfer drwy ddefnyddio ffwrn aerglos dros 121°C am o leiaf 15 munud neu drwy ddefnyddio ymbelydredd gama.
- Bydd diheintio ag antiseptig neu ddiheintydd yn cael gwared ar y rhan fwyaf o ficro-organebau, ond nid pob un.
- Mae **gwrthfiotigau** yn perthyn i'r categorïau canlynol:
  - Bacterioleiddiol, sy'n lladd bacteria, e.e. penisilin
  - Bacteriostatig, sy'n atal twf bacteria yn y corff, e.e. tetracyclin sy'n atal synthesis proteinau. Mae tetracyclin ddim ond yn atal twf tra bod y gwrthfiotig yn bresennol.

Term Allweddol

Gwrthfiotig: meddyginiaeth sy'n atal twf bacteria neu'n eu dinistrio nhw.

cwestiwn cyflym

42 Nodwch y gwahaniaeth rhwng sterileiddio a diheintio.

Cellfur bacteria

Mae adeiledd cellfur bacteria yn dylanwadu'n fawr ar y math o wrthfiotig fydd yn effeithiol. Mae gan facteria Gram positif gellfuriau mwy trwchus sy'n cynnwys peptidoglycan â moleciwlau polysacarid wedi'u trawsgysylltu â chadwynau ochr asid amino. Mae'r trawsgysylltu hwn yn rhoi cryfder ac yn eu hamddiffyn nhw rhag lysis osmotig. Mae gan facteria Gram negatif gellfuriau teneuach ond mwy cymhleth. Mae ychydig o beptidoglycan yn y rhain hefyd, ond mae wedi'i orchuddio â haen o lipoprotein a lipopolysacarid, sy'n amddiffyn y bacteria rhag rhai cyfryngau gwrthfacteria fel lysosym a phenisilin.

Mae penisilin yn atal synthesis y trawsgysylltiadau mewn peptidoglycan, oherwydd ei fod yn atal yr ensymau trawspeptidas sy'n trawsgysylltu'r moleciwlau polysacarid â'r cadwynau ochr asid amino. Mae hyn yn gwanhau'r cellfur, ac wrth i ddŵr fynd i mewn drwy gyfrwng osmosis, mae'r gell yn byrstio (lysis osmotig). Oherwydd mai dim ond mewn bacteria Gram positif mae penisilin yn achosi lysis, rydym ni'n dweud bod penisilin yn wrthfiotig sbectrwm cul.

Mae tetracyclin a chloramffenicol yn gweithio'n wahanol; maen nhw'n atal synthesis proteinau o fewn y gell bacteria, ond heb effeithio ar fetabolaeth arferol y gell. Mae tetracyclin yn gweithio drwy rwymo wrth is-uned 30S ribosom y bacteriwm yn yr ail safle, gan atal mwy o tRNA rhag cydio. Mae tetracyclin yn rhwymo'n gildroadwy, felly effaith facteriostatig yw hon. Gan fod tetracyclin yn effeithio ar facteria Gram positif a Gram negatif, rydym ni'n dweud ei fod yn wrthfiotig sbectrwm eang.

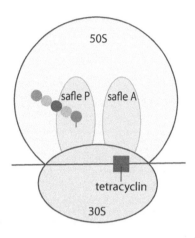

Mecanwaith tetracyclin

Ymwrthedd i wrthfiotig

Ymwrthedd i wrthfiotig yw gallu micro-organeb i wrthsefyll effeithiau gwrthfiotig. Mae'n esblygu'n naturiol oherwydd bod gan facteria gyfradd mwtaniadau uchel ac maen nhw'n rhannu'n gyflym. Os oes mwtaniad yn digwydd sy'n newid un alel o fewn plasmid y bacteriwm, sy'n golygu bod y bacteriwm yn gallu cynhyrchu ensym sy'n gallu ymddatod y gwrthfiotig, bydd gan y bacteriwm fantais ddetholus ym mhresenoldeb gwrthfiotigau, felly mae'n trosglwyddo'r alel manteisiol drwy drosglwyddo plasmid neu wrth atgynhyrchu'n anrhywiol. Mae MRSA (*Staphylococcus aureus* ymwrthol i fethisilin) yn facteriwm sy'n ymwrthol i wrthfiotigau beta-lactam, gan gynnwys methisilin, ocsasilin, penisilin, ac amocsisilin. Mae'r ymwrthedd wedi datblygu yn bennaf oherwydd gorddefnyddio gwrthfiotigau i drin heintiau firaol ac atal haint mewn anifeiliaid fferm. Dydy gwrthfiotigau ddim yn effeithiol yn erbyn firysau oherwydd does ganddyn nhw ddim o'r llwybrau metabolaidd yn bresennol na dim peptidoglycan, ond byddai unrhyw facteria sy'n bresennol yn dod i gysylltiad â'r gwrthfiotig ac felly'n gallu dechrau datblygu ymwrthedd.

Ymateb imiwn

Dyma rai o brif amddiffyniadau anifeiliaid rhag i bathogenau fynd i mewn iddyn nhw:

- Y croen – rhwystr ffisegol â pH ychydig bach yn asidig i atal pathogenau rhag tyfu.
- Fflora croen naturiol – amddiffyn drwy gystadlu â bacteria pathogenaidd ac yn wahanol i'r bacteria hyn, dydy hi ddim yn hawdd golchi'r fflora i ffwrdd.
- Lysosymau – mae'r rhain yn cael eu cynhyrchu mewn dagrau, sy'n gallu hydrolysu cellfuriau.
- Asid y stumog – lladd bacteria.
- Cilia a mwcws – yn y tracea a philenni mwcaidd eraill, mae'r rhain yn dal gronynnau a microbau o'r aer ac yn cael gwared arnyn nhw.
- Ceulo gwaed – selio clwyfau agored.
- Ymateb llidiol – cynyddu llif gwaed i safle anaf.

Mae lymffocytau yn fath o gell sydd i'w chael yn y gwaed ac sy'n tarddu o gelloedd bonyn ym mêr yr esgyrn hir. Mae gan bob unigolyn lawer o fathau o lymffocytau, ac mae pob lymffocyt yn gallu adnabod un antigen penodol.

Mae dau fath o lymffocyt yn ymwneud â'r ymateb imiwn:

- Lymffocytau B, sy'n aeddfedu yn y ddueg (*spleen*) a'r nodau lymff.
- Lymffocytau T, sy'n cael eu hactifadu yn y chwarren thymws. Mae tri math o lymffocytau T:
  - Celloedd T lladd (cytotocsig) sy'n rhwymo wrth gelloedd estron ag antigenau cyflenwol ac yn eu dinistrio nhw.
  - Celloedd T helpu sy'n symbylu ffagocytosis a chynhyrchu gwrthgyrff ac yn actifadu celloedd T lladd.
  - Celloedd T cof sy'n aros yn y gwaed ac yn gallu ymateb yn gyflym os daw'r un haint i'r golwg eto.

Yr ymateb imiwn yw ymateb y corff i sylwedd mae'n ei adnabod fel un estron, e.e. antigen estron. Mae dwy ran i'r ymateb imiwn:

1. Mae'r ymateb hylifol yn achosi i'r lymffocytau B gynhyrchu **gwrthgyrff**. Pan mae lymffocyt B yn adnabod ei antigen penodol, mae'n rhannu'n gyflym i gynhyrchu clonau sydd yna'n troi'n ddau fath o gell:
   i) Celloedd plasma, sydd ag oes fyr ac sy'n secretu gwrthgyrff ar unwaith.
   ii) Celloedd cof, sy'n byw dipyn yn hirach ac yn cychwyn yr ymateb imiwn eilaidd os daw'r un haint i'r golwg eto.

Mae'r darn newidiol ar y gwrthgorff yn benodol i bob antigen, a hwn yw'r safle rhwymo antigen; mae'n galluogi pob gwrthgorff i rwymo wrth dau foleciwl antigen. Mae microbau gydag antigenau ar eu harwynebau yn casglu gyda'i gilydd (cyfludo) sy'n ei gwneud hi'n anoddach iddyn nhw heintio celloedd eraill ac yn haws i facroffagau eu hamlyncu nhw.

≫ *Cofiwch*

Ffordd dda o gofio lle mae'r lymffocytau T yn cael eu hactifadu yw drwy gofio T = thymws.

Term Allweddol

Gwrthgorff:
imiwnoglobwlin sy'n cael ei gynhyrchu gan system imiwnedd y corff fel ymateb i antigen.

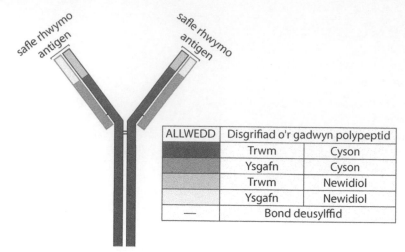

Moleciwl gwrthgorff

ALLWEDD	Disgrifiad o'r gadwyn polypeptid	
	Trwm	Cyson
	Ysgafn	Cyson
	Trwm	Newidiol
	Ysgafn	Newidiol
—	Bond deusylffid	

> **》 Cofiwch**
>
> Proteinau yw gwrthgyrff.

2. Mae'r ymateb cell-gyfryngol yn cynnwys ymosod ar ddefnydd estron y tu mewn i gelloedd, e.e. mae'n actifadu firws, ffagocytau, lymffocytau B a lymffocytau T. Mae lymffocytau T yn ymateb i antigenau penodol ar arwyneb celloedd ac yn rhannu'n gyflym drwy gyfrwng mitosis i ffurfio clonau. Mae tri math o gelloedd yn ymwneud â hyn:

   i) Celloedd T helpu, sy'n cydweithio â lymffocytau B i gychwyn ymateb gwrthgorff. Mae'r rhain yn rhyddhau cemegion, gan gynnwys cytocinau, sy'n symbylu ffagocytau i amlyncu pathogenau a'u treulio nhw.

   ii) Celloedd T lladd, sy'n amlyncu ac yn lysu celloedd targed.

   iii) Celloedd T cof, sy'n aros yn y gwaed rhag ofn i'r haint ymddangos eto.

Mathau o ymateb imiwn

1. Ymateb cynradd

   Yn ystod y cyfnod diddigwydd, mae'r corff yn ymateb i antigen estron drwy gynhyrchu gwrthgyrff. Mae'r broses yn cynnwys:

   - Celloedd cyflwyno antigenau (gan gynnwys macroffagau) sy'n cyflawni ffagocytosis ac yn ymgorffori'r antigen estron i mewn i'w cellbilenni.
   - Mae celloedd T helpu yn canfod yr antigenau hyn ac yn secretu cytocinau, sy'n symbylu celloedd B a macroffagau.
   - Mae celloedd B yn cael eu hactifadu ac yn cyflawni ehangiad clonau i gynhyrchu celloedd plasma a chelloedd cof.
   - Mae'r celloedd plasma yn secretu gwrthgyrff.
   - Mae'r celloedd cof yn aros yn y gwaed i amddiffyn rhag i'r haint ymddangos eto.

2. Ymateb eilaidd

   Os yw'r corff yn dod i gysylltiad â'r un antigen eto, mae celloedd cof yn cael eu symbylu i'w clonio eu hunain a chynhyrchu celloedd plasma, sy'n cynhyrchu gwrthgyrff. Mae'r ymateb hwn yn llawer cyflymach na'r ymateb cynradd ac mae'n cynhyrchu hyd at 100 gwaith crynodiad y gwrthgyrff, sy'n aros yn y gwaed am gyfnod hirach nag yn yr ymateb cynradd.

>
>
> Mae celloedd cof yn rhoi amddiffyniad tymor hir.

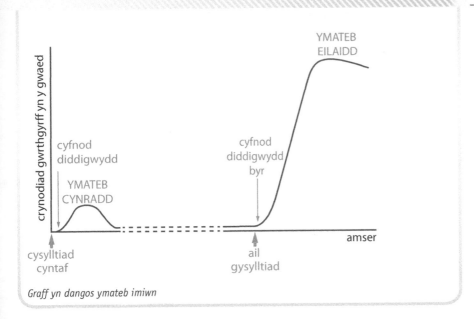

Graff yn dangos ymateb imiwn

Mathau o imiwnedd

1. Imiwnedd goddefol

   Mae hyn yn digwydd pan mae'r corff yn derbyn gwrthgyrff, naill ai'n naturiol (e.e. o laeth y fam neu drwy'r brych) neu'n artiffisial o bigiad pan mae angen amddiffyniad yn gyflym, e.e. ar ôl dod i gysylltiad â firws *Rabies*, gellir rhoi gwrthgyrff. Y fantais yw bod y corff yn cael amddiffyniad ar unwaith ond yr anfanteision yw nad yw'r amddiffyniad yn para'n hir oherwydd dydy'r corff ddim wedi cynhyrchu celloedd cof, a gallai'r corff ystyried bod pigiad o wrthgyrff artiffisial yn estron ac felly wneud gwrthgyrff yn eu herbyn nhw.

2. Imiwnedd actif

   Mae hyn yn digwydd pan mae'r corff yn cynhyrchu ei wrthgyrff ei hun fel ymateb i bresenoldeb antigenau. Mae hyn yn amddiffyn rhag ail haint os yw'r antigenau ar y ficro-organeb sy'n dod i mewn i'r corff yr un fath. Mae hyn yn cynhyrchu celloedd cof penodol i'r antigen ac mae rhai gwrthgyrff yn aros yn y gwaed i amddiffyn rhag i'r haint ymddangos eto. Mae imiwnedd actif yn gallu bod yn naturiol os yw'r unigolyn yn dioddef clefyd ac yn gwneud gwrthgyrff yn ei erbyn neu'n artiffisial drwy gyflenwi antigenau yn artiffisial ar ffurf **brechlyn**, sy'n sbarduno cynhyrchu gwrthgyrff heb symptomau'r clefyd.

Rhaglenni imiwneiddio

Mae rhaglenni brechu yn cael eu cynllunio i amddiffyn poblogaethau rhag clefydau niweidiol. Rhaid i unrhyw antigenau sy'n cael eu defnyddio mewn brechlynnau fod yn imiwnogenig iawn i symbylu ymateb imiwn amddiffynnol. Mae angen i raglenni fod yn gost-effeithiol ac ystyried unrhyw sgil effeithiau posibl. Dydy rhai rhaglenni brechu ddim yn 100% effeithiol, e.e. ffliw, oherwydd amrywioldeb antigenig o fewn y firws.

Term Allweddol

Brechlynnau: antigenau sydd wedi'u harunigo'n uniongyrchol o'r pathogen, rhywogaethau gwannach (gwanedig) o'r pathogen, e.e. MMR, pathogenau anweithredol, e.e. y pas, neu docsin wedi'i anactifadu, e.e. tetanws.

cwestiwn cyflym

43 Pam mae antigenau mewn brechlynnau yn gorfod bod yn imiwnogenig iawn?

cwestiwn cyflym

44 Esboniwch ddau wahaniaeth rhwng imiwnedd actif a goddefol.

B. Anatomi cyhyrysgerbydol dynol

Y tair prif feinwe yn y system gyhyrysgerbydol yw cartilag, asgwrn a chyhyr ysgerbydol.

Cartilag

Mae **cartilag** yn **feinwe gyswllt** galed a hyblyg sy'n caniatáu i ffurfiad symud, e.e. y cawell asennau, ond sydd hefyd yn ddigon cryf i gynnal ffurfiad, e.e. y tracea. Mae cartilag yn cynnwys celloedd condrocyt wedi'u mewnblannu mewn matrics sy'n cael ei secretu gan y celloedd eu hunain, ac sy'n bodoli mewn bylchau, neu geudodau. Gan nad oes nerfau a phibellau gwaed yn bresennol, mae cartilag sydd wedi'i niweidio yn cymryd amser hir i wella oherwydd bod rhaid i faetholion dryledu i mewn i'r matrics. Mae'r math o gartilag yn dibynnu ar bresenoldeb ffibrau colagen sy'n pennu ei swyddogaeth.

Cartilag	Ffurfiad	Swyddogaeth
Cartilag hyalin	Y math gwannaf o gartilag.	Mae i'w gael ar arwyneb cymalog esgyrn, yn y trwyn ac yn y tracea.
Cartilag melyn elastig	Mae condrocytau wedi'u hamgylchynu â ffibrau elastig dwys a cholagen, sy'n ei wneud yn elastig, ond mae'n gallu cadw ei siâp.	Mae i'w gael mewn ffurfiadau fel y glust allanol (pinna).
Cartilag gwyn ffibrog	Weithiau rydym ni'n ei alw'n ffibrocartilag, a hwn yw'r cartilag cryfaf oherwydd bod colagen wedi'i drefnu mewn ffibrau dwys sy'n cynyddu'r cryfder tynnol.	Mae i'w gael yn y disgiau rhyngfertebrol.

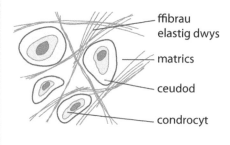

Cartilag melyn elastig

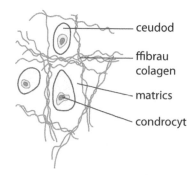

Diagram i ddangos adeiledd ffibrocartilag

Asgwrn

Mae asgwrn yn cynnal adeiledd, yn caniatáu symudiad oherwydd ei fod yn darparu mannau i gyhyrau gydio ynddyn nhw, ac mae hefyd yn ymwneud â rheoleiddio mwynau, e.e. storio calsiwm a ffosfforws. Mae dau fath o asgwrn:

1. Asgwrn sbwngaidd (mandyllog) wedi'i leoli ar bob pen i'r esgyrn hir; mac'n cynnwys mêr esgyrn lle mae celloedd gwaed yn cael eu gwneud.

2. Asgwrn cywasgedig yw'r rhan fwyaf o'r asgwrn yn y corff ac mae'n cynnwys celloedd o'r enw osteoblastau sy'n adeiladu asgwrn yn gyson drwy osod cydran anorganig y matrics, a chelloedd o'r enw osteoclastau sy'n ei ymddatod. Mae'r celloedd wedi'u cynnwys o fewn matrics sydd yn:

   - 30% organig wedi'i wneud yn bennaf o ffibrau colagen. Mae'n galed ac yn gwrthsefyll torasgwrn.

   - 70% anorganig wedi'i wneud yn bennaf o hydrocsi-apatit sy'n cynnwys calsiwm a ffosffad. Mae'r gydran anorganig yn galed ac yn gwrthsefyll cywasgu.

Mae asgwrn cywasgedig yn cynnwys unedau o'r enw **systemau Havers**, sy'n rhedeg yn hydredol drwy asgwrn ac yn cael eu cyflenwi â gwaed gan bibellau sy'n mynd drwy sianeli Volkmann. Mae cylchoedd cydganol o'r enw lamelâu yn amgylchynu'r sianeli Havers.

Term Allweddol

System Havers: yr uned adeileddol a swyddogaethol mewn asgwrn cywasgedig; yr osteon.

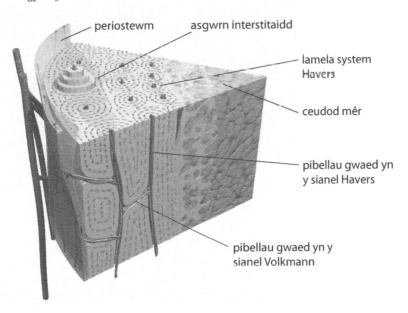

Adeiledd asgwrn

Mae asgwrn yn y fertebra, yr asennau a'r aelodau yn ffurfio o gartilag hyalin yn yr embryo sy'n asgwrneiddio: mae osteoblastau'n secretu matrics asgwrn o gwmpas y cartilag. Mae'r cartilag yn cael ei ymddatod gan osteoclastau, wrth i bibellau gwaed fynd i mewn iddo. Mae asgwrneiddio yn dechrau ar bob pen i'r esgyrn hir yn yr aelodau. Mae'r matrics anorganig yn cael ei osod i gyfeiriad y straen sy'n cael ei roi ar yr asgwrn, sy'n cynyddu ei gryfder.

cwestiwn cyflym

④⑤ Nodwch y gwahaniaeth rhwng swyddogaethau osteoblastau ac osteoclastau.

Clefydau asgwrn

Mae'r **llech** yn digwydd os nad oes digon o fwynau yn cael eu dyddodi yn esgyrn plant sy'n tyfu o ganlyniad i ddiffyg calsiwm neu fitamin D, sy'n hydawdd mewn braster, yn y deiet. Mae angen fitamin D i amsugno calsiwm yn y coluddion, ac mae hwn i'w gael mewn menyn, wyau ac olewau afu pysgod, ac mae'n cael ei syntheseiddio yn y croen o ragsylweddyn (fitamin D anactif) gan ddefnyddio'r golau UV sy'n bresennol yng ngolau'r haul. Yn hanesyddol, roedd y llech yn digwydd oherwydd deiet gwael, ond yn fwy diweddar mae wedi cynyddu oherwydd bod pobl yn defnyddio eli atal haul ac yn treulio gormod o amser dan do. Mewn oedolion, lle mae'r esgyrn wedi gorffen tyfu, mae math llai difrifol o'r clefyd yn bodoli sef **osteomalasia**.

Mae **clefyd esgyrn brau,** sef *osteogenesis imperfecta*, yn digwydd mewn tuag 1 o bob 20,000 o enedigaethau byw. Cyflwr genynnol yw hwn sy'n cael ei achosi gan fwtaniad yn y genyn sy'n gyfrifol am wneud colagen. Mae'n golygu nad yw'r colagen yn torchi mor dynn ag y mae mewn unigolion iach, ac felly mae torasgwrn yn fwy tebygol. Gellir ei drin â chyffuriau sy'n cynyddu dwysedd mwynau yn yr esgyrn, ffisiotherapi, neu lawdriniaeth i roi rhodenni metel yn yr esgyrn hir.

Osteoporosis yw colli dwysedd yn annormal mewn esgyrn sbwngaidd ac esgyrn cywasgedig, ac mae'n gwneud yr esgyrn yn fwy tebygol o dorri. Mae'n mynd yn fwy cyffredin wrth i bobl heneiddio oherwydd lefelau is o oestrogen a thestosteron, ond mae'n fwy cyffredin ymysg pobl â hanes teulu, neu bobl sy'n ysmygu ac yn yfed alcohol. Gallwn ni wella dwysedd esgyrn drwy wneud mwy o ymarfer corff, defnyddio cyffuriau i wneud i'r corff gadw mwy o galsiwm, a bwyta deietau sy'n cynnwys llawer o galsiwm a fitamin D.

Cyhyr ysgerbydol

Mae cyhyr ysgerbydol wedi'i wneud o ffibrau cyhyrau, sef celloedd hir tenau sy'n cynnwys llawer o gnewyll. Mae pob ffibr yn cynnwys llawer o **fyoffibrilau**. Dan y microsgop, mae rhesi i'w gweld ar draws cyhyr ysgerbydol, sef y rhychiadau.

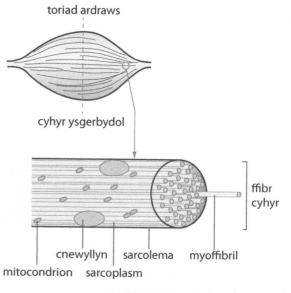

Ffibr cyhyr

toriad ardraws

cyhyr ysgerbydol

ffibr cyhyr

cnewyllyn sarcolema myoffibril

mitocondrion sarcoplasm

Mae myoffibrilau wedi'u pecynnu gyda'i gilydd a'u hamgylchynu â'r reticwlwm sarcoplasmig. Mae llawer o fitocondria yn bresennol sy'n darparu ATP ar gyfer cyfangu cyhyrau. Mae myoffibrilau wedi'u gwneud o'r proteinau actin, myosin, troponin a thropomyosin wedi'u trefnu mewn **myoffilamentau**. Maen nhw'n edrych yn rhesog oherwydd **uwchadeiledd** y myoffibrilau. Mae myoffibrilau wedi'u trefnu mewn unedau sy'n ailadrodd o'r enw sarcomerau, a phob un tua 3μm o hyd: mae'r band tywyll (band A) yn ffurfio o ffilamentau myosin trwchus ac mae'r band golau (band I) yn ffurfio o ffilamentau actin tenau o fyoffibrilau cyfagos. Mae'r llinellau Z yn nodi diwedd pob sarcomer ac yn caniatáu i'r ffilamentau actin gydio ynddyn nhw.

Mae'r system T yn cyfeirio at diwbynnau T (tiwbynnau ardraws) sy'n croesi'r myoffibrilau. Mae'r rhain yn ffurfio o blygion y sarcolema ac yn trosglwyddo ysgogiadau nerfol drwy'r ffibr cyhyr yn gyflym iawn, fel bod y myoffibrilau i gyd yn gallu cyfangu ar yr un pryd.

Termau Allweddol

Myoffilament: ffilamentau tenau o actin yn bennaf a ffilamentau trwchus o fyosin yn bennaf, mewn myoffibrilau, sy'n rhyngweithio i gynhyrchu cyfangiad cyhyr.

Uwchadeiledd: adeiledd manwl cell fel mae i'w weld dan y microsgop electron. Rydym ni hefyd yn ei alw'n adeiledd manwl.

Gwella gradd

Gallwch chi gofio acTin fel edefyn 'tenau'.

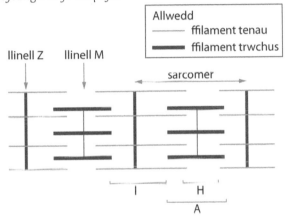

Rhan o un myoffibril yn dangos ei uwchadeiledd

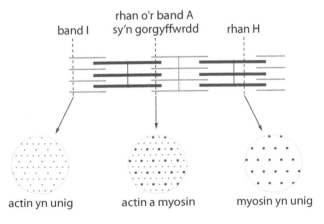

Toriad drwy fyoffibril yn dangos trefniad y myoffilamentau

Term Allweddol

Damcaniaeth ffilament llithr: Damcaniaeth cyfangiad cyhyr sy'n datgan bod ffilamentau actin tenau yn llithro rhwng ffilamentau myosin trwchus, fel ymateb i ysgogiad nerfol drwy gyfrwng y system T.

cwestiwn cyflym

㊻ Pa rannau o sarcomer sy'n byrhau wrth i gyhyrau gyfangu?

Damcaniaeth ffilament llithr cyfangiad cyhyr

Mae'r **ddamcaniaeth ffilament llithr** yn disgrifio sut mae'r ffilamentau actin yn llithro rhwng y ffilamentau myosin i fyrhau hyd y sarcomer.

Mae actin yn cynnwys tri gwahanol brotein:

- Proteinau crwn yw G-actin, ac maen nhw wedi'u huno mewn cadwyn hir. Mae dwy o'r cadwynau hyn yn dirdroi o gwmpas ei gilydd i ffurfio F-actin, sy'n edefyn ffibrog.
- Mae tropomyosin yn lapio o gwmpas F-actin mewn rhigol rhwng y ddwy gadwyn.
- Mae troponin yn brotein crwn sy'n ymddangos yn rheolaidd ar hyd y moleciwl F-actin.

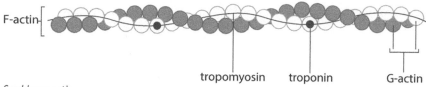

Cymhlygyn actin

Ond mae gan foleciwlau myosin:

- Ben crwn a chynffon ffibrog.
- Mae pob pen 6nm oddi wrth ben y moleciwl myosin cyfagos.

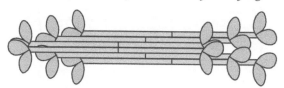

Moleciwlau myosin mewn ffilament trwchus

Yn ystod cyfangiad:

- Mae sarcomerau'n mynd yn fyrrach ac felly mae'r myoffibrilau a'r cyhyr yn mynd yn fyrrach.
- Mae'r band I yn mynd yn fyrrach.
- Mae'r rhan H yn mynd yn fyrrach.
- Mae'r band A yn aros yr un hyd.

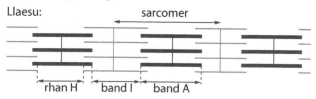

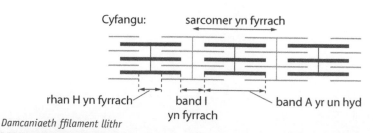

Damcaniaeth ffilament llithr

Mae'r ddamcaniaeth ffilament llithr yn disgrifio cyfangiad ffibrau cyhyrau, ac mae'n cynnwys y canlynol:

1. Cyn gynted â bod ysgogiad nerfol yn cyrraedd y cyswllt niwrogyhyrol, mae'r don dadbolaru yn croesi'r ffibr cyhyr drwy'r tiwbynnau T.

2. Mae ïonau Ca^{2+} yn cael eu rhyddhau o'r reticwlwm sarcoplasmig.

3. Mae'r ïonau Ca^{2+} yn rhwymo wrth y troponin, gan newid siâp y moleciwl troponin.

4. Mae hyn yn achosi i'r tropomyosin newid safle, gan ddatgelu'r safleoedd rhwymo myosin ar yr actin.

5. Mae pennau myosin yn ffurfio trawsbontydd gyda'r safleoedd rhwymo myosin ar yr actin.

6. Mae'r pen myosin yn plygu gan dynnu'r actin heibio i'r myosin. Hon yw'r strôc bŵer.

7. Mae ATP ar ben pellaf y pen myosin yn cael ei hydrolysu i ffurfio ADP a Pi, sy'n cael eu rhyddhau.

8. Mae'r drawsbont yn cael ei thorri wrth i ATP gydio yn y pen myosin sy'n dychwelyd i'w safle gwreiddiol.

9. Mae mwy o ATP yn cael ei hydrolysu i ffurfio ADP a Pi, ac mae trawsbont yn ffurfio gyda'r ffilament tenau yn bellach ymlaen.

10. Mae'r broses yn parhau nes bod yr ïonau Ca^{2+} yn cael eu pwmpio'n ôl yn actif i'r reticwlwm sarcoplasmig.

> **≫ Cofiwch**
> Cofiwch fod ffilamentau actin yn llithro rhwng y myosin.

> **≫ Cofiwch**
> Mae angen ATP i dorri'r trawsbontydd.

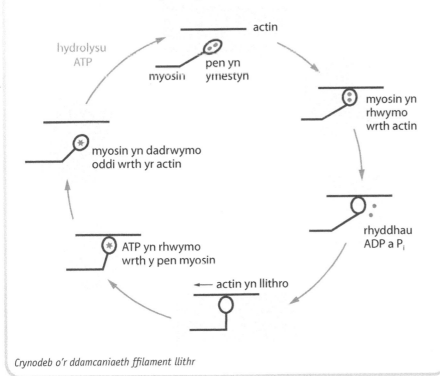

Crynodeb o'r ddamcaniaeth ffilament llithr

Mathau o ffibrau cyhyrau

Mae dau fath o ffibr cyhyrau:

1. Ffibrau plycio araf, sy'n cyfangu'n arafach na ffibrau plycio cyflym ond â llai o rym.
   - Mae gan y rhain *fwy o* fitocondria na ffibrau plycio cyflym felly maen nhw wedi addasu ar gyfer resbiradaeth *aerobig*.
   - Maen nhw wedi addasu ar gyfer cyfangiadau estynedig a pharhaus dros gyfnod hir.
   - Maen nhw'n dda iawn am wrthsefyll lludded.
   - Mae ganddyn nhw gyflenwad gwaed cyfoethog, niferoedd mawr o fitocondria a lefelau myoglobin uchel, ond dydyn nhw ddim yn dda iawn am wrthsefyll asid lactig.
   - Mae dwysedd y myoffibrilau'n is.
   - Mae cyfrannau uwch o'r rhain mewn, e.e. rhedwyr marathon.

2. Ffibrau plycio cyflym, sy'n cyfangu'n gyflym gyda mwy o rym.
   - Mae gan y rhain lai o fitocondria felly maen nhw wedi addasu ar gyfer resbiradaeth *anaerobig*.
   - Maen nhw'n cynhyrchu pyliau byr o gryfder / cyflymder.
   - Mae cyfrannau uwch o'r rhain mewn, e.e. gwibwyr a chorfflunwyr (*bodybuilders*).

Mae modd newid cyfrannau'r ffibrau plycio araf a chyflym drwy wneud ymarfer corff.

cwestiwn cyflym

㊼ Sut mae ffibrau plycio araf wedi addasu ar gyfer resbiradaeth aerobig?

ychwanegol

4B

Cwblhewch y tabl canlynol i ddangos effeithiau ymarfer corff. Mae'r un cyntaf wedi'i wneud i chi.

Math o ymarfer corff	Effaith yr ymarfer corff	Mantais
Ymarfer dygnwch	Cynyddu nifer a maint y mitocondria	Mwy o resbiradaeth aerobig yn bosibl
Ymarfer dygnwch	Rhwydwaith capilarïau'n cynyddu	
Ymarfer codi pwysau	Cynyddu nifer y myoffibrilau a maint y cyhyrau	
Ymarfer dygnwch	Cynyddu swm y myoglobin	
Ymarfer codi pwysau	Gwella goddefiad asid lactig	

Ymarfer corff

Yn ystod ymarfer corff, y brif ffynhonnell egni yw glycogen cyhyr, sy'n cael ei storio mewn cyhyrau. Mae protein hefyd yn cael ei ddefnyddio fel storfa egni cyn braster. Mae athletwyr yn bwyta prydau bwyd sy'n cynnwys llawer o garbohydrad ar y noson cyn ras i gynyddu storau glycogen yn eu cyhyrau. Llwytho carbohydradau yw enw'r arfer hwn.

Dan amodau aerobig, mae'r corff yn dibynnu i ddechrau ar storau creatin ffosffad sydd wedi'u creu dan amodau aerobig. Mae creatin ffosffad yn rhyddhau ei ffosffad wrth i lefelau ocsigen ostwng, fel bod modd ffosfforyleiddio ADP i ganiatáu pyliau sydyn o weithio. Unwaith y bydd ATP ar gael eto, mae'r corff yn gallu adnewyddu ei storau creatin ffosffad. Os nad oes dim o'r naill na'r llall o'r rhain ar ôl, mae'r cyhyrau'n dibynnu ar resbiradaeth anaerobig:

NAD wedi'i rydwytho → NAD

pyrwfad → lactad

Mae resbiradaeth anaerobig yn gwneud i lactad (asid lactig) gronni yn y cyhyrau, sy'n achosi lludded a chramp. Yn ystod cramp, mae'r lactad sydd wedi cronni'n atal effaith ïonau clorid, sy'n arwain at gyfangiad parhaus. Mae hyn yn creu dyled ocsigen oherwydd bod angen ocsigen i ymddatod y lactad.

>> **Cofiwch**
Cofiwch edrych eto ar eich nodiadau ar resbiradaeth.

Gwella gradd
Rydym ni'n defnyddio NAD wedi'i rydwytho i rydwytho pyrwfad i ffurfio lactad ac atffurfio NAD fel bod glycolysis yn gallu parhau.

Adeiledd a swyddogaeth y sgerbwd dynol

Mae'r sgerbwd dynol wedi'i wneud o'r sgerbwd echelinol a'r sgerbwd atodol.

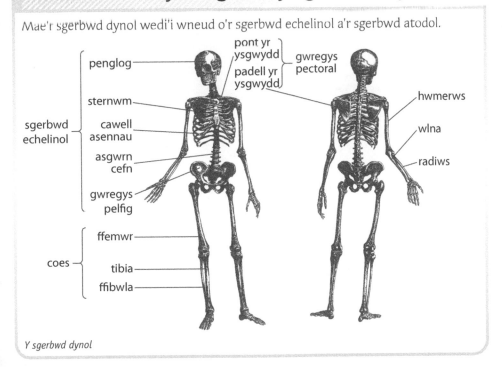

Y sgerbwd dynol

Labels: penglog, sternwm, cawell asennau, asgwrn cefn, gwregys pelfig — sgerbwd echelinol; ffemwr, tibia, ffibwla — coes; pont yr ysgwydd, padell yr ysgwydd, gwregys pectoral, hwmerws, wlna, radiws

Torasgwrn

Mae torasgwrn yn gallu digwydd oherwydd ardrawiad neu straen mawr, lle mae'r grym ar yr asgwrn yn fwy na'i gryfder, e.e. oherwydd trawma. Mae toresgyrn yn fwy tebygol o ddigwydd os yw rhywbeth wedi lleihau cryfder yr esgyrn, e.e. osteoporosis, canser asgwrn neu osteogenesis imperfecta.

Mathau o dorasgwrn:

- Dydy toresgyrn syml neu gaeedig ddim yn cynnwys meinweoedd eraill ac rydym ni'n eu disgrifio nhw yn ôl safleoedd yr esgyrn ar ôl y torasgwrn, e.e. 'wedi malu'n fân' lle mae'r asgwrn yn torri'n llawer o ddarnau. Pan fydd yr esgyrn yn dal i fod yn eu safle normal, rydym ni'n dweud ei fod yn dorasgwrn heb ei ddadleoli, ond pan fydd yr esgyrn wedi symud rydym ni'n dweud ei fod yn dorasgwrn wedi'i ddadleoli.

- Gallai'r torasgwrn gynnwys meinweoedd eraill, e.e. toresgyrn agored lle mae'r asgwrn yn mynd drwy'r croen neu feinweoedd neu organau mewnol eraill, sy'n gwneud haint yn llawer mwy tebygol.

Triniaeth:

- Mae'r poen yn cael ei reoli â meddyginiaeth lleddfu poen.

- Rydym ni'n rhoi esgyrn sydd wedi torri yn ôl yn eu lle â llaw os oes angen, ac yn dal yr ardal yn llonydd drwy ddefnyddio cast neu sblint. Mae esgyrn yn gwella'n naturiol; mae osteoblastau yn cynhyrchu meinwe esgyrnog newydd i gynnal yr asgwrn sydd wedi torri, ac mae'r osteoclastau yn ailfodelu'r asgwrn.

- Os yw'r asgwrn wedi torri'n llawer o ddarnau, gellir mewnososd sgriwiau neu blatiau metel mewn llawdriniaeth er mwyn cynnal yr esgyrn, sy'n gallu cyflymu'r broses o wella. Mae hyn yn arbennig o bwysig mewn toriadau clun lle mae aros yn llonydd am gyfnodau hir yn gallu arwain at fwy o gymhlethdodau, e.e. thrombosis gwythiennau dwfn neu embolismau ysgyfeiniol.

- Gall fod angen gwrthfiotigau os oes niwed i feinwe o gwmpas yr asgwrn.

Yr asgwrn cefn

Mae'r asgwrn cefn wedi'i wneud o 33 o fertebrâu sydd wedi'u dal yn eu lle gan gyhyrau, gewynnau a thendonau:

- 7 fertebra gyddfol yn y gwddf sydd hefyd yn cynnwys sianeli fertebrarydwelïol, sy'n cludo pibellau gwaed.
- 12 fertebra thorasig yn y cefn; mae'r asennau'n cydio yn y rhain.
- 5 fertebra meingefnol yng ngwaelod y cefn.
- 5 fertebra'r sacrwm yn y cluniau, sydd wedi'u hasio i mewn i'r sacrwm.
- 4 fertebra'r asgwrn cynffon.

Mae pob fertebra yn cynnwys:

- Corff fertebrol sy'n dal pwysau. Mae'r mwyaf o'r rhain yn y fertebrâu meingefnol, oherwydd eu bod nhw'n cynnal mwy o bwysau.
- Allwthiadau ardraws ac allwthiadau'r asgwrn cefn i gyhyrau gydio ynddyn nhw.
- Cymalau ffased sy'n caniatáu cymalu â'r fertebrâu uwchlaw ac islaw, ac yn achos y fertebrâu thorasig, â'r asennau hefyd.

Gwella gradd

Dylech chi allu disgrifio prif nodweddion yr holl fertebrâu a'u swyddogaethau.

cwestiwn cyflym

48 Nodwch un nodwedd sy'n bresennol yn y fertebrâu gyddfol ond sy'n absennol yn y fertebrâu eraill.

- Sianel asgwrn cefn sy'n cynnwys madruddyn y cefn ac yn ei amddiffyn. Mae lled hon yn lleihau tua gwaelod yr asgwrn cefn, gan adlewyrchu lled madruddyn y cefn.

Mae siâp y fertebrâu ac ongl y cymalau ffased ac allwthiadau'r asgwrn cefn yn amrywio tuag at waelod yr asgwrn cefn, gan ganiatáu gwahanol raddau o symudiad, er enghraifft:

- Mae'r asgwrn cefn gyddfol yn gallu gwneud amrywiaeth eang o symudiadau cylchdroi a phlygu, gan gynnwys plygu i'r ochr.

- Mae'r symudiadau cylchdroi ac ymestyn sy'n bosibl yn lleihau i lawr yr asgwrn cefn thorasig.

- Prif symudiadau'r rhan feingefnol yw plygu (plygu ymlaen) ac ymestyn (plygu yn ôl).

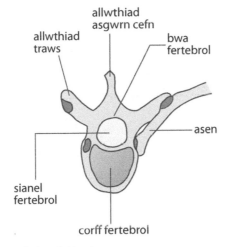

Fertebrâu thorasig ac asen (golwg o'r blaen)

Gwella gradd
Mae faint o symudiad sy'n bosibl yn dibynnu ar siâp y fertebrâu ac ongl y cymalau ffased.

Anffurfiadau osgo

Mae gan yr asgwrn cefn dynol grymedd ceugrwm naturiol yn y rhannau gyddfol a meingefnol sy'n cael ei ddisgrifio fel siâp-S, ac sy'n hawdd ei weld o'r ochr. Mae sgoliosis yn rhoi tro ychwanegol i'r ochr yn yr asgwrn cefn; mae hyn yn gallu cael ei achosi gan osgo, anaf neu ffactorau genynnol. Mae modd trin sgoliosis â ffisiotherapi, ond mewn achosion difrifol mae angen llawdriniaeth i sythu'r asgwrn cefn.

Mae troed fflat yn datblygu os yw bwa'r droed (cefn y droed (*instep*)) yn methu datblygu'n iawn ac mae'n arwain at bronadu gormodol, sy'n rhoi mwy o straen ar gymalau eraill gan gynnwys yr asgwrn cefn. Mae'n cael ei achosi gan ffactorau genynnol neu gynhenid ond mae hefyd yn gallu digwydd ar ôl anaf oherwydd dydy'r bwa ddim yn datblygu'n llawn nes bod rhywun yn 10 oed. Gellir ei drin ag esgidiau arbenigol, ond mewn achosion difrifol, mae llawdriniaeth yn opsiwn.

Mae coesau cam (*knock-knees*) yn digwydd gan fwyaf o ganlyniad i'r llech (diffyg fitamin D neu galsiwm), ond mae'n gallu digwydd o ganlyniad i anafiadau neu haint asgwrn.

Gwella gradd

Dylech chi allu esbonio o leiaf dair o swyddogaethau'r sgerbwd dynol.

Term Allweddol

Cymal synofaidd: cymal lle mae cartilag cymalog a hylif synofaidd, sydd wedi'i secretu gan bilen synofaidd, yn iro symudiad esgyrn. Mae'r cymal yn cael ei ddal mewn capsiwl cymal gewynnol.

cwestiwn cyflym

㊾ Nodwch beth yw swyddogaeth y bilen synofaidd.

cwestiwn cyflym

㊿ Nodwch beth yw swyddogaeth y cartilag mewn cymal synofaidd.

Swyddogaethau'r sgerbwd

Swyddogaeth	Esboniad
Cynnal	Pennu siâp y corff, e.e. mae'r asennau a'r sternwm yn cynnal y thoracs.
Cydfan cyhyrau	Mae'n caniatáu i gyhyrau gydio wrth ymestyniadau neu gnapiau, sef y tarddleoedd a'r mewniadau (*origins and insertions*).
Amddiffyn	Mae'n amddiffyn llawer o organau, e.e. mae'r cawell asennau'n amddiffyn y galon a'r ysgyfaint, mae'r greuan yn amddiffyn yr ymennydd oherwydd bod esgyrn yn gryf ac yn anhyblyg.
Cynhyrchu celloedd gwaed	Mae mêr esgyrn yn cynnwys celloedd bonyn gwaedfagol (*haemopoietic*) sy'n cynhyrchu celloedd gwaed. Mae mêr esgyrn wedi'i grynodi yn yr aelodau.
Stôr o galsiwm	Mae 70% o'r asgwrn wedi'i wneud o hydrocsyl-apatit, ac mae hyd at 40% o'r asgwrn yn ïonau calsiwm.

Cymalau

Cymal yw lle mae esgyrn yn cwrdd. Rydym ni'n dosbarthu cymalau yn ôl y math o symudiad sy'n bosibl:

1. Cymalau ansymudol, neu asiadau, yw lle mae esgyrn yn tyfu gyda'i gilydd. Mae'r penglog yn cynnwys 8 asgwrn creuanol ac 14 o esgyrn sgerbwd yr wyneb sy'n dechrau asio â'i gilydd ar ôl genedigaeth. Mae rhywfaint o symudiad rhwng yr esgyrn creuanol yn ystod genedigaeth yn caniatáu i ben y baban ffitio drwy'r llwybr geni.

2. Cymalau symudol (cymalau synofaidd):

   a. Mae cymalau llithro yn caniatáu i esgyrn lithro dros ei gilydd, e.e. fertebrâu, ac esgyrn yr arddwrn.

   b. Mae cymalau colfach yn caniatáu symudiad o fewn un plân, e.e. y pengliniau, sy'n caniatáu plygu ac ymestyn yn unig.

   c. Cymalau pelen a chrau, e.e. cymal yr ysgwydd, sy'n caniatáu symudiad ar fwy nag un plân.

Mae **cymalau synofaidd** yn cynnwys:

- Cartilag ar arwynebau cymalog i leihau traul.

- Capsiwl y cymal, sy'n cynnwys y bilen synofaidd a'r gewynnau sy'n dal y cymal at ei gilydd.

- Bwlch bach, y ceudod synofaidd, sy'n cynnwys hylif synofaidd (wedi'i secretu gan y bilen synofaidd) sy'n gweithredu fel iraid ac yn amsugno sioc.

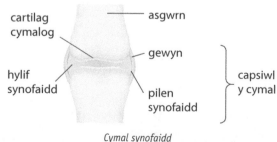

Cymal synofaidd

Mae **cyhyrau gwrthweithiol** yn gweithio mewn parau i gydlynu symudiad mewn cymalau lle mae cyhyryn plygu yn caniatáu plygu a chyhyryn estyn yn caniatáu sythu, e.e. cymal penelin. Pan mae un cyhyryn yn cyfangu, mae'r llall yn llaesu.

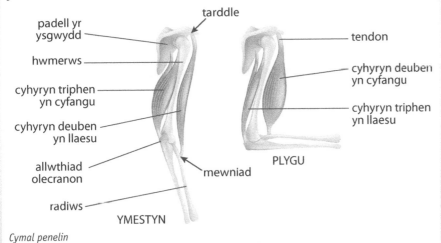

Cymal penelin

Gwella gradd

Dylech chi allu labelu cymal synofaidd nodweddiadol, e.e. y penelin, a gwybod beth yw swyddogaeth pob ffurfiad.

Term Allweddol

Pâr gwrthweithiol: pan mae un cyhyr mewn pâr gwrthweithiol yn cyfangu, mae'r llall yn llaesu. Mae'r cyfangu a'r llaesu yn gyd-drefnus.

Ffibrau colagen sydd wedi'u trefnu'n baralel yw 86% o gynnwys tendonau, sy'n rhoi cysylltiadau cryf iawn rhwng y cyhyrau a'r esgyrn. Oherwydd diffyg ffibrau elastig, dydy tendonau ddim yn ymestyn, felly mae eu hyd yn aros yr un fath, gan sicrhau bod holl symudiad y cyhyryn yn cael ei drosglwyddo i'r asgwrn.

Cymalau fel liferi

Mae lifer yn adeiledd anhyblyg a symudol sy'n colynnu o gwmpas safle sefydlog, sef y ffwlcrwm. Yn y corff, yr asgwrn yw'r adeiledd symudol, a'r cymal yw'r ffwlcrwm. Mae'r ymdrech yn cael ei chynhyrchu wrth i'r cyhyryn gyfangu, a'r llwyth yw'r rhan o'r corff sy'n cael ei symud. Mae tri math o lifer:

Gwella gradd

Cofiwch Ff-Ll-Y. Trefn 1 mae'r ffwlcrwm yn y canol, trefn 2 mae'r llwyth yn y canol a threfn 3 mae'r ymdrech yn y canol.

Math o lifer	Sut mae'n gweithio	Diagram
Lifer gradd 1	Mae'r ffwlcrwm yn y canol, fel mewn si-so. Yn achos y penglog, rhaid i'r ymdrech sy'n cael ei darparu gan gyhyrau'r gwddf gydbwyso â llwyth y penglog er mwyn cynnal osgo'r corff. Mae'n enghraifft o chwyddhadur grym.	*Lifer gradd 1*

Lifer gradd 2	Mae'r llwyth yn y canol fel berfa ac mae'n digwydd mewn sefyllfaoedd penodol, e.e. wrth sefyll ar flaenau'r traed, lle mae bysedd y traed yn gweithio fel ffwlcrwm a chyhyrau croth y goes yn codi'r corff, yn hytrach nag i gynnal osgo'r corff.	 *Lifer gradd 2*
Lifer gradd 3	Mae'r ymdrech yn y canol, e.e. y cyhyryn deuben a'r elin (*forearm*) lle mae'r llwyth yn symud i'r un cyfeiriad â'r ymdrech. Mae'n enghraifft o chwyddhadur pellter, h.y. mae'r llwyth yn symud pellter mwy na'r ymdrech.	 *Lifer gradd 3*

Cyfrifiad

Os yw lifer mewn ecwilibriwm, $F_1 \times d_1 = F_2 \times d_2$ lle F_1 yw'r grym sy'n cael ei roi gan y llwyth ac F_2 yw'r grym sy'n cael ei roi gan yr ymdrech.

Gan ddefnyddio'r enghraifft lifer gradd dau o sefyll ar flaenau'r traed:

F_1 yw pwysau'r corff neu'r llwyth = 100 kg (tybiwch fod 1 kg = 9.8 newton, N)

d_1 yw'r pellter o fysedd y traed (y ffwlcrwm) i'r sawdl sy'n dal y pwysau = 0.20 m

d_2 yw'r pellter o fysedd y traed (y ffwlcrwm) i fewniad cyhyr croth y goes = 0.23 m

Beth yw'r ymdrech sydd ei hangen i sefyll ar flaenau'r traed (F_2)?

$F_1 \times d_1 = F_2 \times d_2$

$(100 \times 9.8) \times 0.20 = F_2 \times 0.23$

$F_2 = \dfrac{(100 \times 9.8) \times 0.20}{0.23}$

$= \dfrac{196}{0.23}$

$= 852.2$ newton

Clefydau'r cymalau

Grŵp o gyflyrau sy'n achosi llid yn y cymalau yw arthritis. Mae dau brif fath:

1. **Osteoarthritis** yw'r clefyd cymalau mwyaf cyffredin ac mae'n ddirywiol, ac yn digwydd wrth i gartilag cymalog ymddatod yn gyflymach nag y mae'r corff yn gallu ffurfio cartilag newydd oherwydd newidiadau i'r colagen a'r glycoprotein. Mae hyn yn arwain at lid a chwydd yn y cymal sy'n achosi poen ac anystwythder yn y cymal. Os yw asgwrn yn rhwbio'n uniongyrchol ar asgwrn, mae darnau bach yn gallu torri i ffwrdd a chyfyngu ar symudiad. Mae'r risg yn cynyddu gydag oed, ac mae bod dros bwysau yn rhoi mwy o straen ar y cymalau, yn enwedig y pen-glin. Mae ailadrodd gweithgaredd, e.e. plygu'r pen-glin yn ystod chwaraeon, hefyd yn cynyddu'r risg. Does dim cysylltiad genynnol wedi'i ganfod eto, ac nid yw'n fath o glefyd awtoimiwn fel arthritis gwynegol. Mae'n cael ei drin drwy reoli'r boen â chyffuriau gwrthlidiol heb fod yn steroidau (*NSAIDs: non-steroidal anti-inflammatory drugs*), ac ymarfer corff wedi'i strwythuro. Mewn achosion difrifol, efallai y bydd angen gosod cymalau newydd.

   Manteision cymalau newydd yw:

   - Lleddfu poen hirdymor.
   - Cymryd llai o gyffuriau.
   - Mwy o symudedd.
   - Ailddechrau gwneud gweithgareddau arferol a gwella ansawdd bywyd.

   Anfanteision cymalau newydd yw:

   - Risgiau llawfeddygol fel risg uwch o dolchen a haint.
   - Mae'n cymryd amser hir i wella.
   - Mwy o risg o ddadleoliad, yn enwedig y glun.
   - Gallai'r cymal newydd fethu ar ôl 15–20 mlynedd ac mae mwy o risg yn gysylltiedig â llawdriniaeth ar gyfer ail gymal newydd.

2. Mae **arthritis gwynegol** yn gyflwr awtoimiwn sy'n ymosod ar esgyrn a chartilag yn y cymalau, gan achosi llid difrifol oherwydd bod mwy o waed yn llifo, ac mae'n cyfyngu ar symudiad yn y cymalau, yn enwedig yn y dwylo a'r arddyrnau. Mae ffisiotherapi a defnyddio cyffuriau NSAID yn gallu helpu i leihau'r llid. Mae'r risgiau o ddatblygu'r clefyd yn uwch os yw rhywun yn ysmygu, yn bwyta llawer o gig coch neu'n yfed llawer o goffi, ond mae elfen enynnol i'r cyflwr hefyd.

cwestiwn cyflym

51 Nodwch ddau wahaniaeth rhwng osteoarthritis ac arthritis gwynegol.

C. Niwrobioleg ac ymddygiad

Yr ymennydd

>> *Cofiwch*

Mae gan fertebratau mwy datblygedig ymennydd mwy soffistigedig a cherebrwm mwy datblygedig yn y blaenymennydd.

cwestiwn cyflym

㊾ Enwch y bilen sy'n gorchuddio arwyneb yr ymennydd.

cwestiwn cyflym

㊿ Parwch y rhan o'r ymennydd (A–D) â'i swyddogaeth (1–5).

A Cerebelwm
B Medwla oblongata
C Cerebrwm
CH Hypothalamws
D Hipocampws

1 Cyfnerthu atgofion mewn storfa barhaol.
2 Rheoleiddio tymheredd y corff.
3 Rheoli cyfradd curiad y galon.
4 Rheoli ymddygiad gwirfoddol.
5 Cynnal osgo'r corff.

Yr ymennydd sy'n gyfrifol am gydlynu ymatebion i symbyliadau synhwyraidd. Mae wedi'i amgylchynu â thair pilen, sef **pilenni'r ymennydd**: y freithell denau ar arwyneb yr ymennydd, y freithell arachnoid, a'r freithell dew sydd ynghlwm wrth y penglog. Mae'r ymennydd yn parhau'n ddi-dor o fadruddyn y cefn, ac mae'n cynnwys pedair **fentrigl** (bylchau) sy'n parhau'n ddi-dor o diwb canolog madruddyn y cefn ac sydd felly'n cynnwys hylif yr ymennydd. Hylif yr ymennydd sy'n cyflenwi ocsigen a maetholion, e.e. glwcos, i niwronau yn yr ymennydd.

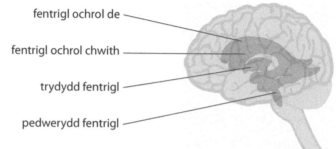

fentrigl ochrol de
fentrigl ochrol chwith
trydydd fentrigl
pedwerydd fentrigl

Fentriglau yn yr ymennydd

Mae tair rhan i'r ymennydd:

1. Mae'r blaenymennydd yn cynnwys y system limbig, sy'n gysylltiedig â chof, dysgu ac emosiynau. Mae'r system limbig wedi'i gwneud o'r canlynol:
   - Hypothalamws, sy'n rheoli swyddogaethau fel cysgu, tymheredd y corff, syched, a chrynodiad glwcos yn y gwaed. Mae'n rhyddhau hormonau, e.e. ADH, drwy'r chwarren bitŵidol.
   - Hipocampws, sy'n rhyngweithio â rhannau o gortecs yr ymennydd ac sy'n ymwneud â dysgu, rhesymu a phersonoliaeth ac sydd hefyd yn casglu atgofion mewn storfa barhaol.
   - Thalamws, sy'n ymddwyn fel canolfan gyfnewid drwy anfon gwybodaeth i'r cortecs cerebrol a derbyn gwybodaeth oddi yno.

   Mae hefyd yn cynnwys y **cerebrwm**, sy'n rheoli ymddygiad gwirfoddol a dysgu, rhesymu, personoliaeth a chof.

2. Mae'r ymennydd canol yn cysylltu'r blaenymennydd a'r ôl-ymennydd.

3. Yr ôl-ymennydd neu'r ymennydd ymlusgiad sy'n rheoli swyddogaethau sylfaenol y corff sydd eu hangen i oroesi. Mae'n cynnwys:
   - **Medwla oblongata**, sy'n ymwneud â rheoli cyfradd curiad y galon, awyru a phwysedd gwaed ac sy'n cynnwys llawer o ganolfannau pwysig y system nerfol awtonomig.
   - **Cerebelwm**, sy'n ymwneud â chynnal osgo'r corff a chydlynu'r rheolaeth fanwl dros gyhyrau gwirfoddol sydd ei hangen i ysgrifennu, a chwarae offeryn cerdd, etc.

Y system nerfol awtonomig

Y **system nerfol awtonomig** yw'r rhan o'r system nerfol sy'n rheoli prosesau awtomatig fel cyfradd curiad y galon, cyfradd awyru, pwysedd gwaed, treuliad a rheoli tymheredd. Mae wedi'i rhannu'n ddwy ran:

1. Y system nerfol sympathetig sydd yn gyffredinol yn cael effeithiau cyffroadol ar y corff, e.e. cynyddu cyfradd curiad y galon a chyfradd awyru. Mae'r rhan fwyaf o'r synapsau yn y system nerfol sympathetig yn rhyddhau noradrenalin fel y niwrodrosglwyddydd; mae hwn yn cael effeithiau tebyg ar gelloedd targed i'r hormon adrenalin.

2. Mae'r system nerfol barasympathetig yn gyffredinol yn cael effaith ataliol ar y corff, e.e. lleihau cyfradd curiad y galon a chyfradd awyru. Mae'r rhan fwyaf o synapsau yn y system nerfol barasympathetig yn rhyddhau asetylcolin fel niwrodrosglwyddydd.

Mae'r systemau'n gweithio'n wrthweithiol i reoli swyddogaethau'r corff.

Rheoli cyfradd curiad y galon

Mae cyfradd curiad y galon yn cael ei rheoli gan newidiadau i pH y gwaed sy'n digwydd yn ystod ymarfer corff wrth i garbon deuocsid gronni yn y gwaed. Mae'n cael ei rheoli'n awtonomig gan y ganolfan gardiofasgwlar yn y medwla oblongata, a does dim angen meddwl yn ymwybodol.

- Mae cyfradd curiad y galon yn cynyddu os yw cemodderbynyddion yn y rhydweli garotid yn canfod bod pH y gwaed yn gostwng ac yn symbylu canolfan cyflymu'r galon. Mae hyn yn symbylu'r nod sinwatrïaidd drwy ffibrau nerf sympathetig i gynyddu cyfradd cyffroad trydanol cyhyr y galon.

- Mae cyfradd curiad y galon yn lleihau os yw cemodderbynyddion yn y rhydweli garotid yn canfod bod pH y gwaed yn codi ac yn symbylu canolfan ataliol y galon. Mae hyn yn symbylu'r nod sinwatrïaidd drwy ffibrau nerf parasympathetig i leihau cyfradd cyffroad trydanol cyhyr y galon.

Cortecs cerebrol

Mae dau hemisffer yn yr ymennydd, ac mae sypyn o nerfau, y corpws caloswm, yn cysylltu'r ddau. Yr haen allanol (2–3 mm) yw'r cortecs cerebrol ac mae llawer o blygion ynddi, sy'n cynyddu'r arwynebedd sydd ar gael i brosesu gwybodaeth. Mae'n cynnwys miloedd o filiynau o niwronau, ac mae gan bob un o'r rhain lawer o gysylltiadau synaptig. Y cortecs cerebrol sy'n gyfrifol am feddyliau a gweithredoedd ymwybodol. Mae'r cortecs yn cynnwys breithell â llawer o gellgyrff, ond mae'r cerebrwm mewnol yn cynnwys gwynnin oherwydd presenoldeb myelin yn yr acsonau myelinedig.

Termau Allweddol

Cerebrwm: dau hemisffer sy'n gyfrifol am integreiddio swyddogaethau synhwyraidd a chychwyn swyddogaethau echddygol gwirfoddol. Ffynhonnell swyddogaethau deallusol mewn bodau dynol, sy'n fwy datblygedig nag mewn anifeiliaid eraill.

Medwla oblongata: rhan o'r ôl ymennydd sy'n cysylltu'r ymennydd â madruddyn y cefn ac yn rheoli swyddogaethau anwirfoddol, awtonomig.

Cerebelwm: rhan o'r ôl-ymennydd sy'n cyd-drefnu manwl gywirdeb ac amseriad gweithgareddau'r cyhyrau, gan gyfrannu at gydbwysedd ac osgo, ac at ddysgu sgiliau echddygol.

System nerfol awtonomig: Y rhan o'r system nerfol berifferol sy'n rheoli gweithredoedd awtomatig y corff. Mae'n gwneud hyn drwy weithgarwch gwrthweithiol y systemau nerfol sympathetig a pharasympathetig.

Mae'r ddau hemisffer cerebrol wedi'u rhannu'n bedair rhan adeileddol, sef y llabedau, ac mae gan bob un ei swyddogaethau penodol ei hun:

1. Mae gweithgareddau'r llabed flaen yn cyfrannu at resymu, cynllunio, siarad a symud, emosiynau a datrys problemau.

2. Mae llabed yr arlais yn ymwneud ag iaith, dysgu a chofio.

3. Mae'r llabed barwydol yn ymwneud â swyddogaethau corfforol-synhwyraidd sy'n gallu digwydd yn unrhyw ran o'r corff, a blasu.

4. Mae llabed yr ocsipwt yn ymwneud â'r golwg.

Mae modd rhannu'r cortecs cerebrol yn dair rhan weithredol wahanol:

1. Y rhannau neu'r cortecs synhwyraidd, sy'n derbyn ysgogiadau nerfol gan dderbynyddion yn y corff drwy'r thalamws.

2. Y rhannau neu'r cortecs echddygol, sy'n anfon ysgogiadau nerfol i effeithyddion drwy niwronau echddygol sy'n croesi yn y medwla oblongata sy'n golygu mai'r hemisffer chwith sy'n rheoli ochr dde'r corff.

3. Y rhan gydgysylltiol; dyma yw'r rhan fwyaf o'r cortecs cerebrol ac mae'n derbyn ysgogiadau o fannau synhwyraidd. Mae'n cysylltu'r wybodaeth mae'n ei derbyn â gwybodaeth oedd wedi'i storio'n flaenorol, sy'n golygu bod yr unigolyn yn gallu dehongli'r wybodaeth a rhoi ystyr iddi. Hon sydd hefyd yn gyfrifol am gychwyn ymatebion priodol i'w trosglwyddo i'r mannau echddygol perthnasol.

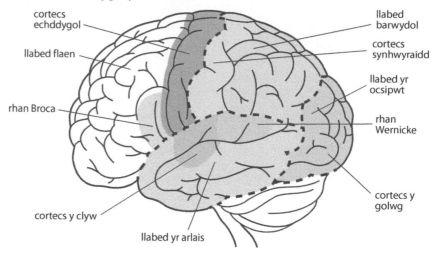

Rhannau gweithredol yr ymennydd dynol

cwestiwn cyflym

54 Pa labed yn y cortecs cerebrol sy'n ymwneud ag
a) iaith, dysgu a chofio, b) y golwg ac c) siarad a symud?

Term Allweddol

Homwncwlws: lluniad o'r berthynas rhwng cymlethdod nerfogaeth gwahanol rannau o'r corff a'r mannau a'r safleoedd yn y cortecs cerebrol sy'n eu cynrychioli nhw.

Mae maint y rhannau synhwyraidd ac echddygol sy'n gysylltiedig â gwahanol rannau o'r corff yn amrywio. Os oes niferoedd mawr o niwronau synhwyraidd, e.e. yn y tafod, y gwefusau a'r bysedd, mae darn mawr o'r rhan synhwyraidd wedi'i neilltuo i dderbyn ysgogiadau gan y rhannau hyn. Mae'r **homwncwlws** synhwyraidd yn dangos hyn. Yn yr un modd, mae angen llawer o niwronau echddygol i reoli symudiadau manwl cyhyrau'r wyneb a'r dwylo, ac felly mae cyfran fawr o'r rhan echddygol yn ymwneud â hyn, fel mae'r homwncwlws echddygol yn ei ddangos.

Iaith a lleferydd

Mae iaith a lleferydd yn cynnwys rhan Wernicke, rhan gyswllt sy'n dehongli iaith ysgrifenedig ac iaith lafar, a rhan Broca yn y rhan echddygol, sy'n nerfogi (cyflenwi nerfau i) y cyhyrau, e.e. y cyhyrau rhyngasennol a'r cyhyrau yn y geg, a'r laryncs sydd eu hangen i gynhyrchu sain. Mae'r ddwy ran wedi'u lleoli yn hemisffer chwith yr ymennydd ac mae sypyn o ffibrau nerfol, y ffasgell fwaog, yn cysylltu'r ddwy.

Niwrowyddoniaeth

Mae'n bosibl defnyddio nifer o dechnegau delweddu sydd ddim yn ymwthiol i weld adeiledd yr ymennydd a sut mae'n gweithio:

1. Mae electroenceffalograffeg (EEG) yn golygu rhoi electrodau ar groen y pen i gofnodi newidiadau cyffredinol i'r gweithgarwch trydanol mewn rhannau o'r ymennydd dros amser.
2. Mae sganiau tomograffeg gyfrifiadurol (CT: *computerised tomography*) yn cyfuno llawer o ddelweddau pelydr-X wedi'u cymryd o wahanol onglau â chyfrifiaduron i gynhyrchu llawer o ddelweddau cydraniad uchel o'r ymennydd mewn trawstoriad.
3. Mae delweddu cyseiniant magnetig (MRI: *magnetic resonance imaging*) yn defnyddio maes magnetig cryf, pylsiau amledd radio a chyfrifiadur i gynhyrchu delweddau 3D sy'n fanylach na sganiau CT ac yn dangos yn glir beth yw'r gwahaniaeth rhwng breithell a gwynnin yn yr ymennydd.
4. Mae delweddu cyseiniant magnetig swyddogaethol (fMRI: *functional magnetic resonance imaging*) yn dechneg i archwilio actifedd yr ymennydd mewn amser real yn hytrach na'i adeiledd. Mae'n defnyddio pwls tonnau radio (yn ogystal â maes magnetig) sy'n rhyngweithio'n wahanol â haemoglobin ac ocsihaemoglobin gan ddangos mannau lle mae mwy o alw am ocsigen, sy'n awgrymu mwy o weithgarwch yn yr ymennydd.
5. Mae tomograffeg allyrru positronau (PET: *positron emission tomography*) yn dechneg niwroddelweddu sy'n golygu chwistrellu swm bach o isotop ymbelydrol fflworodeocsiglwcos, sy'n cael ei dderbyn i gelloedd actif ac yna'n allyrru positron wrth iddo ddadfeilio. Mae'r sganiwr yn canfod hyn ac yn dangos mannau lle mae mwy o resbiradaeth yn digwydd. Mae gan yr isotop a ddefnyddir hanner oes byr ac felly mae'n cael ei ddileu o'r corff yn gyflym.

Niwroplastigedd

Mae llawer o rannau o'r ymennydd yn aros yn blastig ac felly'n gallu newid hyd yn oed mewn oedolion, gan ffurfio cysylltiadau newydd â niwronau fel ymateb i wybodaeth, datblygiad neu niwed synhwyraidd. Ar ôl strôc neu anaf arall i'r ymennydd, mae acsonau sydd heb eu niweidio yn ffurfio llwybrau newydd â niwronau sydd wedi'u niweidio. Mae dau fath o **niwroplastigedd**:

1. Plastigedd synaptig yw gallu synaps i newid faint o niwrodrosglwyddydd mae'n ei ryddhau neu newid yr ymateb sy'n cael ei gychwyn yn y niwron ôl-synaptig. Mae hyn yn bwysig i ddysgu a chofio.
2. Mae plastigedd ansynaptig yn golygu newid cynhyrfedd acson drwy addasu'r sianeli â gatiau foltedd, yn aml o ganlyniad i anaf.

cwestiwn cyflym

55 Pa dechneg delweddu sy'n cynnwys chwistrellu swm bach o isotop ymbelydrol?

cwestiwn cyflym

56 Enwch y math o niwroplastigedd sy'n ymwneud â newid cynhyrfedd acson drwy addasu'r sianeli â gatiau foltedd.

Niwroplastigedd: gallu'r ymennydd i addasu ei adeiledd a'i weithredoedd ei hun ar ôl newidiadau o fewn y corff neu yn yr amgylchedd allanol.

Tocio synaptig: dileu synapsau; mae hyn yn digwydd rhwng plentyndod cynnar ac aeddfedrwydd.

Mae **tocio synaptig**, sy'n digwydd yn ystod y glasoed, yn lleihau nifer y synapsau i bob niwron o tua 15,000 i bob niwron mewn plant 3 oed i 1000–10,000 i bob niwron mewn oedolion, fel ymateb i ryngweithiadau â'r amgylchedd. Mae hyn yn arwain at gysylltiadau 'cynhenid' sy'n gallu trosglwyddo signalau'n gyflym ac yn gywir.

I ddatblygu iaith mewn bodau dynol, mae angen llawer o brofiad ar ôl genedigaeth er mwyn cynhyrchu a datgodio synau siarad sy'n sail i iaith, felly rhaid i hyn ddigwydd yn gynnar mewn bywyd. Mae oediad datblygiad iaith yn gallu digwydd os nad yw plentyn yn clywed yn iawn, e.e. oherwydd llawer o heintiau clust yn ystod y blynyddoedd cyntaf ac i blant byddar oni bai eu bod nhw'n gallu eu mynegi eu hunain mewn modd arall, e.e. iaith arwyddion. Mewn enghraifft adnabyddus, roedd merch 'wyllt' heb gael dim iaith nes ei bod hi'n 13 oed, ac er gwaethaf hyfforddiant dwys, wnaeth hi erioed ddysgu mwy na chyfathrebu sylfaenol.

Salwch meddwl

Mae astudiaethau wedi dangos bod ffactorau genynnol yn rhannol gyfrifol am salwch meddwl fel iselder a sgitsoffrenia, ond mae'r achosion yn gymhleth ac yn amrywiol. Mae llawer o gyflyrau'n bolygenig, ac rydym ni'n meddwl bod epigeneteg yn chwarae rhan oherwydd bod llawer o swyddogaethau'r ymennydd yn cyd-fynd â newidiadau i fynegiad genynnau ar lefel celloedd.

Mae plant sydd wedi'u cam-drin 50% yn fwy tebygol na'r boblogaeth gyffredinol o ddioddef o iselder difrifol fel oedolion, ac mae'n anoddach iddyn nhw wella. Maen nhw hefyd yn wynebu risg llawer uwch o gyflyrau eraill gan gynnwys sgitsoffrenia, anhwylderau bwyta, anhwylderau personoliaeth, clefyd deubegynol a phryder cyffredinol, yn ogystal â bod yn fwy tebygol o gamddefnyddio cyffuriau neu alcohol. Y gred yw bod profiadau drwg yn ystod cyfnod datblygu allweddol i blentyn yn achosi newidiadau ffisegol yn yr ymennydd a allai fod yn rhannol epigenetig.

Swyddogaeth cortisol

Yr hipocampws sy'n rheoli cynhyrchu cortisol ac mae'n cael ei ryddhau o'r chwarennau adrenal i mewn i'r gwaed. Ei waith yw cynyddu lefel glwcos yn y gwaed ac atal y system imiwnedd. Mae'r corff yn cynhyrchu mwy ohono os yw dan straen:

- Mae'r hipocampws yn anfon ysgogiadau i'r hypothalamws, sy'n rhyddhau dau hormon, hormon rhyddhau corticotroffin a fasopresin arginin.
- Mae'r hormonau hyn yn symbylu'r chwarren bitŵidol i ryddhau'r hormon adrenocorticotroffin i mewn i'r gwaed, sy'n peri i gelloedd y chwarennau adrenal ryddhau cortisol.
- Mae cortisol yn rhwymo wrth dderbynyddion glwcocorticoid ar yr hipocampws, sy'n ymateb drwy anfon ysgogiadau nerfol ataliol i'r hypothalamws, sy'n atal rhyddhau mwy o gortisol. Mae hyn yn enghraifft o adborth negatif.

Mae'n ymddangos bod oedolion sydd wedi dioddef plentyndod trawmatig, wastad dan ormod o straen am eu bod yn cynhyrchu gormod o gortisol, sy'n awgrymu nad yw'r ddolen adborth yn gweithio'n iawn.

Ymddygiad

Mae ymddygiad yn gallu bod yn gynhenid, sef greddfol, neu wedi'i ddysgu.

1. Mae ymddygiad cynhenid yn fwy arwyddocaol mewn anifeiliaid â systemau niwral llai cymhleth, oherwydd ei bod yn anoddach iddyn nhw addasu eu hymddygiad o ganlyniad i ddysgu. Mae'n cynnwys:

   - Atgyrchau (gweler tudalen 66), sy'n gyflym ac yn awtomatig ac yn amddiffyn rhan o organeb rhag nlwed.
   - Cinesisau, sy'n fwy cymhleth nag atgyrchau – mae'r organeb gyfan yn symud, ac maen nhw'n anghyfeiriol, gan arwain at symudiad cyflymach neu newid cyfeiriad.
   - Tacsisau – gyda'r rhain, mae'r organeb gyfan yn symud fel ymateb i symbyliad, naill ai i gyfeiriad y symbyliad neu oddi wrtho. Gwelir enghraifft o hyn gyda phryfed lludw, sy'n dangos ffototacsis negyddol drwy symud oddi wrth olau.

2. Mae ymddygiad wedi'i ddysgu yn adeiladu ar wybodaeth sy'n bodoli ac yn ei haddasu hi, gan arwain at newid cymharol barhaol i ymddygiad neu sgiliau.

   - Mae cynefino yn cynnwys dysgu anwybyddu symbyliadau oherwydd nad oes gwobr na chosb i'w cael amdanynt.
   - Mae argraffu yn digwydd yn ifanc iawn yn ystod cyfnod critigol o ddatblygiad yr ymennydd mewn adar a rhai mamolion. Sylwodd Konrad Lorenz fod adar ifanc, a rhai mamolion ifanc, yn ymateb i'r gwrthrych mawr symudol cyntaf maen nhw'n ei weld, ei arogli, ei gyffwrdd neu ei glywed. Maen nhw'n ymlynu wrth y gwrthrych hwn ac mae'r ymlyniad yn cael ei atgyfnerthu gan wobrau, e.e. bwyd.
   - Mae ymddygiadau cysylltiadol yn cynnwys cyflyru clasurol a gweithredol, lle mae anifeiliaid yn cysylltu un math o symbyliad ag ymateb neu weithred benodol:
     - Mae cyflyru clasurol yn ymwneud â chysylltu symbyliad naturiol a symbyliad artiffisial i gynhyrchu'r un ymateb. Cynhaliodd Ivan Pavlov arbrofion â chŵn lle'r oedd yn defnyddio 'symbyliad niwtral' o gloch yn canu; roedd y cŵn yn dysgu ei gysylltu â bwyd. Byddai'r cŵn yn glafoerio fel ymateb i'r gloch, hyd yn oed heb y bwyd.
     - Cyflyru gweithredol yw ffurfio cysylltiad rhwng ymddygiad penodol a gwobr neu gosb. Cynhaliodd BF Skinner arbrofion â llygod lle roedden nhw'n dysgu pwyso lifer i gael bwyd (gwobr) neu i stopio sŵn uchel (cosb).
     - Dydy dysgu cudd (archwiliadol) ddim yn cael ei wneud i fodloni angen nac i gael gwobr. Mae llawer o anifeiliaid yn archwilio amgylchoedd newydd ac yn dysgu gwybodaeth a allai, yn nes ymlaen, olygu'r gwahaniaeth rhwng byw a marw.
     - Dydy dysgu mewnweledol ddim yn digwydd o ganlyniad i ddysgu cynnig a gwella ar unwaith, ond mae'n gallu bod yn seiliedig ar wybodaeth gafodd ei dysgu mewn gweithgareddau ymddygiadol eraill cyn hynny. Cynhaliodd Kohler arbrofion â tsimpansïaid yn y 1920au lle'r oedd yn rhoi bwyd iddyn nhw, ond y tu hwnt i'w cyrraedd. Rhoddwyd ffyn a blychau i'r tsimpansïaid, ac yn y diwedd roedden nhw'n dysgu sut i'w defnyddio nhw i gyrraedd y bwyd.

cwestiwn cyflym

(57) Beth yw'r prif wahaniaeth rhwng tacsisau a chinesisau?

cwestiwn cyflym

(58) Enwch y math o ddysgu sy'n golygu ffurfio cysylltiad rhwng ymddygiad penodol a gwobr neu gosb.

cwestiwn cyflym

(59) Enwch y math o ddysgu sy'n ymwneud â chysylltu symbyliad naturiol a symbyliad artiffisial i gynhyrchu'r un ymateb.

- Mae dynwared yn fath datblygedig o ddysgu cymdeithasol sy'n golygu bod patrymau ymddygiad wedi'u dysgu yn gallu lledaenu'n gyflym rhwng unigolion a chael eu trosglwyddo o genhedlaeth i genhedlaeth. Mae'n golygu copïo ymddygiad anifail arall. Mae'n gallu arwain at wahaniaethau rhwng grwpiau cymdeithasol, e.e. mae rhai tsimpansïaid yn defnyddio cerrig i gracio cnau, ac eraill yn defnyddio canghennau.

Byw mewn grwpiau cymdeithasol

Mae llawer o rywogaethau yn ffurfio grwpiau cymdeithasol â llawer o strwythur, sef cymdeithasau, lle mae ymddygiad un yn gallu effeithio ar eraill yn y grŵp. Mae'r ymddygiad cymdeithasol hwn yn dibynnu ar allu anifeiliaid i gyfathrebu â'i gilydd wrth i un anifail ddefnyddio symbyliadau arwydd (signalau) sy'n cael eu hadnabod gan anifail arall, sy'n sbarduno ymateb cynhenid, e.e. mae cyw gwylan yn begian fel ymateb i'r smotyn coch ar big ei riant. Rydym ni'n aml yn cyfeirio at rhain fel **patrymau gweithredu sefydlog** (FAP: *fixed action patterns*) sy'n fath o ymddygiad stereoteip lle mae'r symbyliad arwydd yn actifadu llwybrau nerfau sy'n arwain at symudiadau cydlynol heb ddim meddwl ymwybodol. Mae ymateb yr unigolyn yn dibynnu ar ei gyflwr cymhelliant, e.e. fydd llewpart hela ddim yn dechrau ymddygiad stelcio wrth weld ysglyfaeth heblaw ei fod yn llwglyd.

Cynhaliodd Tinbergen arbrofion â gwenyn mêl sy'n chwilota, a dangosodd rhain fod gan y gwenyn ddiddordeb mewn blodau ffug melyn a phorffor, ond doedden nhw ddim yn glanio i fwydo os nad oedd yr arogl cywir yn bresennol hefyd. Dim ond pan oedd yr arogl yn bresennol fyddai'r gwenyn yn rhoi eu gên-rannau i mewn ac yn bwydo. Mae'r mathau hyn o ymddygiad yn fwy cymhleth nag atgyrchau, ac mae profiadau yn gallu eu haddasu nhw.

Strwythurau cymdeithasol pryfed

Mae llawer o bryfed yn gymdeithasol ac yn byw mewn cytrefi sy'n seiliedig ar system cast, e.e. morgrug, gwenyn a thermitiaid. Yn y cytrefi maen nhw'n gofalu am epil ifanc, mae cenedlaethau'n gorgyffwrdd yn y gytref, ac maen nhw'n rhannu llafur fel nad yw unigolion yn gallu cyflawni tasgau unigolion o gastiau eraill. Mae hyn yn arwain at effeithlonrwydd da o fewn y grŵp. Mae aelodau'n cyfathrebu drwy gyfrwng cyffyrddiad, cyfeiriadaeth weledol a fferomonau.

Mae cytref gwenyn mêl yn cynnwys un fenyw ffrwythlon (y frenhines), ynghyd â rhai cannoedd o wrywod sy'n gallu atgenhedlu (gwenyn segur) a degau o filoedd o weithwyr benywol anffrwythlon. Mae'r gweithwyr yn dod o hyd i neithdar, yn glanhau'r cwch, yn gofalu am y rhai ifanc, yn adeiladu diliau cwyr newydd ac yn amddiffyn y gytref. Darganfu Karl von Frisch sut mae gwenyn mêl yn cyfathrebu am bellter a chyfeiriad y ffynhonnell bwyd i weithwyr eraill drwy berfformio dawns ym mynedfa'r cwch: Mae dawns gron yn nodi bod y ffynhonnell lai na 70 m oddi wrth y cwch. Mae dawns siglo yn nodi bod y ffynhonnell dros 70 m i ffwrdd ac yn rhoi ei chyfeiriad mewn perthynas â'r cwch a'r haul.

Strwythur cymdeithasol fertebratau

Mae grwpiau cymdeithasol ymysg fertebratau yn seiliedig yn bennaf ar **hierarchaethau goruchafiaeth** lle mae unigolyn trechol (gwryw alffa yn aml) yn drechol dros eraill. Mae'r hierarchaethau'n tueddu i fod yn llinol ac felly does dim aelodau sy'n gyfartal â'i gilydd, e.e. grŵp o ieir sy'n rhannu cwt ieir. Er mwyn i'r math hwn o hierarchaeth fodoli, mae angen i'r anifeiliaid allu adnabod ei gilydd fel unigolion a gallu dysgu.

Mae hierarchaeth goruchafiaeth yn lleihau'r ymosodedd unigol sy'n gysylltiedig â: bwydo, dewis cymar a dewis safle bridio, ac yn sicrhau bod adnoddau'n cael eu rhannu. Mae hefyd yn sicrhau bod mwy o fenywod ar gael i'r gwryw mwyaf ffit ac felly'n cynhyrchu epil mwy ffit mewn hierarchaeth lle mai'r gwryw sy'n drechaf.

Mae hierarchaeth goruchafiaeth yn gymharol sefydlog, oherwydd dewis olaf yn unig yw ymladd. Cyn i geirw coch gyplu, maen nhw'n gwneud cyfres o ddefodau, e.e. yn ystod y tymor cyplu, mae'r hyddod yn rhuo ac yn cerdded yn baralel â'i gilydd i asesu cryfder eu gwrthwynebydd. Os nad yw'r hydd gwannaf yn ildio, byddan nhw'n taro eu cyrn yn erbyn ei gilydd. Os yw hyn yn parhau, mae'n gallu achosi anafiadau.

Term Allweddol

Hierarchaeth goruchafiaeth: system i raddio cymdeithas o anifeiliaid; mae pob anifail yn ymostyngol i anifeiliaid ar raddau uwch ond yn drech nag anifeiliaid ar raddau is.

Ymddygiad tiriogaethol a charwriaethol

Mae'r rhan fwyaf o anifeiliaid yn byw mewn ardal benodol, sef y maestir cartref, ond dim ond rhai sy'n amddiffyn tiriogaeth rhag aelodau eraill o'r un rhywogaeth. Mae tiriogaethau'n cael eu marcio ag arogl, arwyddion gweledol, e.e. ymgarthion, a synau neu alwadau.

Mae ymddygiad carwriaeth yn cael ei ddefnyddio i ddenu cymar fel bod modd adnabod unigolion rhywiol dderbyngar o'r un rhywogaeth. Mae defodau carwriaeth cymhleth wedi esblygu ac mae'r rhain yn gynhenid, gan sicrhau cyplu mewnrywogaethol, e.e. crethyll (*sticklebacks*). Os yw benyw sy'n cludo wy yn agosáu, mae'r gwryw'n dechrau nofio'n igam-ogam, sy'n ei denu hi i nofio'n agosach, ac mae hynny yn ei dro yn ei symbylu ef i nofio at y nyth a rhoi ei drwyn i mewn. Mae hyn yn symbylu'r fenyw i sleifio i mewn i'r twnel. Mae'r gwryw yna'n gwthio yn erbyn ei chynffon, sy'n ei symbylu hi i silio, ac yna mae hi'n nofio allan o ben arall y nyth. Yna, mae'r gwryw'n mynd i mewn ac yn rhoi sberm ar yr wyau.

Mae llawer o rywogaethau'n dangos dwyffurfedd rhywiol lle mae'r gwrywod yn edrych yn wahanol i'r benywod, e.e. peunod a pheunesau. Mae cynffon y paun yn faich mawr ac yn gwneud y gwryw'n fwy tebygol o ddioddef ysglyfaethu, ond mae'n dangos ei ffitrwydd genynnol i'r fenyw.

Mae dwy brif ddamcaniaeth ynglŷn â beth sy'n gyrru detholiad rhywiol:

1. Detholiad mewnrywiol neu ornest rhwng gwrywod. Mewn rhai rhywogaethau, e.e. llewod Affricanaidd, ac eliffantod môr y de, mae'r gwrywod yn llawer mwy na'r benywod. Mae'r gwrywod yn ymladd dros y benywod ac felly mae detholiad rhywiol wedi ffafrio esblygiad gwrywod sy'n fwy o faint ac yn fwy ymosodol.

2. Detholiad rhyngrywiol neu ddewis y fenyw, lle mae llwyddiant gwryw i atgenhedlu yn dibynnu ar y model atyniad corfforol a'r model handicap gwrywol.

cwestiwn cyflym

60 Beth yw'r gwahaniaeth rhwng maestir cartref a thiriogaeth?

> **Cofiwch**
>
> Gyda dwyffurfedd rhywiol, bydd dethol rhywiol a detholiad naturiol yn gweithio yn erbyn ei gilydd: Bydd dethol rhywiol yn gwneud nodwedd yn fwy amlwg, i helpu i ddenu cymar, ond bydd hyn yn gostus i'r gwryw drwy ei wneud yn fwy amlwg i ysglyfaethwyr.

Crynodeb Uned 4

4.1 Atgenhedlu rhywiol mewn bodau dynol

- Gametogenesis yw'r broses o gynhyrchu gametau mewn cyfres o raniadau mitotig a meiotig yn y ceilliau a'r ofarïau.

- Mae'r gylchred fislifol yn cael ei rheoli gan hormonau gonadotroffig o'r chwarren bitwïdol flaen a gan hormonau o'r ofari ei hun.

- Mae sbermatosoa ac oocytau eilaidd wedi addasu ar gyfer ffrwythloniad.

- Ar ôl ffrwythloniad, mae blastocyst yn ffurfio sy'n mewnblannu yn leinin yr endometriwm, gan arwain at feichiogrwydd.

4.3 Etifeddiad

- Genyn yw dilyniant DNA ar gromosom sydd fel rheol yn codio ar gyfer polypeptid penodol, sy'n cymryd safle neu locws penodol.

- Mewn cyd-drechedd, mae'r ddau alel yn y croesiad yn drechol ac felly mae'r ddau'n cael eu mynegi'n hafal.

- Mae cysylltedd awtosomaidd yn digwydd pan fydd dau enyn gwahanol yn bodoli ar yr un cromosom ac felly'n methu arwahanu'n annibynnol.

- Mae cysylltedd rhyw yn golygu bod genyn wedi'i gludo ar gromosom rhyw, fel bod nodwedd mae'n ei hamgodio yn ymddangos yn bennaf mewn un rhyw.

- Mwtaniad yw newid i swm, trefniad neu adeiledd y DNA mewn organeb.

- Mae dystroffi cyhyrol Duchenne (DCD), fel haemoffilia, yn cael ei achosi gan alel enciliol cysylltiedig ag X, ond mae'n ymwneud â'r genyn sy'n codio ar gyfer dystroffin, rhan o glycoprotein sy'n sefydlogi cellbilenni ffibrau cyhyrau.

4.2 Atgenhedlu rhywiol mewn planhigion

- Peilliad yw trosglwyddo paill o anther un blodyn i stigma aeddfed blodyn arall o'r un rhywogaeth.

- Mae blodau wedi addasu i drosglwyddo paill o un blodyn i un arall, gan ddefnyddio'r gwynt neu bryfed.

- Mae planhigion wedi esblygu gwahanol ddulliau o wasgaru eu hadau'n llwyddiannus.

- Mae angen amodau optimaidd ar gyfer eginiad, gan gynnwys dŵr, cynhesrwydd ac ocsigen.

4.4 Amrywiad ac esblygiad

- Mae amrywiad yn gallu bod yn barhaus neu'n amharhaus.

- Mae modd defnyddio'r prawf-*t* i weld a oes gwahaniaeth arwyddocaol rhwng cymedrau dwy gyfres ddata.

- Mae dylanwadau amgylcheddol yn effeithio ar y ffordd mae genoteip yn cael ei fynegi, ac mae hyn yn arwain at wahanol ffenoteipiau.

- Mae cystadleuaeth yn gallu bod yn fewnrywogaethol neu'n rhyngrywogaethol.

- Mae egwyddor Hardy-Weinberg yn datgan, mewn amodau delfrydol, bod amlderau alelau a genoteipiau mewn poblogaeth yn gyson.

- Mae newidiadau i amodau amgylcheddol yn dod â phwysau dethol newydd oherwydd cystadleuaeth, ysglyfaethu neu glefydau, sy'n newid yr amlder alelau.

- Ffurfiant rhywogaethau yw esblygiad rhywogaethau newydd o rywogaethau sy'n bodoli.

4.5 Cymwysiadau atgenhedliad a geneteg

- Rydym ni wedi dilyniannu genomau llawer o organebau.

- Mae modd defnyddio'r adwaith cadwynol polymeras (PCR) i gopïo nifer mawr o ddarnau penodol o DNA yn gyflym.

- Dull o wahanu darnau o DNA yn ôl eu maint yw electrofforesis gel.

- Mae peirianneg enynnol yn ein galluogi ni i drin genynnau, eu haddasu nhw neu eu trosglwyddo nhw o un organeb neu rywogaeth i un arall, gan wneud organeb a'i genynnau wedi'u haddasu (GMO: *genetically modified organism*).

- Ensymau bacteriol yw ensymau cyfyngu, ac maen nhw'n torri unrhyw DNA estron sy'n mynd i mewn i gell yn ddarnau.

- Ensym bacteriol yw DNA ligas sy'n uno esgyrn cefn siwgr-ffosffad dau foleciwl DNA â'i gilydd.

- Ensym yw transgriptas gwrthdro sy'n cynhyrchu DNA o dempled RNA.

- Mae modd peiriannu genynnau bacteria i gynhyrchu cynhyrchion meddyginiaethol, e.e. inswlin.

- Mae modd peiriannu genynnau cnydau fel eu bod nhw'n gallu gwrthsefyll clefydau a phlâu.

- Mae modd defnyddio therapi genynnau i drin nifer o glefydau genynnol gan gynnwys ffibrosis cystig a DCD.

Opsiwn A: Imiwnoleg a chlefydau

- Mae clefyd yn cyfeirio at salwch mewn pobl, anifeiliaid neu blanhigion sy'n cael ei achosi gan haint neu fethiant iechyd.

- Y bacteriwm Gram negatif *Vibrio cholera* sy'n achosi colera.

- Y bacteriwm basilws *Mycobacterium tuberculosis* sy'n achosi twbercwlosis (TB).

- Y firws *Variola major* sy'n achosi'r frech wen.

- Mae tri is-grŵp i firws ffliw, ac mae'r rhain yn cynnwys firysau â mathau antigenig gwahanol. Mae firws ffliw yn ymosod ar y pilenni mwcaidd yn rhan uchaf y llwybr resbiradu.

- Y parasit protoctistaidd *Plasmodium* sy'n achosi malaria. Mae'r gylchred lle mae celloedd coch y gwaed yn byrstio ac yn rhyddhau merosoitau sy'n mynd ymlaen i heintio celloedd eraill yn ailadrodd bob yn ail a thrydydd diwrnod, ac yn achosi twymyn sy'n dychwelyd dro ar ôl tro.

- Parasitiaid mewngellol yw firysau. Maen nhw'n defnyddio llwybrau metabolaidd y gell letyol i atgynhyrchu, ac yn cynhyrchu effeithiau pathogenaidd ar yr organeb letyol.

- Mae adeiledd cellfur bacteria yn dylanwadu'n fawr ar y math o wrthfiotig fydd yn effeithiol.

- Mae gan facteria Gram positif gellfuriau mwy trwchus na bacteria Gram negatif; maen nhw'n cynnwys peptidoglycan â moleciwlau polysacarid wedi'u trawsgysylltu â chadwynau ochr asid amino. Mae gan facteria Gram negatif gellfuriau teneuach ond mwy cymhleth.

- Ymwrthedd i wrthfiotig yw gallu micro-organeb i wrthsefyll effeithiau gwrthfiotig.

- Mae dwy ran i'r ymateb imiwn: Yr ymateb hylifol, sy'n arwain at gynhyrchu gwrthgyrff a'r lymffocytau B, a'r ymateb cell-gyfryngol sy'n cynnwys actifadu lymffocytau B a T a chelloedd ffagocytig.

- Mae'r ymateb cynradd yn digwydd ar ôl dod i gysylltiad ag antigen penodol am y tro cyntaf. Mae'r ymateb eilaidd yn digwydd ar ôl dod i gysylltiad â'r un antigen eto, ac mae hwn yn ymateb llawer cyflymach.

- Mae imiwnedd goddefol yn digwydd pan mae'r corff yn derbyn gwrthgyrff, naill ai'n naturiol neu'n artiffisial.

- Mae imiwnedd actif yn digwydd pan mae'r corff yn cynhyrchu ei wrthgyrff ei hun fel ymateb i bresenoldeb antigenau.

Opsiwn B: Anatomi cyhyrysgerbydol dynol

- Y tair prif feinwe yn y system gyhyrysgerbydol yw cartilag, asgwrn a chyhyr ysgerbydol.

- Mae cartilag yn feinwe gyswllt galed a hyblyg sy'n caniatáu i ffurfiad symud, e.e. y cawell asennau, ond sydd hefyd yn ddigon cryf i gynnal ffurfiad, e.e. y tracea.

- Mae asgwrn yn cynnal ffurfiad, yn darparu mannau i gyhyrau gydio ynddynt, a hefyd yn ymwneud a rheoleiddio mwynau.

- Mae'r llech (*rickets*) yn digwydd os nad oes digon o fwynau yn cael eu dyddodi yn esgyrn plant sy'n tyfu, o ganlyniad i ddiffyg calsiwm neu fitamin D sy'n hydawdd mewn braster, yn y deiet.

- Osteoporosis yw colli dwysedd esgyrn sbwngaidd ac esgyrn cywasgedig yn annormal, ac mae'n gwneud yr esgyrn yn fwy tebygol o dorri.

- Mae cyhyr ysgerbydol wedi'i wneud o ffibrau cyhyrau, sef celloedd hir tenau sy'n cynnwys llawer o gnewyll.

- Y ddamcaniaeth ffilament llithr yw'r ddamcaniaeth cyfangiad cyhyr sy'n datgan bod ffilamentau actin tenau yn llithro rhwng ffilamentau myosin trwchus, fel ymateb i ysgogiad nerfol drwy gyfrwng y system T.

- Cyhyrau plycio araf sy'n cyfangu'n araf ond gyda llai o rym na ffibrau plycio cyflym. Cyhyrau plycio cyflym sy'n cyfangu'n gyflym gyda mwy o rym. Mae modd newid cyfrannau'r ffibrau plycio araf a chyflym drwy wneud ymarfer corff.

Opsiwn B parhad...

- Mae torasgwrn yn gallu digwydd oherwydd ardrawiad neu straen mawr, lle mae'r grym ar yr asgwrn yn fwy na'i gryfder, e.e. oherwydd trawma.

- Mae siâp y fertebrâu ac ongl y cymalau ffased ac allwthiadau'r asgwrn cefn yn amrywio i lawr yr asgwrn cefn, gan ganiatáu gwahanol raddau o symudiad.

- Cymal yw lle mae esgyrn yn cwrdd. Mae cymalau'n cael eu dosbarthu yn ôl y math o symudiad sy'n bosibl.

- Mae cyhyrau gwrthweithiol yn gweithio mewn parau i gydlynu symudiad mewn cymalau lle mae cyhyryn plygu yn caniatáu plygu a chyhyryn estyn ar gyfer sythu.

- Os yw lifer mewn ecwilibriwm, $F_1 \times d_1 = F_2 \times d_2$ lle F_1 yw'r grym mae'r llwyth yn ei roi ac F_2 yw'r grym mae'r ymdrech yn ei roi, ac mae d yn cynrychioli pellteroedd y llwyth a'r ymdrech oddi wrth y ffwlcrwm.

- Osteoarthritis yw'r clefyd cymalau mwyaf cyffredin. Mae'n glefyd dirywiol lle mae cartilag cymalog yn ymddatod yn gyflymach nag y mae'r corff yn gallu creu cartilag newydd.

- Cyflwr awtoimiwn yw arthritis gwynegol sy'n ymosod ar esgyrn a chartilag yn y cymalau, gan achosi llid difrifol.

Opsiwn C: Niwrobioleg ac ymddygiad

- Yr ymennydd sy'n gyfrifol am gydlynu ymatebion i symbyliadau synhwyraidd. Mae wedi'i amgylchynu â thair pilen, sef pilenni'r ymennydd.

- Mae tair rhan i'r ymennydd: yr ymennydd blaen, yr ymennydd canol a'r ôl-ymennydd.

- Y cerebrwm sy'n rheoli ymddygiad gwirfoddol a dysgu, a'r medwla oblongata sy'n rheoli cyfradd y galon ac awyru. Mae'r cerebelwm yn ymwneud â chynnal osgo'r corff, ac mae'r hypothalamws yn rheoli tymheredd y corff a chrynodiad glwcos yn y gwaed.

- Mae cyfradd curiad y galon yn cael ei rheoli gan newidiadau i pH y gwaed sy'n digwydd yn ystod ymarfer corff wrth i garbon deuocsid gronni yn y gwaed.

- Mae'r ddau hemisffer cerebrol wedi'u rhannu'n bedair rhan adeileddol, sef y llabedau:
  - Mae'r llabed flaen yn ymwneud â rhesymu, cynllunio, rhannau o siarad a symud, emosiynau a datrys problemau.
  - Mae llabed yr arlais yn ymwneud ag iaith, dysgu a chofio.
  - Mae'r llabed barwydol yn ymwneud â gwaith corfforol-synhwyraidd a blas.
  - Mae llabed yr ocsipwt yn ymwneud â'r golwg.

- Mae iaith a lleferydd yn cynnwys rhan Wernicke, rhan gyswllt sy'n dehongli iaith ysgrifenedig ac iaith lafar, a rhan Broca yn y rhan echddygol, sy'n nerfogi (cyflenwi nerfau i) y cyhyrau sydd eu hangen i gynhyrchu sain.

- Mae modd defnyddio nifer o dechnegau delweddu sydd ddim yn ymwthiol i weld adeiledd yr ymennydd a sut mae'n gweithio, gan gynnwys sganiau EEG, CT, MRI, fMRI a PET.

- Niwroplastigedd yw gallu'r ymennydd i addasu ei adeiledd a'i weithredoedd ei hun ar ôl newidiadau o fewn y corff neu yn yr amgylchedd allanol.

- Mae astudiaethau wedi dangos bod y risg o ddatblygu salwch meddwl fel iselder a sgitsoffrenia, wedi'i achosi'n rhannol gan ffactorau genynnol.

- Mae ymddygiad yn gallu bod yn gynhenid, sef greddfol, neu wedi'i ddysgu.

- Mae strwythurau cymdeithasol wedi esblygu mewn anifeiliaid, sy'n gallu cynnwys cydweithio i fagu epil, chwilota neu hela, amddiffyn a dysgu.

Arfer a thechneg arholiad

Nodau ac amcanion

Nod Bioleg Safon Uwch CBAC yw annog dysgwyr i wneud y canlynol:

- Datblygu gwybodaeth a dealltwriaeth hanfodol o wahanol feysydd bioleg a sut mae'r meysydd hyn yn cysylltu â'i gilydd.
- Datblygu a dangos gwerthfawrogiad dwfn o'r sgiliau, y wybodaeth a'r ddealltwriaeth o ddulliau gwyddonol a ddefnyddir mewn bioleg.
- Datblygu cymhwysedd a hyder mewn amrywiaeth o sgiliau ymarferol, mathemategol a datrys problemau.
- Datblygu eu diddordeb a'u brwdfrydedd am bwnc bioleg, gan gynnwys datblygu diddordeb i'w astudio ymhellach ac i ddilyn gyrfaoedd sy'n gysylltiedig â'r pwnc.
- Deall sut mae'r gymdeithas yn gwneud penderfyniadau am faterion biolegol a sut mae bioleg yn cyfrannu at lwyddiant yr economi a'r gymdeithas.

Mathau o gwestiynau arholiad

Mae **dau** brif fath o gwestiwn yn yr arholiad:

1. Cwestiynau strwythuredig ateb byr ac ateb hirach

Mae'r rhan fwyaf o gwestiynau'n perthyn i'r categori hwn. Efallai y bydd y cwestiynau hyn yn gofyn i chi ddisgrifio, esbonio, cymhwyso, a/neu werthuso rhywbeth, ac maen nhw'n werth 6–10 marc fel arfer. Gallai cwestiynau cymhwyso ofyn i chi ddefnyddio eich gwybodaeth mewn cyd-destun anghyfarwydd neu esbonio data arbrofol. Mae'r cwestiynau wedi'u rhannu'n ddarnau llai, e.e. (a), (b), (c), etc., a gallai'r rhain gynnwys rhai cwestiynau enwch neu nodwch am 1 marc, ond bydd y rhan fwyaf ohonyn nhw'n gofyn i chi ddisgrifio, esbonio neu werthuso rhywbeth am 2–5 marc. Efallai y bydd gofyn i chi hefyd gwblhau tabl, labelu neu luniadu diagram, plotio graff, neu wneud cyfrifiad mathemategol.

Rhai enghreifftiau sy'n gofyn am 'enwch', 'nodwch' neu 'diffiniwch':

- Diffiniwch y term bioamrywiaeth. (1 marc)
- Nodwch y term sy'n cael ei ddefnyddio i ddisgrifio trosglwyddiad egni rhwng ysyddion. (1 marc)
- Enwch y celloedd sydd wedi'u dangos sy'n cyflawni meiosis. (1 marc)
- Enwch hormon A sydd i'w weld ar y graff. (1 marc)

Rhai enghreifftiau sy'n gofyn am gyfrifiad mathemategol:

- Mae'r ddelwedd uchod wedi'i chwyddo × 32,500. Cyfrifwch led gwirioneddol yr organyn mewn micrometrau rhwng pwyntiau A a B. (2 farc)
- Defnyddiwch y graff i gyfrifo cyfradd gychwynnol adwaith yr ensym. (2 farc)
- Cyfrifwch yr egni canrannol mae'r ysyddion eilaidd yn ei golli drwy resbiradaeth. (2 farc)
- Defnyddiwch fformiwla Hardy–Weinberg i amcangyfrif nifer yr unigolion mewn poblogaeth o 1000 fyddai'n cludo'r cyflwr. (4 marc)
- Cyfrifwch χ^2 ar gyfer canlyniadau'r croesiad sydd wedi'i ddangos. (3 marc)

Rhai enghreifftiau sy'n gofyn am ddisgrifio:

- Disgrifiwch sut gallem ni arafu colled bioamrywiaeth. (1 marc)

- Disgrifiwch sut gallem ni ddefnyddio rhwyd ysgubo (*sweep net*) i amcangyfrif indecs amrywiaeth pryfed ar waelod clawdd. (3 marc)

Rhai enghreifftiau sy'n gofyn am esbonio:

- Awgrymwch un o gyfyngiadau'r dull hwn, ac esboniwch sut gallai hyn fod wedi effeithio ar ddilysrwydd eich casgliad. (2 farc)

- Esboniwch pam mae'n rhaid bod tri bas ym mhob codon i gydosod yr asid amino cywir. (2 farc)

- Esboniwch y term *terfynau'r blaned*. (2 farc)

- Esboniwch pam mae'n bwysig cynnal tymheredd a pH cyson wrth ddefnyddio biosynhwyrydd i fesur crynodiad wrea. (2 farc)

- Esboniwch sut mae adeileddau cellwlos a chitin yn wahanol i adeiledd startsh. (2 farc)

Rhai enghreifftiau sy'n gofyn am gymhwyso:

- Awgrymwch beth yw swyddogaeth NAD yn y gyfres o adweithiau sydd wedi'i dangos. (1 marc)

- Rydym ni wedi dangos bod cyffur yn atal cychwyn y cyfnod S mewn mitosis. Awgrymwch pam byddai'n bosibl defnyddio hwn i drin canser. (3 marc)

- Defnyddiwch y wybodaeth sydd wedi'i rhoi i esbonio pam byddai sodiwm bensoad yn effeithio ar gywirdeb y biosynhwyrydd. (5 marc)

Rhai enghreifftiau sy'n gofyn am werthuso:

- Disgrifiwch sut gallech chi wella eich hyder yn eich casgliad. (2 farc)

- Dadansoddwch y data yn y tabl a lluniwch gasgliadau gwahanol. Esboniwch sut daethoch chi i'r casgliadau hyn. (3 marc)

- Gwerthuswch gryfder eu tystiolaeth ac felly ddilysrwydd eu casgliad. (4 marc)

2. Cwestiynau ymateb estynedig

Mae un cwestiwn ym mhob arholiad yn cynnwys cwestiwn ymateb estynedig sy'n werth 9 marc. Bydd ansawdd eich ymateb estynedig (AYE) yn cael ei asesu yn y cwestiwn hwn. Byddwch chi'n cael marciau yn seiliedig ar gyfres o ddisgrifiadau: i gael marciau llawn, mae'n bwysig rhoi ateb llawn a manwl gan gynnwys esboniad manwl. Dylech chi ddefnyddio terminoleg a geirfa wyddonol yn gywir, gan gynnwys sillafu a gramadeg cywir a pheidio â chynnwys gwybodaeth amherthnasol. Mae'n syniad da ffurfio cynllun cryno cyn i chi ddechrau, i roi trefn ar eich meddyliau: Dylech chi groesi hwn allan ar ôl i chi orffen. Byddwn ni'n edrych ar rai enghreifftiau yn nes ymlaen.

Geiriau gorchymyn neu eiriau gweithredu

Mae'r rhain yn dweud wrthych chi beth mae angen i chi ei wneud. Dyma rai enghreifftiau:

Amcangyfrifwch – cyfrifo neu farnu'n fras beth yw gwerth rhywbeth.

Amlinellwch – nodi'r prif nodweddion.

Awgrymwch – rhoi syniad call. Nid cofio syml yw hyn, ond defnyddio'r hyn rydych chi'n ei wybod.

Cwblhewch – ychwanegu'r wybodaeth ofynnol.

Cyfiawnhewch – darparu dadl o blaid rhywbeth; er enghraifft, efallai y bydd cwestiwn yn gofyn i chi os yw'r data yn ateg casgliad: Dylech chi yna roi rhesymau pam y mae'r data yn ateg'r casgliad sydd wedi'i roi.

Cyfrifwch – canfod swm rhywbeth yn fathemategol. Mae'n bwysig iawn eich bod chi'n dangos eich gwaith cyfrifo (os nad ydych chi'n cael yr ateb cywir, mae'n dal i fod yn bosibl i chi gael marciau am eich gwaith cyfrifo).

Cymharwch – canfod pethau sy'n debyg ac yn wahanol rhwng dau beth. Wrth roi manylion nodweddion tebyg a gwahanol, mae'n bwysig eich bod chi'n sôn am y ddau beth: un syniad da yw ysgrifennu dau osodiad a'u cysylltu nhw â'r gair 'ond'.

Dadansoddwch – archwilio strwythur data, graffiau neu wybodaeth. Un awgrym da yw chwilio am batrymau a thueddiadau, a'r gwerthoedd uchaf ac isaf.

Dewiswch – dewis un o wahanol ddewisiadau.

Disgrifiwch – rhoi disgrifiad o rywbeth. Os oes rhaid i chi ddisgrifio'r duedd mewn data neu graff, rhowch werthoedd, e.e. ydy'r graff yn ffurfio brig neu gafn, neu'n gwastadu?

Enwch – adnabod rhywbeth gan ddefnyddio term technegol cydnabyddedig. Ateb un gair fydd hwn yn aml.

Esboniwch – rhoi ateb a defnyddio eich gwybodaeth fiolegol i roi rhesymau pam.

Gwahaniaethwch – canfod gwahaniaethau rhwng dau beth.

Gwerthuswch – llunio barn o ddata, casgliad neu ddull sydd wedi'u darparu, a chynnig dadl gytbwys â thystiolaeth i ategu eich barn.

Labelwch – rhoi enwau neu wybodaeth ar dabl, diagram neu graff.

Lluniadwch – gwneud diagram o rywbeth.

Nodwch – adnabod rhywbeth a gallu dweud beth ydyw, neu roi esboniad cryno ohono.

Trafodwch – cyflwyno'r pwyntiau allweddol.

Ystyriwch – adolygu gwybodaeth a gwneud penderfyniad.

Awgrymiadau arholiad cyffredinol

Cofiwch ddarllen y cwestiwn yn ofalus bob tro: Darllenwch y cwestiwn ddwywaith! Mae'n hawdd rhoi'r ateb anghywir os nad ydych chi'n deall beth mae'r cwestiwn yn gofyn amdano. Mae'r wybodaeth sydd wedi'i rhoi yn y cwestiwn yno i'ch helpu chi i'w ateb. Y sgìl yw gwybod pa wybodaeth sy'n berthnasol i'r rhan o'r cwestiwn rydych chi'n ei ateb. Mae arholwyr wedi trafod y geiriad yn fanwl i sicrhau ei fod mor glir â phosibl.

Un o'r sylwadau mwyaf cyffredin gan arholwyr yw bod atebion disgyblion yn dangos diffyg manylder neu ddim yn esbonio'n llawn: Byddwn ni'n edrych ar rai enghreifftiau o hyn yn nes ymlaen.

Edrychwch ar nifer y marciau sydd ar gael. Un rheol dda yw gwneud *o leiaf* un pwynt gwahanol ar gyfer pob marc sydd ar gael. Felly, gwnewch bum pwynt gwahanol wrth ateb cwestiwn pedwar marc, i fod yn ddiogel. Gwnewch yn siŵr eich bod chi'n dal i wirio eich bod chi'n ateb y cwestiwn sydd wedi'i ofyn – mae'n hawdd crwydro oddi ar y pwnc! Os yw diagram yn helpu, dylech chi gynnwys un: Ond gwnewch yn siŵr ei fod wedi'i anodi'n llawn.

Amseru

Mae un papur arholiad ysgrifenedig yr un ar gyfer y ddwy uned, a'r ddau arholiad yn para 2 awr. Cyfanswm y marciau ar gyfer y ddau arholiad yw 90, ac mae'r arholiadau hyn yn cyfrannu 25% at y radd derfynol. Yn Uned 4, mae Adran B yn cynnwys dewis o un cwestiwn o dri sy'n werth 20 marc: Dylech chi ateb y cwestiwn o'r testun rydych chi wedi ei astudio. Dyma'r opsiynau: Imiwnoleg a Chlefydau, Anatomi Cyhyrysgerbydol Dynol a Niwrobioleg ac Ymddygiad.

Mae nifer y marciau sydd ar gael yn rhoi syniad i chi o faint o amser ddylech chi ei dreulio ar bob cwestiwn arholiad; mae tuag un marc bob munud yn rheol dda. Peidiwch ag anghofio bod yr amseru hwn yn cynnwys mwy nag ysgrifennu; dylech chi dreulio amser yn meddwl, ac yn cynllunio hefyd ar gyfer yr ateb estynedig.

Mae Uned 5 yn arholiad ymarferol sy'n werth 50 marc ac sy'n cyfrannu 10% at y radd derfynol. Mae'r uned yn cynnwys tasg arbrofol (20 marc) a thasg dadansoddi ymarferol (30 marc).

Asesiad synoptig

I baratoi ar gyfer arholiadau U2, bydd angen i chi adolygu gwaith UG ac U2. I ateb rhai cwestiynau mewn unedau U2, bydd angen i chi gyfuno gwahanol feysydd gwybodaeth o unedau UG ac U2, er enghraifft:

- gweithredoedd ensymau o faes resbiradaeth a ffotosynthesis
- adeiledd DNA a'r cod genynnol o faes cymwysiadau geneteg
- adeiledd celloedd o faes microbioleg
- dosbarthiad o faes amrywiad ac esblygiad
- meiosis o faes atgenhedlu rhywiol ac amrywiad
- cellbilenni a chludiant o faes y system nerfol.

Amcanion asesu

Mae cwestiynau arholiad yn cael eu hysgrifennu i adlewyrchu'r amcanion asesu (AA) sydd wedi'u pennu yn y fanyleb. Dyma'r tri phrif sgìl mae'n rhaid i chi eu datblygu:

AA1: Dangos gwybodaeth a dealltwriaeth o syniadau, prosesau, technegau a gweithdrefnau gwyddonol.

AA2: Cymhwyso gwybodaeth a dealltwriaeth o syniadau, prosesau, technegau a gweithdrefnau gwyddonol.

AA3: Dadansoddi, dehongli a gwerthuso gwybodaeth, syniadau a thystiolaeth wyddonol, gan gynnwys rhai sy'n ymwneud â materion.

Bydd arholiadau ysgrifenedig hefyd yn asesu eich:

- sgiliau mathemategol (o leiaf 10% o'r marciau sydd ar gael).
- sgiliau ymarferol (o leiaf 15% o'r marciau sydd ar gael).
- gallu i ddethol, trefnu a chyfathrebu gwybodaeth a syniadau'n ddeallus gan ddefnyddio confensiynau a geirfa wyddonol addas.

Mae'n debygol y bydd unrhyw gwestiwn yn asesu'r sgiliau hyn i gyd, i ryw raddau. Mae'n bwysig cofio mai dim ond tua thraean o'r marciau sy'n cael eu rhoi am gofio ffeithiau'n uniongyrchol. Bydd angen i chi ddefnyddio'r hyn rydych chi'n ei wybod hefyd. Os yw hyn yn rhywbeth sy'n anodd i chi, dylech chi ymarfer cymaint o gwestiynau â phosibl o gyn-bapurau arholiad. Mae enghreifftiau'n gallu ymddangos ar ffurf ychydig bach yn wahanol o un flwyddyn i'r nesaf.

Byddwch chi'n datblygu eich sgiliau ymarferol yn ystod sesiynau dosbarth, a bydd y papurau arholiad yn asesu hyn. Gallai hyn gynnwys:

- plotio graffiau
- adnabod newidynnau rheoledig ac awgrymu arbrofion cymharu priodol
- dadansoddi data a llunio casgliadau
- gwerthuso dulliau a gweithdrefnau ac awgrymu gwelliannau.

Lluniadu graffiau

Mae rhoi marciau llawn am graffiau yn beth prin. Mae camgymeriadau cyffredin yn cynnwys:

- labeli anghywir ar echelinau
- unedau ar goll
- plotio pwyntiau heb ddigon o ofal
- methu uno plotiau'n fanwl gywir
- dim gwerth tarddbwynt ar yr echelin lorweddol
- yr echelin lorweddol ddim yn llinol, h.y. y bylchau ddim yn hafal.

Deall AA1: Arddangos gwybodaeth a dealltwriaeth

Bydd angen i chi ddangos gwybodaeth a dealltwriaeth o syniadau, prosesau, technegau a gweithdrefnau gwyddonol.

Mae tua 27% o'r marciau sydd ar gael yn y papurau arholiad U2 yn cael eu rhoi am gofio gwybodaeth a dealltwriaeth.

Rhai o'r geiriau gorchymyn cyffredin yn y cwestiynau hyn yw: nodwch, enwch, disgrifiwch, esboniwch.

Mae hyn yn cynnwys cofio syniadau, prosesau, technegau a gweithdrefnau sydd wedi'u nodi yn y fanyleb. Dylech chi wybod y cynnwys hwn.

Bydd ateb da yn defnyddio terminoleg fiolegol fanwl yn gywir, yn glir ac yn gydlynol.

Pe bai gofyn i chi ddisgrifio ac esbonio sut mae electrofforesis yn cynhyrchu'r canlyniadau sydd i'w gweld mewn gel, gallech chi ysgrifennu:

'Mae DNA yn symud tuag at yr electrod positif drwy'r gel. Mae darnau llai yn symud yn bellach.'

Mae hwn yn ateb sylfaenol.

Mae angen i ateb da fod yn fwy manwl. Er enghraifft,

'Mae DNA yn cael ei atynnu at yr electrod positif oherwydd y wefr negatif ar ei grwpiau ffosffad.

Mae'n haws i ddarnau llai symud drwy'r mandyllau yn y gel ac felly maen nhw'n teithio'n bellach na darnau mwy yn yr un amser. Gallwn ni amcangyfrif maint y darn ag ysgol DNA, sy'n cynnwys darnau o faint hysbys ochr yn ochr â'r sampl.'

Deall AA2: Cymhwyso gwybodaeth a dealltwriaeth

Bydd angen i chi gymhwyso gwybodaeth a dealltwriaeth o syniadau, prosesau, technegau a gweithdrefnau gwyddonol:

- mewn cyd-destun damcaniaethol
- mewn cyd-destun ymarferol
- wrth drin data ansoddol (data heb werth rhifiadol yw hyn, e.e. newid lliw)
- wrth drin data meintiol (data â gwerth rhifiadol yw hyn, e.e. màs/g).

Mae 45% o'r marciau sydd ar gael yn y papurau arholiad U2 yn cael eu rhoi am gymhwyso gwybodaeth a dealltwriaeth.

Rhai o'r geiriau gorchymyn cyffredin yn y cwestiynau hyn yw: disgrifiwch (ar gyfer data neu ddiagramau anghyfarwydd), esboniwch ac awgrymwch.

Mae AA2 yn profi cymhwyso syniadau, prosesau, technegau a gweithdrefnau sydd wedi'u nodi yn y fanyleb i sefyllfaoedd anghyfarwydd gan gynnwys defnyddio cyfrifiadau mathemategol a dehongli canlyniadau profion ystadegol.

Pe bai gofyn i chi ddisgrifio effeithiau chwynladdwr ar ffotoffosfforyleiddiad anghylchol gan esbonio pam nad yw'r chwynladdwr yn effeithio ar ffotoffosfforyleiddiad cylchol, o gael gwybod bod y chwynladdwr yn rhwystro llif electronau o Ffotosystem II i'r cludydd electronau, gallech chi ysgrifennu:

'Mae'n atal electronau rhag symud allan o Ffotosystem II i mewn i'r cludydd electronau felly dydy electronau ddim yn gallu symud i Ffotosystem I.'

Mae hwn yn ateb anghyflawn; dydy'r ateb ddim yn esbonio pam nad yw'r chwynladdwr yn effeithio ar ffotoffosfforyleiddiad cylchol.

Byddai ateb da yn dweud:

'Mae'r chwynladdwr yn atal electronau o Ffotosystem II rhag cael eu symud i Ffotosystem I, sy'n atal y broses o rydwytho NADP i ffurfio NADP wedi'i rydwytho. Dydy ffotolysis dŵr ddim yn gallu digwydd. Dydy'r chwynladdwr ddim yn atal ffotoffosfforyleiddiad cylchol oherwydd bod yr electronau'n dal i allu symud o Ffotosystem I a dychwelyd yn ôl i Ffotosystem I.'

Disgrifio data

Mae'n bwysig disgrifio'n gywir beth rydych chi'n ei weld, a dyfynnu data yn eich ateb.

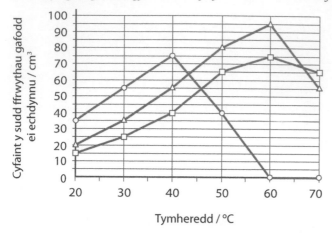

○ Ensymau rhydd
△ Ensym sy'n rhwym wrth arwyneb pilen gel
□ Ensym sy'n ansymudol mewn gleiniau

Pe bai gofyn i chi gymharu cyfaint y sudd sy'n cael ei gynhyrchu wrth ddefnyddio ensymau sy'n rhwym wrth arwyneb pilen gel o gymharu â defnyddio'r ensym yn ansymudol yn y gleiniau, gallech chi ysgrifennu:

'Mae cyfaint y sudd sy'n cael ei echdynnu yn cynyddu gyda thymheredd hyd at y tymheredd optimwm, sef 60°C, gyda'r ddau ensym. Uwchben hyn, mae cyfaint y sudd yn lleihau.'

Mae hwn yn ateb sylfaenol.

Mae angen i ateb da fod yn gywir ac yn fanwl. Er enghraifft,

'Mae cynyddu'r tymheredd yn cynyddu cyfaint y sudd ffrwythau sy'n cael ei echdynnu hyd at 60°C. Mae cyfaint y sudd sy'n cael ei gasglu yn uwch hyd at 60°C wrth ddefnyddio'r ensym sy'n rhwym wrth y bilen gel, ac yn cyrraedd uchafswm o 95 cm³ o gymharu â 75 cm³ wrth ddefnyddio'r ensym yn ansymudol yn y gleiniau. Dros 60°C mae cyfaint y sudd ffrwythau sy'n cael ei echdynnu yn lleihau, ond mae hyn yn fwy amlwg wrth ddefnyddio'r ensym sy'n rhwym wrth arwyneb y bilen gel, sy'n lleihau 40 cm³, o gymharu â dim ond 10 cm³ wrth ddefnyddio'r ensym yn ansymudol yn y gleiniau.'

Pe bai gofyn i chi esbonio'r canlyniadau hefyd, byddai ateb sylfaenol yn cyfeirio at *'mwy o egni cinetig hyd at 60°C, ac ensymau'n dadnatureiddio dros 60°C'*. Bydd ateb da yn defnyddio terminoleg fiolegol fanwl yn gywir, yn glir ac yn gydlynol. Byddai ateb da hefyd yn cyfeirio at *'ffurfio mwy o gymhlygion ensym-swbstrad hyd at 60°C'* ac yn cynnwys *'dros 60°C, mae bondiau hydrogen yn torri, sy'n newid siâp y safle actif fel bod llai o gymhlygion ensym-swbstrad yn gallu ffurfio.'*

Gofynion mathemategol

Bydd o leiaf 10% o'r marciau ar draws y cymhwyster cyfan yn ymwneud â chynnwys mathemategol. Mae angen defnyddio cyfrifiannell gyda rhywfaint o'r cynnwys mathemategol; cewch chi ddefnyddio un yn yr arholiad. Mae'r fanyleb yn nodi y gallai fod gofyn i chi gyfrifo cymedr, canolrif, modd ac amrediad, yn ogystal â chanrannau, ffracsiynau a chymarebau. Mae'r gofynion ychwanegol ar gyfer Safon Uwch **wedi'u dangos mewn teip trwm** ar dudalen 165.

Bydd gofyn i chi brosesu a dadansoddi data gan ddefnyddio sgiliau mathemategol priodol. Gallai hyn gynnwys ystyried lled gwall (*margin of error*), manwl gywirdeb a thrachywiredd data.

Cysyniadau	Ticiwch yma pan rydych chi'n hyderus eich bod chi'n deall y cysyniad hwn
Rhifyddeg a chyfrifiant rhifiadol	
Trawsnewid rhwng unedau, e.e. mm^3 i cm^3	
Defnyddio nifer priodol o leoedd degol mewn cyfrifiadau, e.e. ar gyfer cymedr	
Defnyddio cymarebau, ffracsiynau a chanrannau, e.e. cyfrifo cynnyrch canrannol, cymhareb arwynebedd arwyneb i gyfaint	
Amcangyfrif canlyniadau	
Defnyddio cyfrifiannell i ddarganfod a defnyddio ffwythiannau pŵer, esbonyddol a logarithmig, e.e. amcangyfrif nifer y bacteria sy'n tyfu mewn cyfnod penodol	
Trin data	
Defnyddio nifer priodol o ffigurau ystyrlon	
Darganfod cymedrau rhifyddol	
Llunio a dehongli tablau a diagramau amlder, siartiau bar a histogramau	
Deall egwyddorion samplu fel maen nhw'n berthnasol i ddata gwyddonol, e.e. defnyddio Indecs Amrywiaeth Simpson i gyfrifo bioamrywiaeth cynefin	
Deall y termau cymedr, canolrif a modd, e.e. cyfrifo neu gymharu cymedr, canolrif a modd set o ddata, e.e. taldra/màs/maint grŵp o organebau	
Defnyddio diagram gwasgariad i ganfod cydberthyniad rhwng dau newidyn, e.e. effaith ffactorau ffordd o fyw ar iechyd	
Gwneud cyfrifiadau trefn maint, e.e. defnyddio a thrin y fformiwla chwyddhad: chwyddhad = maint y ddelwedd / maint gwirioneddol y gwrthrych	
Deall mesurau gwasgariad, gan gynnwys gwyriad safonol ac amrediad	
Canfod ansicrwydd mewn mesuriadau a defnyddio technegau syml i fesur ansicrwydd wrth gyfuno data, e.e. cyfrifo cyfeiliornad canrannol os oes ansicrwydd mewn mesuriad	
Algebra	
Deall a defnyddio'r symbolau: $=, <, <<, >>, >, \propto, \sim$.	
Aildrefnu hafaliad	
Amnewid gwerthoedd rhifiadol mewn hafaliadau algebraidd	
Datrys hafaliadau algebraidd, e.e. datrys hafaliadau mewn cyd-destun biolegol, e.e. allbwn cardiaidd = cyfaint trawiad × cyfradd curiad y galon	
Defnyddio graddfa logarithmig yng nghyd-destun microbioleg, e.e. cyfradd twf micro-organeb fel burum	
Graffiau	
Plotio dau newidyn o ddata arbrofol neu ddata eraill, e.e. dewis fformat priodol i gyflwyno data	
Deall bod $y = mx + c$ yn cynrychioli perthynas linol	
Darganfod rhyngdoriad graff, e.e. darllen pwynt rhyngdoriad oddi ar graff, e.e. pwynt digolledu mewn planhigion	
Cyfrifo cyfradd newid oddi ar graff sy'n dangos perthynas linol, e.e. cyfrifo cyfradd oddi ar graff, e.e. cyfradd trydarthu	
Lluniadu a defnyddio goledd tangiad i gromlin fel ffordd o fesur cyfradd newid	
Geometreg a Thrigonometreg	
Cyfrifo cylchedd, arwynebedd arwyneb a chyfaint siapiau rheolaidd, e.e. cyfrifo arwynebedd arwyneb neu gyfaint cell	

Deall AA3: Dadansoddi, dehongli a gwerthuso gwybodaeth wyddonol

Hwn yw'r sgìl olaf a'r anoddaf. Bydd angen i chi ddadansoddi, dehongli a gwerthuso gwybodaeth, syniadau a thystiolaeth wyddonol er mwyn:

- Llunio barn a dod i gasgliadau.
- Datblygu a mireinio dyluniadau a gweithdrefnau ymarferol.

Mae tua 28% o'r marciau sydd ar gael yn y papurau arholiad U2 yn cael eu rhoi am ddadansoddi, dehongli a gwerthuso gwybodaeth wyddonol.

Rhai o'r geiriau gorchymyn cyffredin yn y cwestiynau hyn yw: gwerthuswch, awgrymwch, cyfiawnhewch a dadansoddwch.

Gallai hyn olygu:

- Gwneud sylwadau am ddylunio arbrofol a gwerthuso dulliau gwyddonol.
- Gwerthuso canlyniadau a thynnu casgliadau gan gyfeirio at fesuriad, ansicrwydd a chyfeiliornad.

Beth yw manwl gywirdeb?

Mae manwl gywirdeb yn ymwneud â'r cyfarpar sy'n cael ei ddefnyddio: Pa mor drachywir yw'r cyfarpar? Beth yw'r cyfeiliornad canrannol? Er enghraifft, mae silindr mesur 5ml yn fanwl gywir i ±0.1ml felly gallai mesur 5ml roi 4.9–5.1ml. Byddai mesur yr un cyfaint mewn silindr mesur 25ml sy'n fanwl gywir i ±1ml yn rhoi 4–6ml.

Cyfrifo cyfeiliornad %

Mae'n hafaliad syml: cyfeiliornad / cyfanswm y cyfaint × 100. Er enghraifft, yn y silindr mesur 25ml mae'r cyfeiliornad yn ±1ml felly mae'r cyfeiliornad % yn 1/25 × 100 = 4%, ond yn y silindr 5ml mae'r cyfeiliornad yn ±0.1ml felly mae'r cyfeiliornad % yn 0.1/5 × 100 = 2%. Felly, i fesur 5ml mae'n well defnyddio'r silindr bach oherwydd hwnnw sy'n rhoi'r cyfeiliornad % lleiaf.

Beth yw dibynadwyedd?

Mae dibynadwyedd yn ymwneud ag ailadrodd yr arbrawf. Mewn geiriau eraill, os ydych chi'n ailadrodd yr arbrawf dair gwaith ac yn cael gwerthoedd tebyg iawn, mae hyn yn dynodi bod eich darlleniadau unigol yn ddibynadwy. Gallwch chi gynyddu dibynadwyedd drwy sicrhau eich bod chi'n rheoli pob newidyn allai ddylanwadu ar yr arbrawf, a bod y dull yn gyson, a thrwy ailadrodd yr arbrawf lawer o weithiau a chyfrifo cymedr.

Disgrifio gwelliannau

Pe bai gofyn i chi ddisgrifio sut byddech chi'n gallu gwella dibynadwyedd canlyniadau arbrawf echdynnu sudd afal, byddai angen i chi edrych yn ofalus ar y dull a'r cyfarpar dan sylw.

C: Mae pectin yn bolysacarid adeileddol sy'n bodoli yng nghellfuriau celloedd planhigyn ac yn y lamela canol rhwng celloedd, lle mae'n helpu i rwymo celloedd wrth ei gilydd. Mae pectinasau yn ensymau sy'n cael eu defnyddio'n rheolaidd mewn diwydiant i gynyddu cyfaint a chlaerder (*clarity*) y sudd ffrwythau sy'n cael ei echdynnu o afalau. Mae'r ensym yn cael ei wneud yn ansymudol ar arwyneb pilen gel sydd yna'n cael ei gosod mewn colofn. Caiff pwlp afal ei ychwanegu ar ben y golofn, ac mae sudd yn cael ei gasglu ar y gwaelod. Mae'r diagram yn dangos y broses.

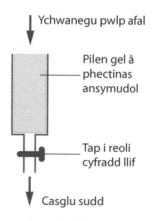

Ychwanegu pwlp afal

Pilen gel â phectinas ansymudol

Tap i reoli cyfradd llif

Casglu sudd

Cyfarpar a ddefnyddir

Gallech chi ysgrifennu:

'Byddwn i'n gwneud yn siŵr bod yr un màs o afalau yn cael ei ychwanegu, a bod yr afalau yr un oed.'

Mae hwn yn ateb sylfaenol.

Mae angen i ateb da fod yn gywir ac yn fanwl. Er enghraifft,

'Byddwn i'n gwneud yn siŵr bod yr un màs o afalau yn cael ei ychwanegu, er enghraifft 100g, a bod yr afalau yr un oed, e.e. 1 wythnos oed. Byddwn i hefyd yn rheoli'r tymheredd i fod yn optimwm i'r pectinasau dan sylw, e.e. 30°C.'

Edrychwch ar yr enghraifft ganlynol:

Mae disgybl yn cynnal arbrawf i ymchwilio i effaith tymheredd ar resbiradaeth mewn celloedd burum. Mae'n ychwanegu 1g o furum sych at 25 cm³ o hydoddiant glwcos 5% ac ar ôl ei fagu am 10 munud ar 15 °C, mae'n ychwanegu 1cm³ o hydoddiant TTC 5%. Derbynnydd hydrogen artiffisial yw TTC, ac mae'n newid lliw o ddi-liw i goch ym mhresenoldeb atomau hydrogen sy'n cael eu rhyddhau yn ystod resbiradaeth. Mae'r disgybl yn cofnodi'r amser mae'r hydoddiant burum yn ei gymryd i droi'n goch. Mae'r arbrawf yn cael ei ailadrodd ar 30 °C a 45 °C ac mae'r amser gymerodd y daliant burum i droi'n goch wedi'i gofnodi isod.

Tymheredd (°C)	Amser gymerodd y daliant burum i droi'n goch (s)			
	Arbrawf 1	Arbrawf 2	Arbrawf 3	Cymedr (eiliad gyfan agosaf)
15	450	427	466	448
30	322	299	367	329
45	170	99	215	161

C: Pa gasgliadau sy'n gallu cael eu ffurfio o'r arbrawf hwn ynglŷn ag effaith tymheredd ar resbiradaeth mewn burum?

Gallech chi ysgrifennu:

'Mae cynyddu'r tymheredd yn lleihau'r amser mae'n ei gymryd i'r daliant burum droi'n goch, sy'n dangos bod resbiradaeth yn digwydd yn gyflymach.'

Mae angen i ateb da fod yn gywir ac yn fanwl. Er enghraifft:

'Mae cynyddu'r tymheredd yn cynyddu cyfradd resbiradaeth yn y burum, felly mae ensymau dadhydrogenas yn tynnu atomau hydrogen o drios ffosffad yn gyflymach. Mae hyn oherwydd bod gan yr ensymau dadhydrogenas a'r moleciwlau swbstrad trios ffosffad fwy o egni cinetig ar dymheredd uwch. Mae mwy o atomau hydrogen yn cael eu rhyddhau'n gyflymach, felly mae TTC yn cael ei rydwytho'n gyflymach gan droi'r burum yn goch mewn amser byrrach.'

Pe bai gofyn i chi roi sylwadau am ddilysrwydd eich casgliad, gallech chi ysgrifennu:

'Roedd hi'n anodd nodi pryd roedd yr hydoddiannau'n troi'n goch, felly roedd hi'n anodd gwybod pryd i stopio amseru'r adweithiau.'

Byddai ateb da yn fanylach, er enghraifft:

'Mae'r canlyniadau ar 45 °C yn newidiol iawn ac yn amrywio o 99 i 215 eiliad. Mae'n anodd ffurfio casgliad ynglŷn ag effaith tymheredd ar resbiradaeth mewn burum, oherwydd dim ond tri thymheredd oedd yn yr ymchwiliad. Roedd canfod diweddbwynt yr adwaith yn anhawster mawr arall, oherwydd doedd dim lliw coch safonol na cholorimedr i'w ddefnyddio.'

Fel rhan o'r sgìl hwn, efallai y byddai gofyn i chi hefyd nodi beth yw'r newidynnau annibynnol, dibynnol a rheoledig mewn ymchwiliad. Cofiwch:

- Y newidyn annibynnol yw'r un rydych chi'n ei newid.
- Y newidyn dibynnol yw'r un rydych chi'n ei fesur.
- Mae newidynnau rheoledig yn newidynnau sy'n effeithio ar yr adwaith rydych chi'n ymchwilio iddo, a rhaid iddyn nhw gael eu cadw'n gyson.

Cwestiynau ac atebion

Mae'r rhan hon o'r canllaw yn edrych ar atebion gan ddisgyblion go iawn i gwestiynau. Mae'n cynnwys detholiad o gwestiynau am amrywiaeth eang o bynciau. Ym mhob achos, mae dau ateb wedi'u rhoi; un gan ddisgybl (Lucie) gafodd farc uchel ac un gan ddisgybl gafodd farc is (Ceri). Rydym ni'n awgrymu eich bod chi'n cymharu atebion y ddau ymgeisydd yn ofalus: gwnewch yn siŵr eich bod chi'n deall pam mae un ateb yn well na'r llall. Fel hyn, byddwch chi'n gwella eich dulliau ateb cwestiynau. Mae sgriptiau arholiadau yn cael eu marcio ar berfformiad yr ymgeisydd ar draws y papur cyfan ac nid cwestiynau unigol; mae arholwyr yn gweld llawer o enghreifftiau o atebion da mewn sgriptiau sy'n cael sgorau isel fel arall. Y neges yw bod techneg dda yn yr arholiad yn gallu gwella graddau ymgeiswyr ar bob lefel.

Uned 3

Tudalen 169	C1	Ffotosynthesis	*(7 marc)*
Tudalen 170	C2	Resbiradaeth	*(6 marc)*
Tudalen 171	C3	Microbioleg	*(8 marc)*
Tudalen 172	C4	Maint poblogaeth ac ecosystemau	*(5 marc)*
Tudalen 173	C5	Effaith dyn ar yr amgylchedd	*(9 marc)*
Tudalen 174	C6	Traethawd 1	*(9 marc)*
Tudalen 176	C7	Homeostasis a'r aren	*(7 marc)*
Tudalen 177	C8	Y system nerfol	*(7 marc)*
Tudalen 178	C9	Traethawd 2	*(9 marc)*

Uned 4

Tudalen 180	C10	Atgenhedlu rhywiol	*(7 marc)*
Tudalen 181	C11	Etifeddiad	*(12 marc)*
Tudalen 184	C12	Amrywiad ac esblygiad	*(6 marc)*
Tudalen 185	C13	Cymwysiadau atgenhedliad a geneteg	*(6 marc)*
Tudalen 186	C14	Traethawd 3	*(9 marc)*
Tudalen 188	C15	Opsiwn A Imiwnoleg a Chlefydau	*(5 marc)*
Tudalen 189	C16	Opsiwn B Anatomi Cyhyrysgerbydol Dynol	*(8 marc)*
Tudalen 190	C17	Opsiwn C Niwrobioleg ac Ymddygiad	*(5 marc)*

Uned 3

Ffotosynthesis

Mae arbrawf yn cael ei gynnal gan ddefnyddio algâu mewn fflasg lolipop Calvin. Mae samplau'n cael eu tynnu o'r fflasg yn rheolaidd dros gyfnod o awr a'u rhoi mewn tiwb sy'n cynnwys methanol poeth. Mae'r cynhyrchion yn cael eu nodi a'u masau'n cael eu mesur gan ddefnyddio sbectrosgopeg màs. Mae'r arbrawf yn cael ei gynnal unwaith gan ddefnyddio hydrogen carbonad 0.04% a'i ailadrodd gan ddefnyddio 0.008%. Mae'r graff isod yn dangos masau cymharol glyserad-3-ffosffad (GP), trios ffosffad (TP) a ribwlos bisffosffad (RwBP).

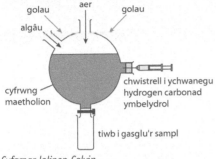

Cyfarpar lolipop Calvin

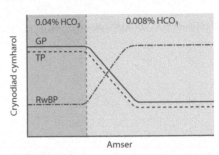

Graff canlyniadau

a) Awgrymwch pam mae'r samplau'n cael eu casglu mewn tiwb sy'n cynnwys methanol poeth, ac esboniwch pam byddai'r canlyniadau'n llai dibynadwy pe na bai hyn yn digwydd. (2)

b) Disgrifiwch ac esboniwch sut mae lleihau crynodiad hydrogen carbonad yn effeithio ar grynodiadau cymharol GP, TP a RwBP. (5)

Ateb Lucie

a) Mae'n cynnwys methanol poeth i ddadnatureiddio'r ensymau ac atal unrhyw adweithiau pellach. ✓
Os na fyddai hyn yn digwydd, gallai cynhyrchion eraill ffurfio, e.e. gallai GP gael ei drawsnewid yn TP. ✓

b) Mae lleihau crynodiad yr hydrogen carbonad yn golygu bod llai o garbon deuocsid ar gael i uno â RwBP i gynhyrchu GP, felly mae RwBP yn cronni ✓ ① ac felly does dim cymaint o GP yn gallu ffurfio. Mae unrhyw GP sy'n bresennol yn cael ei drawsnewid yn TP ac felly mae GP yn gostwng. ✓ Mae crynodiad TP yn gostwng oherwydd bod crynodiad GP yn gostwng a bydd unrhyw TP sy'n bresennol yn cael ei drawsnewid yn garbohydrad, felly mae'r TP yn cael ei ddefnyddio. ✓

Sylwadau'r arholwr

Ateb da gan Lucie. ① Gallai'r ateb fod wedi cynnwys y ffaith bod RwBisCO yn gyfrifol am sefydlogi carbon deuocsid a RwBP ac felly bod llai o wrthdrawiadau ensym-swbstrad llwyddiannus yn digwydd oherwydd bod crynodiad y swbstrad yn is.

Mae Lucie yn cael 5/7 marc

Sylwch

Mae'n bwysig eich bod chi'n darllen y cwestiwn yn ofalus ac yn rhoi ateb mor fanwl ag y gallwch chi. Rhaid i chi enwi'r ensymau sy'n cymryd rhan ac esbonio'r canlyniadau yn nhermau cineteg ensymau, maes a drafodwyd yn UG.

Ateb Ceri

a) I ladd yr algâu i atal adweithiau ✗ ①

b) Mae lleihau crynodiad hydrogen carbonad yn achosi i grynodiad RwBP gynyddu. ✗ ② Mae GP yn gostwng wrth i hydrogen carbonad ostwng oherwydd dydy GP ddim yn cael ei wneud o RwBP, ond mae'n cael ei drawsnewid yn TP. ✓ ③

Sylwadau'r arholwr

① Dydy Ceri ddim yn dweud y bydd adweithiau ensym yn cael eu hatal: Mae hyn yn bwysig oherwydd gallai GP gael ei drawsnewid yn TP oni bai bod yr ensymau wedi'u dadnatureiddio.

② Dim ond disgrifiad yw hwn: Dydy'r ateb ddim yn gwneud cysylltiad rhwng crynodiadau hydrogen carbonad a charbon deuocsid, nac yn sôn am yr ensym sy'n cymryd rhan RwBisCO nac am gineteg ensymau.

③ Dydy Ceri ddim yn rhoi'r rhesymau dros y gostyngiad yn y TP: Bod TP yn cael ei drawsnewid yn garbohydrad.

Mae Ceri yn cael 1/7 marc

Resbiradaeth

Mae sampl o afu/iau llo yn cael ei homogeneiddio mewn hydoddiant byffer isotonig wedi'i oeri ag iâ, ac yna'n cael ei allgyrchu ar fuanedd uchel i wahanu'r organynnau. Mae'r uwchwaddod a sampl o fitocondria yn cael eu magu gyda glwcos ac mae'r cynhyrchion yn cael eu canfod. Mae'r arbrawf yn cael ei ailadrodd gyda'r ddau sampl gan ddefnyddio pyrwfad yn lle glwcos. Mae'r canlyniadau i'w gweld yn y tabl.

Sampl	Wedi'i fagu gyda glwcos		Wedi'i fagu gyda phyrwfad	
	CO_2 sy'n cael ei gynhyrchu	Lactad sy'n cael ei gynhyrchu	CO_2 sy'n cael ei gynhyrchu	Lactad sy'n cael ei gynhyrchu
Mitocondria	✗	✗	✓	✗
Uwchwaddod	✗	✓	✗	✗

a) Esboniwch pam mae'r byffer sy'n cael ei ddefnyddio yn isotonig. (1)
b) Esboniwch y canlyniadau sydd i'w gweld. (5)

Ateb Lucie

a) Mae byffer isotonig yn atal lysis mitocondria. ✓

b) Dydy'r mitocondria ddim yn gallu metaboleiddio glwcos, a dyna pam does dim carbon deuocsid na lactad yn cael eu cynhyrchu. ✓ ① Pan mae mitocondria'n cael eu magu gyda phyrwfad, mae carbon deuocsid yn cael ei gynhyrchu, oherwydd bod pyrwfad yn gallu tryledu i mewn i'r mitocondria ac mae carbon deuocsid yn cael ei gynhyrchu o ganlyniad i'r adwaith cyswllt, a chylchred Krebs sy'n digwydd ym matrics y mitocondrion. ✓
Mae'r uwchwaddod yn cynnwys yr ensymau sy'n bresennol yn cytoplasm celloedd yr afu ac felly mae glycolysis yn digwydd, gan gynhyrchu lactad o glwcos drwy gyfrwng resbiradaeth anaerobig. ✓
Does dim lactad na charbon deuocsid yn cael eu cynhyrchu pan mae'r uwchwaddod yn cael ei fagu gyda phyrwfad, oherwydd dydy'r adwaith cyswllt a chylchred Krebs ddim yn digwydd yn y cytoplasm. ✓

Sylwadau'r arholwr

Ateb da gan Lucie. ① Gallai'r ateb fod wedi cynnwys y ffaith nad yw glycolysis yn digwydd yn y mitocondria ac felly fydd yr ensymau sydd eu hangen i ymddatod glwcos ddim ar gael.

Mae Lucie yn cael 5/6 marc

Ateb Ceri

a) Mae'r byffer yn cynnal pH cyson. ✗ ①

b) Dydy mitocondria ddim yn gallu cynhyrchu carbon deuocsid na lactad. ✗ ② Mae mitocondria'n rhyddhau carbon deuocsid wrth gael eu magu gyda phyrwfad, oherwydd bod pyrwfad yn cael ei hydrolysu yn ystod yr adwaith cyswllt a chylchred Krebs. ✓ ③ Mae'r uwchwaddod wedi'i wneud o gytoplasm cell sef lle mae glycolysis yn digwydd, felly mae lactad yn cael ei gynhyrchu gan resbiradaeth anaerobig. ✓ ④.

Sylwadau'r arholwr

① Mae Ceri wedi drysu rhwng byffer isotonig a byffer pH.

② Dim ond disgrifiad yw hwn, does dim esboniad.

③ Mae Ceri'n sôn am yr adweithiau ond gallai fod wedi nodi ble maen nhw'n digwydd, h.y. matrics y mitocondrion.

④ Dydy Ceri ddim wedi esbonio pam nad yw carbon deuocsid a lactad yn cael eu cynhyrchu os yw'r uwchwaddod yn cael ei fagu gyda phyrwfad, h.y. oherwydd dydy'r adwaith cyswllt a chylchred Krebs ddim yn digwydd yn y cytoplasm.

Mae Ceri yn cael 2/6 marc

Sylwch

Mae'n bwysig eich bod chi'n cyfeirio at gamau resbiradaeth ac yn nodi ble yn union maen nhw'n digwydd.

Microbioleg

Ar ôl achos o wenwyn bwyd, mae samplau bwyd yn cael eu profi gan ddefnyddio'r staen Gram ac mae'r bacteria'n rhoi lliw coch. Gan ddefnyddio'r dull cyfrif celloedd hyfyw, mae 1 cm^3 o sampl bwyd yn cael ei wanedu drwy ychwanegu 9 cm^3 o ddŵr di-haint gan ddefnyddio techneg aseptig. Mae'r sampl yn cael ei gymysgu, a'r gwanediadau'n cael eu hailadrodd. Yna, mae 0.1 cm^3 o bob gwanediad yn cael ei daenu ar blât agar di-haint ac mae'r platiau'n cael eu magu ar 37 °C am 24 awr. Mae'r canlyniadau i'w gweld isod. Mae GIC yn golygu gormod i'w cyfrif.

Ffactor gwanedu	Nifer y cytrefi sy'n tyfu
10^{-1}	GIC
10^{-2}	GIC
10^{-3}	871
10^{-4}	85
10^{-5}	8

a) Awgrymwch *ddau* reswm pam mae 37 °C sy'n cael ei ddewis yn hytrach na 25 °C i fagu'r platiau. (2)

b) Nodwch pa ffactor gwanedu ddylid ei ddefnyddio, a chyfrifwch nifer y bacteria byw ym mhob cm^3 yn y sampl bwyd gwreiddiol. (3)

c) Esboniwch pam na fyddai penisilin yn wrthfiotig priodol i'w ddefnyddio i drin y cleifion. (3)

Ateb Lucie

a) Byddai'r bacteria'n tyfu'n gyflymach ar 37°C, ✓ a byddech chi'n ffafrio twf pathogenau dynol. ✓

b) 10^{-4} oherwydd bod 10^{-3} yn cynnwys gormod o gytrefi i'w cyfrif yn fanwl gywir, a does dim digon yn y 10^{-5}. ✓
$85 \times 10{,}000 \times 10 = 8.5 \times 10^6$. ✓✓

c) Mae'r bacteria'n staenio'n goch, felly rhaid ei fod yn Gram negatif. ✓ Dydy penisilin ddim yn effeithiol yn erbyn bacteria Gram negatif. ✓ ①

Sylwadau'r arholwr

Ateb da gan Lucie; mae'n dangos ei gwaith cyfrifo'n glir ac yn defnyddio ffurf safonol. ① Byddai angen i Lucie gynnwys mwy o fanylion ynglŷn â pham dydy hyn ddim yn effeithiol, h.y. oherwydd bod yr haen lipopolysacarid allanol yn atal y penisilin rhag cyrraedd yr haen peptidoglycan.

Mae Lucie yn cael 7/8 marc

Ateb Ceri

a) Mae bacteria'n tyfu'n dda ar y tymheredd hwn. ✗ ①

b) $85 \times 10{,}000 = 850{,}000$ ✓ ②

c) Dim ond yn erbyn bacteria Gram positif mae penisilin yn gweithio a byddai hwnnw'n staenio'n borffor, nid yn goch. ✓ ③

Sylwadau'r arholwr

① Dylai Ceri gynnwys gosodiad sy'n cymharu, h.y. byddai 37°C yn arwain at dwf cyflymach na 25°C.

② Dylai Ceri gynnwys esboniad ar gyfer pam cafodd y plât a ddewiswyd ei ddefnyddio. Mae'n bosibl rhoi rhai marciau am y gwaith cyfrifo, ond anghofiodd Ceri mai dim ond 0.1 cm^3 gafodd ei daenu, sy'n gwanedu'r daliant cychwynnol ddeg gwaith eto.

③ Mae angen i Ceri gynnwys pam dydy penisilin ddim yn effeithiol.

Mae Ceri yn cael 2/8 marc

Sylwch

Dangoswch eich gwaith cyfrifo bob amser gyda chyfrifiadau mathemategol oherwydd ei bod yn bosibl cael rhai marciau hyd yn oed gydag ateb anghywir.

Maint poblogaeth ac ecosystemau

Mae'r diagram yn dangos llif egni drwy ecosystem mewn coetir. Mae'r effeithlonrwydd ffotosynthetig y flwyddyn, yn cynrychioli cyfran yr egni golau sydd ar gael i blanhigion sy'n cael ei drawsnewid (sefydlogi) yn egni cemegol.

a) Defnyddiwch y wybodaeth sydd wedi'i rhoi i gyfrifo effeithlonrwydd ffotosynthetig y cynhyrchwyr wedi'i fynegi fel canran i 2 le degol. (2)

b) Cyfrifwch yr egni sy'n cael ei golli o ysyddion cynradd i ddadelfenyddion a detritysyddion (A) y diwrnod, i 2 le degol. (1)

c) Gwahaniaethwch rhwng cynhyrchedd cynradd crynswth a net. (2)

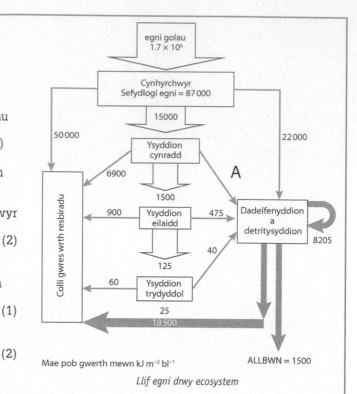

Mae pob gwerth mewn kJ m⁻² bl⁻¹

Llif egni drwy ecosystem

Ateb Lucie

a) $\frac{87{,}000}{1{,}700{,}000} \times 100 = 5.12\,\%$. ✓

b) $15{,}000 - 6900 - 1500 = 6{,}600$ ✓

$\frac{6{,}600}{365} = 18.08$ kJ m⁻² diwrnod⁻¹. ✓

c) Mae CCC yn cynrychioli'r gyfradd y mae cynhyrchwyr yn trawsnewid egni golau yn egni cemegol ✓ tra bod CCN yn cynrychioli cyfradd trawsnewid egni yn fiomas sydd ar gael i'r lefel droffig nesaf. ✓

Sylwadau'r arholwr

Ateb perffaith.

Mae Lucie yn cael 5/5 marc

Ateb Ceri

a) $\frac{87{,}000}{1{,}700{,}000} \times 100$ ✓ $= 5.11\,\%$. ✗ ①

b) $15{,}000 - 6900 - 1500 = 6{,}600$ ✓ ②

c) CCC = CCN − R ✗ ③

Sylwadau'r arholwr

① Rhaid i Ceri dalgrynnu i 2 le degol, felly dim ond 1 marc sy'n cael ei roi am y dull.

② Cyfrifiad cywir ar gyfer blwyddyn, ond mae angen ei rannu â 365 i gyfrifo ar gyfer diwrnod, a chynnwys unedau.

③ Hwn yw'r hafaliad cywir, ond dylid cynnwys cymhariaeth rhwng y ddau derm.

Mae Ceri yn cael 2/5 marc

Sylwch

Mae'n bwysig eich bod chi'n darllen y cwestiwn yn ofalus. Gwnewch yn siŵr eich bod chi'n dilyn yr holl gamau mewn unrhyw gyfrifiad.

Effaith dyn ar yr amgylchedd

Mae'r graff canlynol yn dangos lefelau carbon deuocsid yn yr atmosffer hyd at y flwyddyn 2000.

Mae gwyddonwyr wedi penderfynu mai terfyn y blaned ar gyfer newid hinsawdd, yn seiliedig ar y carbon deuocsid yn yr atmosffer, yw 350 ppm.

a) Beth yw ystyr y term *terfyn y blaned*? Defnyddiwch y wybodaeth yn y graff i esbonio pam rydym ni wedi croesi'r terfyn newid hinsawdd. (3)

b) Cyfrifwch gyfradd gyfartalog y cynnydd yn y carbon deuocsid yn yr atmosffer rhwng 1920 a 2000, a defnyddiwch hon i amcangyfrif crynodiad carbon deuocsid yn yr atmosffer yn 2030. (3)

c) Esboniwch pam mae'r gwerth rydych chi wedi'i gyfrifo yn rhan b) yn debygol o fod yn anghywir, a sut gallech chi wella cywirdeb eich cyfrifiad. (3)

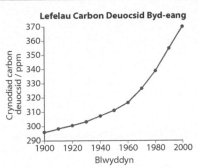

Crynodiad carbon deuocsid yn yr atmosffer yn fyd-eang

Ateb Lucie

a) Fframwaith sydd wedi'i gynnig gan wyddonwyr amgylcheddol i nodi beth sy'n ddiogel i ddynoliaeth fel rhag-amod ar gyfer datblygu cynaliadwy. ✓ Cafodd terfyn y blaned ar gyfer newid hinsawdd, yn seiliedig ar y carbon deuocsid yn yr atmosffer, ei groesi ar ddiwedd yr 1980au. ✓ ①

b) 370 – 300 = 70 ppm ✓

$\frac{70}{80}$ = 0.875 ppm bl⁻¹.

0.875 × 30 = 26.3 ✓

26.3 + 370 = 396.3 ppm. ✓

c) Mae'r crynodiad CO_2 yn 2015 yn fwy na hyn yn barod. ✓ Rydw i wedi cyfrifo'r gyfradd drwy ddefnyddio cyfradd cynnydd gyfartalog rhwng 1920 a 2000, ond fe wnaeth cyfradd cynnydd y CO_2 gynyddu yn y 1960au felly bydd fy ngwerth i yn is. ✓ Byddai'n well cyfrifo'r gyfradd o 1980–2000 a defnyddio hon. ✓

Sylwadau'r arholwr

① Gallai Lucie fod wedi ehangu ar ei hateb i gynnwys y rhesymau, e.e. hylosgi mwy o danwyddau ffosil, datgoedwigo, amaethyddiaeth fecanyddol, defnyddio gwrteithiau.

Mae Lucie yn cael 8/9 marc

> **Sylwch**
> Dysgwch eich diffiniadau! Mae'n bwysig dangos unrhyw waith cyfrifo, er mwyn gallu cael marciau am y dull. Mae canfod anghywirdeb yn sgìl anodd, felly chwiliwch yn ofalus am unrhyw achosion anrheolaidd a cheisiwch sylwi ar unrhyw dybiaethau sydd wedi'u gwneud.

Ateb Ceri

a) Maen nhw'n cael eu cynnig gan wyddonwyr i nodi beth sy'n ddiogel i'r blaned. ① Mae lefel y carbon deuocsid yn yr atmosffer ar hyn o bryd yn uwch na 350 ppm. ✗ ②

b) 385 ppm. ✗ ③

c) Mae'r crynodiad CO_2 yn 2015 yn 400 ppm, sydd eisocs yn fwy na hyn. ✓ ④

Sylwadau'r arholwr

① Dylai Ceri gynnwys cyfeiriad at gynaliadwyedd.

② Dylai gynnwys gwybodaeth o'r graff, e.e. bod y gwerth yn y flwyddyn 2000 yn 370, neu ein bod ni wedi mynd dros 350 ppm ar ddiwedd yr 1980au.

③ Mae'n edrych fel bod Ceri wedi cyfrifo'r cynnydd yn anghywir drwy ddarllen y graff yn anghywir. Er bod Ceri wedi adio 15 ppm at 370 ppm, heb unrhyw waith cyfrifo dydy hi ddim yn bosibl rhoi unrhyw farciau am hyn.

④ Mae angen i Ceri esbonio beth allai fod wedi achosi'r anghywirdeb, h.y. bod cyfradd y cynnydd wedi newid yn ystod y cyfnod, neu sut byddai modd ei wella.

Mae Ceri yn cael 1/9 marc

Traethawd 1

Esboniwch bwysigrwydd gwahanol weithgareddau ffermio sy'n cael eu defnyddio i gynhyrchu bwyd mewn modd mor effeithlon â phosibl, a sut mae eu defnyddio nhw yn effeithio ar derfynau'r blaned.

Ateb Lucie

Mae angen i ffermwyr sicrhau bod planhigion yn tyfu cystal â phosibl er mwyn cynhyrchu cymaint â phosibl o fwyd. Mae angen ffynhonnell nitrogen ar blanhigion i syntheseiddio proteinau sydd eu hangen i dyfu ac i wneud ensymau a hormonau. Mae cyfraddau twf yn uwch mewn priddoedd sy'n cael cyflenwad nitrogen da. ✓ Fel arfer, mae planhigion yn cael nitrogen o'r pridd ar ffurf nitradau. Yn y pridd, mae bacteria yn ailgylchu nitrogen drwy'r gylchred nitrogen. Mae aredig a draenio'n bwysig oherwydd eu bod nhw'n awyru'r pridd. Mae hyn yn bwysig oherwydd bod angen ocsigen ar gyfer cludiant actif ïonau mwynol, gan gynnwys nitradau, i mewn i wreiddiau'r planhigion. ✓

Mae hyn hefyd o gymorth i nitreiddiad, proses lle mae bacteria *Nitrosomonas* yn trawsnewid ïonau amoniwm yn nitreidiau, ac mae bacteria *Nitrobacter* yn trawsnewid nitreidiau yn nitradau. ✓ Mae'r ddau facteria yma yn resbiradu'n aerobig ac felly mae angen ocsigen arnyn nhw i wneud hyn. Mae proses dadnitreiddiad, sy'n cael ei chyflawni yn y pridd gan facteria *Pseudomonas* i drawsnewid nitradau yn ôl yn nitrogen atmosfferig, yn broses anaerobig, felly mae'n cael ei hatal mewn priddoedd sydd wedi'u hawyru'n dda. Os oes diffyg nitrogen mewn pridd, mae ffermwyr yn gallu plannu planhigion codlysol fel pys a meillion. ✓ Mae gan y planhigion hyn wreiddgnepynnau sy'n cynnwys *Rhizobium*, bacteria sefydlogi nitrogen sy'n gallu cynyddu lefel y nitrogen yn y pridd wrth gael eu haredig yn ôl i mewn i'r pridd. ①

Mae ffermwyr hefyd yn gallu defnyddio gwrteithiau seiliedig ar nitrogen fel amoniwm nitrad, sy'n cael ei gynhyrchu gan broses Haber. ✓ Mae angen llawer o egni o danwyddau ffosil i wneud rhain, sy'n achosi llygredd yn yr atmosffer ar ffurf carbon deuocsid, sy'n nwy tŷ gwydr. Mae gweithgareddau fel aredig yn golygu defnyddio peiriannau, sydd hefyd yn achosi llygredd carbon deuocsid. Mae'r gweithgareddau hyn wedi arwain at gynnydd mewn allyriadau carbon deuocsid, sydd wedi golygu ein bod ni wedi croesi'r terfyn newid hinsawdd. ✓ Mae ffermio a thorri gwrychoedd i wneud lle i beiriannau mwy a mwy wedi arwain at ddifodiant rhywogaethau, oherwydd bod cynefinoedd fel gwrychoedd wedi cael eu colli. O ganlyniad i'r gweithgaredd hwn, a cholli cynefinoedd eraill, rydym ni wedi mynd dros y terfyn bioamrywiaeth. ✓ Rydym ni wedi tynnu gormod o nitrogen o'r atmosffer yn ystod y broses Haber, ac o ganlyniad i hyn, rydym ni wedi croesi'r terfyn biocemegol ar gyfer nitrogen. ✓ ②

Sylwadau'r arholwr

Mae Lucie yn rhoi disgrifiad llawn a manwl o'r gwahanol weithgareddau ffermio a sut maen nhw'n dylanwadu ar y gylchred nitrogen. Mae hi wedi trafod yr effaith ar dri o derfynau'r blaned. Mae'r ateb yn groyw ac yn dangos rhesymu dilyniannol. Does dim byd pwysig wedi'i adael allan.

① Gallai Lucie fod wedi sôn am ddefnyddio tail a'i ymddatodiad drwy broses amoneiddio i gynyddu cynnwys nitrogen.

② Gallai Lucie fod wedi cynnwys diffiniad o beth yw ystyr terfynau'r blaned. Byddai hyn wedyn yn rhoi cyd-destun ar gyfer arwyddocâd croesi'r terfynau.

Mae Lucie yn cael 8/9 marc

Ateb Ceri

Mae angen nitrogen ar blanhigion i dyfu. Mae ei angen i gynhyrchu proteinau. ① Mae planhigion yn cael nitrogen o'r pridd ar ffurf nitradau. Gall ffermwyr wneud llawer i helpu i gynyddu faint o nitrogen sydd yn y pridd fel bod cnydau'n tyfu'n well, er enghraifft, gallan nhw ychwanegu gwrteithiau a thail. ✓ Mae bacteria yn y pridd sy'n helpu i ymddatod gwastraff organig i ffurfio nitradau mewn proses o'r enw nitreiddiad, e.e. *Nitrosomonas* a *Nitrobacter*. ② Mae aredig hefyd yn helpu oherwydd ei fod yn cymysgu tail drwy'r pridd, sy'n gwella ansawdd y pridd ac yn gwella ocsigeniad y pridd. ③ Mae pridd sy'n cynnwys llawer o ocsigen hefyd yn atal dadnitreiddiad, proses lle mae nitradau'n cael eu trawsnewid yn ôl yn nitrogen atmosfferig gan facteria o'r enw *Pseudomonas denitrificans*. ✓ Mae gorddefnyddio gwrteithiau anorganig wedi effeithio ar nifer o derfynau'r blaned, e.e. rydym ni wedi croesi'r terfyn biocemegol ar gyfer nitrogen. ✓ ④ Mae dulliau ffermio ungnwd hefyd wedi effeithio ar y terfyn bioamrywiaeth. ⑤

Sylwadau'r arholwr

Mae Ceri'n rhoi disgrifiad cyfyngedig o'r gwahanol weithgareddau ffermio a sut maen nhw'n dylanwadu ar ffrwythlondeb pridd. Mae dau o derfynau'r blaned wedi'u trafod, ond does dim sôn am yr effaith ar yr terfyn biocemegol. Mae Ceri'n gwneud rhai pwyntiau perthnasol, ac yn rhoi enwau cywir tair rhywogaeth bacteria sy'n ymwneud â'r gylchred nitrogen, ond gallai fod wedi disgrifio nitreiddiad yn gliriach. Defnydd cyfyngedig sy'n cael ei wneud o eirfa wyddonol.

① Mae angen i Ceri esbonio'n fanylach pam mae angen proteinau, e.e. i syntheseiddio ensymau.

② Dydy hyn ddim yn ddigon manwl. Dydy'r ateb ddim yn esbonio bod bacteria *Nitrosomonas* yn trawsnewid ïonau amoniwm yn nitreidiau, a bod bacteria *Nitrobacter* yn trawsnewid nitreidiau yn nitradau.

③ Does dim sôn am ddraenio, na pham mae mwy o ocsigenu yn gwella'r nitrogen yn y pridd, h.y. bod nitreiddiad yn broses aerobig a bod angen ocsigen ar gyfer cludiant actif er mwyn i wreiddiau allu cael nitradau. Does dim sôn am ddefnyddio planhigion codlysol a sefydlogi nitrogen.

④ Does dim sôn am groesi'r terfyn newid hinsawdd na pham.

⑤ Does dim manylion am sut a pham rydym ni wedi croesi'r terfyn bioamrywiaeth, e.e. oherwydd colli cynefinoedd drwy dorri gwrychoedd.

Mae Ceri yn cael 3/9 marc

> **Sylwch**
>
> Cofiwch, mai nid ennill un marc am bob pwynt fyddwch chi, ond yn hytrach, ennill marciau am beth rydych chi'n ei ddweud a sut rydych chi'n dweud hynny. Rhaid i'ch atebion gynnwys y wybodaeth allweddol i gyd, a'r holl dermau gwyddonol allweddol, i gael marciau llawn. Byddwch yn ofalus wrth sillafu hefyd!

Homeostasis a'r aren

Mae'r tabl isod yn dangos crynodiadau nodweddiadol dau hydoddyn (glwcos ac wrea) mewn tair gwahanol ran o neffron yr aren, sydd wedi'u labelu'n P, R ac S, yn y diagram isod.

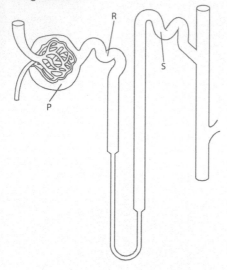

Hydoddyn	Crynodiad cymedrig yr hydoddyn / g dm^{-3}		
	P	R	S
Glwcos	0.12	0.00	0.00
Wrea	0.35	0.65	6.25

a) Nodwch ble yn union byddech chi'n disgwyl gweld y ffurfiad sydd wedi'i labelu'n P mewn trawstoriad drwy'r aren. (1)

b) Esboniwch beth sy'n achosi'r newidiadau i grynodiad glwcos ac wrea. (6)

Ateb Lucie

a) Yn y cortecs. ✓

b) Mae crynodiad cymedrig glwcos yn lleihau o 0.12 g dm^{-3} yn rhan P i 0.00 g dm^{-3} yn rhannau R ac S ✓ oherwydd bod glwcos yn cael ei adamsugno'n ddetholus i mewn i'r gwaed yn rhan R. ✓ Dydy wrea ddim yn cael ei adamsugno'n ddetholus yn y rhan hon, ond mae dŵr, ✓ felly mae crynodiad wrea'n cynyddu o 0.35 g dm^{-3} i 6.25 g dm^{-3} oherwydd bod yr un màs o wrea wedi'i hydoddi mewn cyfaint llai o ddŵr. ✓ ①

Sylwadau'r arholwr

① Dylai Lucie fod wedi cynnwys manylion am fecanwaith adamsugno yma, h.y. mae glwcos yn cael ei adamsugno drwy gydgludiant ag ïonau sodiwm a dŵr drwy gyfrwng osmosis.

Mae Lucie yn cael 5/7 marc

Ateb Ceri

a) Cortecs. ✓

b) Mae glwcos yn cael ei adamsugno drwy gydgludiant ag ïonau sodiwm ✓ sy'n achosi i'w grynodiad leihau. ✓ ① Dydy wrea ddim yn cael ei adamsugno yn rhannau R ac S ✓ a dyna pam mae ei grynodiad yn cynyddu. ✗ ②

Sylwadau'r arholwr

① Mae'n bwysig dyfynnu data wrth esbonio.

② Mae'r rheswm sydd wedi'i roi yn anghywir: Mae dŵr yn cael ei adamsugno'n ddetholus drwy gyfrwng osmosis yn y tiwbyn troellog procsimol ac yn nolen Henle, felly mae'r un màs o wrea wedi'i hydoddi mewn cyfaint llai o ddŵr, sy'n golygu bod ei grynodiad yn cynyddu.

Mae Ceri yn cael 4/7 marc

Sylwch
Esboniwch eich atebion yn llawn, a chofiwch ddyfynnu data i ategu eich ateb.

Y system nerfol

Mae'r diagram yn dangos llwybr atgyrch nodweddiadol sy'n bodoli yn system nerfol mamolyn.

a) Cwblhewch y tabl, gan enwi'r ffurfiadau A–CH. (3)

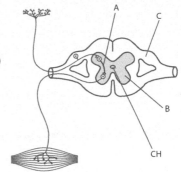

Llythyren	Enw
A	
B	
C	
CH	

b) Mae'r diagram isod yn dangos toriad drwy niwron echddygol.

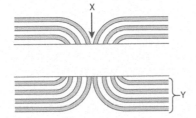

Enwch X ac Y ac esboniwch sut maen nhw'n effeithio ar fuanedd trosglwyddo ysgogiadau nerfol. (4)

Ateb Lucie

a) Niwron relái yw A, ✓ breithell yw B, ✓ gwreiddyn dorsal yw C ✗ ① a'r tiwb canolog yw CH. ✓ (caniatáu uchafswm o 2 allan o 3)

b) X yw nod Ranvier, ac Y yw'r bilen fyelin ✓. Mae presenoldeb y bilen fyelin yn cyflymu trosglwyddiad ysgogiadau oherwydd mai dim ond yn nodau Ranvier lle does dim myelin y mae ïonau'n gallu croesi'r bilen, ✓ felly dim ond yn y nodau hyn mae dadbolaru'n digwydd. ✓ Mae'r ysgogiad yn neidio o nod i nod. ✗ ②

Sylwadau'r arholwr

① Mae C yn pwyntio at y chwydd yn y gwreiddyn dorsal, sef ganglion y gwreiddyn dorsal.

② Y potensial gweithredu sy'n 'neidio' o nod i nod, **nid** yr ysgogiad.

Mae Lucie yn cael 5/7 marc

Ateb Ceri

a) A = niwron relái, ✓ B – breithell, ✓ C = ganglion ✗ ① CH = hylif yr ymennydd ✗ ② (uchafswm o 1 allan o 3)

b) Mae'r bilen fyelin (Y) ③ yn cyflymu trosglwyddiad ysgogiadau oherwydd mai dim ond yn y bylchau hyn yn y bilen fyelin y mae dadbolaru'n gallu digwydd ✓ felly mae'r potensial gweithredu'n neidio o nod i nod. ✓ ④

Sylwadau'r arholwr

① C = ganglion gwreiddyn dorsal

② Mae'r tiwb canolog yn cynnwys hylif yr ymennydd.

③ Dydy X ddim wedi'i enwi fel nod Ranvier (mae angen y ddau am un marc).

④ Dylai Ceri fod wedi cyfeirio at y ffaith mai dim ond yn y nodau mae symudiad ïonau'n bosibl, neu fod cylchedau lleol yn sefydlu dros bellter mwy.

Mae Ceri yn cael 3/7 marc

Sylwch

Labelwch eich diagramau'n gywir! Darllenwch yr awgrymiadau yn y canllaw hwn: Maen nhw'n dangos camgymeriadau cyffredin i'w hosgoi fel ysgogiadau'n 'neidio'.

Traethawd 2

Mae clefyd Parkinson yn gyflwr niwrolegol cynyddol sy'n digwydd o ganlyniad i farwolaeth celloedd yr ymennydd sy'n cynhyrchu dopamin, y niwrodrosglwyddydd sy'n ymwneud â llwybrau rheoli echddygol yn yr ymennydd. Dydy cleifion ddim yn gallu rheoli symudiadau echddygol manwl fel cerdded. Mae'r driniaeth yn cynnwys defnyddio L-dopa, cyffur synthetig sy'n cael ei drawsnewid yn ddopamin yn yr ymennydd. Mae datgarbocsyleiddiad L-dopa i ffurfio dopamin i'w weld isod.

[Diagram cemegol: strwythur L-dopa gyda grwpiau HO, HO, NH₂ a CO₂H yn trawsnewid drwy saeth i ddopamin gyda grwpiau HO, HO, NH₂]

Gan ddefnyddio'r wybodaeth hon, disgrifiwch drosglwyddiad synaptig ac esboniwch sut rydym ni'n defnyddio Levodopa (L-dopa) i drin dioddefwyr clefyd Parkinson.

(9 marc)

Ateb Lucie

Pan mae potensial gweithredu'n cyrraedd niwron cyn-synaptig, mae sianeli calsiwm yn y bilen yn agor, gan achosi i ïonau calsiwm ruthro i mewn i'r bwlyn synaptig. ✓ Mae hyn yn achosi i fesiglau synaptig symud at y bilen gyn-synaptig ac asio â hi. ✓ Mae'r niwrodrosglwyddydd yn cael ei ryddhau i'r hollt synaptig drwy gyfrwng ecsocytosis. ✓ Mae'r niwrodrosglwyddydd yn tryledu ar draws yr hollt ac yn rhwymo wrth sianeli sodiwm ar y bilen ôl-synaptig gan achosi iddyn nhw agor. ✓ Mae ïonau sodiwm yn rhuthro i mewn i'r niwron ôl-synaptig gan ei ddadbolaru. Mae hyn yn sbarduno potensial gweithredu yn y niwron ôl-synaptig. ✓ Gyda chlefyd Parkinson, mae marwolaeth celloedd yr ymennydd yn golygu bod llai o ddopamin yn cael ei ryddhau. Mae dopamin yn niwrodrosglwyddydd sy'n ymwneud â synapsau yn yr ymennydd sy'n gyfrifol am reolaeth echddygol fanwl. Oherwydd bod llai o niwrodrosglwyddydd yn cael ei ryddhau, bydd llai o niwronau ôl-synaptig yn cael eu dadbolaru, fydd yn golygu bod llai o ffibrau cyhyrau yn cyfangu a fydd yn ei gwneud hi'n anodd cerdded. ✓ Mae L-dopa yn cael ei ddatgarbocsyleiddio ✓ i ffurfio dopamin mewn adwaith un cam yn yr ymennydd, sy'n cyflenwi dopamin yn gyflym i'r ardaloedd y mae'r clefyd yn effeithio arnyn nhw. Mae'r cynnydd yn y niwrodrosglwyddydd yn golygu bod modd dadbolaru mwy o niwronau ôl-synaptig, felly mae mwy o ffibrau cyhyrau yn cyfangu, ac mae'n haws cerdded. ✓

Sylwadau'r arholwr

Mae Lucie'n rhoi disgrifiad llawn o drosglwyddiad synaptig, ac yn esbonio sut rydym ni'n defnyddio L-dopa yn dda. Mae'r ateb yn groyw ac yn dangos rhesymu dilyniannol. Does dim byd pwysig wedi'i adael allan, ond dylai Lucie ei gwneud hi'n glir ei bod hi'n trafod synapsau'r ymennydd.

Mae Lucie yn cael 8/9 marc

Ateb Ceri

Mae sianeli calsiwm yn y bilen yn agor, felly mae ïonau calsiwm yn tryledu ① i mewn i'r bwlyn synaptig, sy'n sbarduno rhyddhau'r niwrodrosglwyddydd. ② Mae moleciwlau'r niwrodrosglwyddydd yn tryledu ar draws yr hollt ac yn rhwymo wrth dderbynyddion ar ③ y bilen ôl-synaptig gan achosi i sianeli sodiwm agor. ✓ Mae ïonau sodiwm yn tryledu i mewn i'r niwron ôl-synaptig sy'n sbarduno potensial gweithredu. ④ Dydy pobl sy'n dioddef o glefyd Parkinson ddim yn cynhyrchu digon o ddopamin oherwydd bod celloedd yr ymennydd sy'n ei gynhyrchu wedi marw. Mae hyn yn arwain at reolaeth echddygol wael oherwydd bydd llai o niwronau echddygol yn cael eu dadbolaru. ✓ ⑤ Mae L-dopa yn gweithio fel rhagsylweddyn i ddopamin ac mae'n cael ei drawsnewid yn rhwydd yn ddopamin yn yr ymennydd. ⑥ Mae'r lefelau dopamin uwch yn golygu bod pethau'n gweithio eto, sy'n caniatáu i fwy o niwronau echddygol gael eu dadbolaru, sy'n gwneud cerdded yn haws. ✓

Sylwadau'r arholwr

Mae Ceri'n rhoi disgrifiad cadarn o drosglwyddiadau synaptig, ond does dim manylion llawn yn cael eu rhoi am rai camau. Mae Ceri'n gwneud rhai pwyntiau perthnasol, ond defnydd cyfyngedig sy'n cael ei wneud o eirfa wyddonol.

① Mae ïonau'n symud yn gyflym felly dylai Ceri ddweud bod ïonau'n rhuthro i mewn neu'n tryledu i mewn yn gyflym.
② Dylai Ceri gynnwys y ffaith bod fesiglau sy'n cynnwys y niwrodrosglwyddydd yn symud at y bilen gyn-synaptig ac yn asio â hi.
③ Derbynyddion ar y sianeli sodiwm.
④ Mae'n well dweud dadbolaru'r bilen ôl-synaptig sy'n sefydlu potensial gweithredu.
⑤ Angen cysylltu hyn â chyfangiadau cyhyrau – bydd llai o ffibrau cyhyrau'n cyfangu.
⑥ Dylai Ceri ddefnyddio'r wybodaeth yn y diagram, h.y. colli carbon deuocsid, sef datgarbocsyleiddiad.

Mae Ceri yn cael 3/9 marc

> **Sylwch**
> Adolygwch yr holl wybodaeth sydd wedi'i rhoi yn y cwestiwn a phenderfynwch pa wybodaeth sy'n berthnasol i'r rhan rydych chi'n ei hateb.

Uned 4

Atgenhedlu rhywiol

a) Enwch gelloedd B ac C, ac esboniwch sut mae cell C yn wahanol i gell B. (3)

b) Enwch gell CH a disgrifiwch y broses sy'n digwydd i gell CH i'w galluogi hi i ffrwythloni oocyt eilaidd. (4)

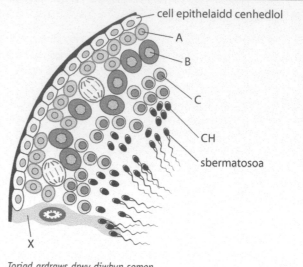

Toriad ardraws drwy diwbyn semen

Ateb Lucie

a) Mae cell C yn sbermatocyt eilaidd ac mae'n haploid, ✓ ac mae cell B yn sbermatocyt cynradd ac mae'n ddiploid ✓ ac yn cyflawni meiosis I i gynhyrchu cell C. ✓

b) Mae cell CH, sef sbermatid, yn gwahaniaethu. ✓ Dydy hyn ddim yn golygu newid i'r cromosomau yn y gell ond ymgorffori acrosom ym mhen y sbermatosoa, sy'n cynnwys ensymau hydrolytig sy'n ei alluogi i dreulio zona pellucida yr ofwm. ✓ ①
Mae darn canol yn cael ei ychwanegu sy'n cynnwys llawer o fitocondria ② a chynffon sy'n darparu symudiad tuag at yr oocyt eilaidd. ✓

Sylwadau'r arholwr

① Cyn i'r sberm fynd i mewn i'r zona pellucida, rydym ni'n galw'r gamet benywol yn oocyt eilaidd oherwydd dydy meiosis II ddim wedi digwydd eto.

② Dylai Lucie gynnwys swyddogaeth y mitocondria niferus, h.y. darparu'r ATP sydd ei angen ar gyfer ymsymudiad.

Mae Lucie yn cael 6/7 marc

Ateb Ceri

a) Mae cell C yn sbermatocyt eilaidd ac mae'n cyflawni meiosis I ✓ i gynhyrchu cell B sy'n sbermatocyt cynradd. ✓ ①

b) Mae cell CH, sef sbermatocyt ✗ ②, yn gwahaniaethu. Mae gan y sbermatosoa ben sy'n cynnwys acrosom, ③ darn canol sy'n cynnwys mitocondria ③ a chynffon i symud. ✓

Sylwadau'r arholwr

① Mae angen i Ceri gynnwys y prif wahaniaeth rhwng y ddwy gell, sef bod C yn ddiploid a bod B yn haploid.

② Sbermatid yw cell CH.

③ Mae angen i Ceri esbonio swyddogaeth y rhannau hyn o'r sbermatosoa sy'n caniatáu ffrwythloniad yr oocyt eilaidd, h.y. mae'r acrosom yn cynnwys ensymau hydrolytig sy'n treulio'r zona pellucida a mitocondria sy'n cynhyrchu ATP ar gyfer symud.

Mae Ceri yn cael 3/7 marc

Sylwch

Gwnewch gysylltiad rhwng ffurfiad a'i swyddogaeth, h.y. esboniwch y swyddogaeth.

Etifeddiad

Mewn moch cwta, mae'r alel ar gyfer cot ddu (D) yn drechol dros yr alel ar gyfer albino (d) ac mae'r alel ar gyfer cot arw (G) yn drechol dros yr alel ar gyfer cot lyfn (g).

Mae mochyn cwta du heterosygaidd â chot lyfn yn cael ei gyplu â mochyn cwta albino sy'n heterosygaidd ar gyfer cot arw. Yn y genhedlaeth gyntaf, roedd gan yr epil (F_1) y ffenoteipiau canlynol: 27 du cot arw; 22 du cot lyfn; 28 albino cot arw; 23 albino cot lyfn.

a) Cwblhewch y diagram genynnol isod i ddangos sut mae epil y genhedlaeth gyntaf yn etifeddu'r ffenoteip fel sydd wedi'i ddangos uchod. (5)

Genoteip y rhieni   .... X ....

Gametau   .... X ....

Genoteipiau F_1 ....

Ffenoteipiau F_2 ....

Cymhareb ffenoteipiau...

b) Defnyddiwch y tabl isod i gyfrifo χ^2 ar gyfer canlyniadau'r croesiad. (3)

Categori	Gwirioneddol O	Disgwyliedig E			
Du cot arw					
Du cot lyfn					
Albino cot arw					
Albino cot lyfn					

$$\chi^2 = \sum \frac{(O - E)^2}{E}$$

$\chi^2 = $ ....

c) Defnyddiwch y gwerth χ^2 rydych chi wedi'i gyfrifo a'r tabl tebygolrwydd i ffurfio casgliad ynglŷn â sut mae lliw a gwead y got yn cael eu hetifeddu. (4)

Graddau rhyddid	p= 0.10	p= 0.05	p= 0.02
1	2.71	3.84	5.41
2	4.61	5.99	7.82
3	6.25	7.82	9.84
4	7.78	9.49	11.67
5	9.24	11.07	13.39

Ateb Lucie

a) Ddgg   X   ddGg   ✓
   Dg, dg   dG, dg   ✓

	Dg	dg	
dG	DdGg du garw	ddGg albino garw	✓
dg	Ddgg du llyfn	ddgg albino llyfn	✓

Y gymhareb yw 1:1:1:1 ✓

b)

Categori	Gwirioneddol O	Disgwyliedig E	O−E	$(O-E)^2$	$\dfrac{(O-E)^2}{E}$
Du cot arw	27	25	2	4	0.16
Du cot lyfn	22	25	−3	9	0.36
Albino cot arw	28	25	3	9	0.36
Albino cot lyfn	23	25	−2	4	0.16
Σ	100	100			1.04

          ✓   ✓

$\chi^2 = 1.04$ ✓

c) Y rhagdybiaeth nwl yw 'does dim gwahaniaeth arwyddocaol rhwng y gwerthoedd gwirioneddol a'r gwerthoedd disgwyliedig'. ✓

Gan fod y gwerth wedi'i gyfrifo, 1.04, yn llai na'r gwerth critigol ar $p = 0.05$, sef 7.82, gallwn ni dderbyn y rhagdybiaeth nwl, felly siawns oedd yn gyfrifol am unrhyw wahaniaethau rhwng y canlyniadau gwirioneddol a'r canlyniadau disgwyliedig. ✓ ①

Sylwadau'r arholwr

① Dylai Lucie gynnwys sut mae lliw a gwead y got yn cael eu hetifeddu, h.y. mae geneteg Fendelaidd felly yn berthnasol, a does dim cysylltiad rhwng genynnau lliw a gwead cot moch cwta. Mae lliw'r got yn cael ei reoli gan alel du trechol ac alel albino enciliol, ac mae gwead y got yn cael ei reoli gan alel garw trechol ac alel llyfn enciliol.

Mae Lucie yn cael 10/12 marc

Ateb Ceri

a) Ddgg   X   ddGg   ✓
    Dg, dg   dG, dg   ✓

	Dg	dg	
dG	DdGg	ddGg	✓
dg	Ddgg	ddgg	①

Y gymhareb yw 1:1:1:1   ✓

b)

Categori	Gwirioneddol O	Disgwyliedig E	O–E	$(O–E)^2$	
Du cot arw	27	25	2	4	
Du cot lyfn	22	25	–3	9	
Albino cot arw	28	25	3	9	
Albino cot lyfn	23	25	–2	4	
$\sum$	100	100		26	

✓

$$\frac{26}{100} = 0.26$$

$\chi^2 = 0.26$ ✗ ②

c) Gan fod y gwerth wedi'i gyfrifo, 0.26, yn llai na'r gwerth critigol, sef 7.82, ③ gallwn ni dderbyn y rhagdybiaeth nwl, felly siawns oedd yn gyfrifol am unrhyw wahaniaethau. ✓ ④

Sylwadau'r arholwr

① Dylai Ceri gynnwys ffenoteipiau naill ai yn y tabl neu yn y cymarebau.

② Mae Ceri wedi adio pob $(O–E)^2$ at ei gilydd ac yna wedi rhannu hwn â chyfanswm E yn hytrach na chyfrifo pob un $\frac{(O–E)^2}{E}$ ac adio'r rhain at ei gilydd. O ganlyniad, mae'r gwerth chi sgwâr sydd wedi'i gyfrifo yn anghywir.

③ Rhaid i Ceri gynnwys y lefel tebygolrwydd a ddefnyddiwyd, h.y. p = 0.05, oherwydd 7.82 hefyd yw'r gwerth ar gyfer 2 radd rhyddid ar p = 0.02.

④ Mae Ceri wedi cael marc dwyn gwall ymlaen – er bod y gwerth wedi'i gyfrifo'n anghywir, cafodd hyn ei gosbi yn rhan b) felly dydy hyn ddim yn cael ei gosbi eto yn rhan c). Mae angen i Ceri gynnwys rhagdybiaeth nwl, a dylai gynnwys sut mae lliw a gwead y got yn cael eu hetifeddu, h.y. mae geneteg Fendelaidd felly yn berthnasol, a does dim cysylltiad rhwng genynnau lliw a gwead cot moch cwta, etc.

Mae Ceri yn cael 6/12 marc

> **Sylwch**
> Wrth wneud profion ystadegol, cofiwch gynnwys rhagdybiaeth nwl a sicrhau eich bod chi'n esbonio canlyniadau yn nhermau arwyddocâd, siawns a'r gwerth tebygolrwydd 0.05.

Amrywiad ac esblygiad

Thalasemia yw enw grŵp o gyflyrau etifeddol sy'n effeithio ar gynhyrchu haemoglobin. Mae'n cael ei achosi gan alel enciliol sy'n golygu nad yw'r corff yn cynhyrchu digon o haemoglobin, sy'n achosi anaemia, a diffyg anadl. Mae'n digwydd amlaf ymysg pobl o dras Mediteranaidd neu Asiaidd, ac mae'n effeithio ar 1 o bob 2000 o fabanod sy'n cael eu sgrinio yn y Deyrnas Unedig.

Mae fformiwla Hardy–Weinberg yn datgan, os yw alelau A ac a yn bresennol mewn poblogaeth â'r amlderau p a q, mai cyfran yr unigolion sy'n homosygaidd ar gyfer yr alel trechol (AA) fydd p^2, cyfran yr heterosygotau (Aa) fydd $2pq$, a chyfran yr unigolion homosygaidd enciliol (aa) fydd q^2, lle mae $p + q = 1$.

a) Beth yw ystyr y term *alel enciliol*? (2)

b) Defnyddiwch y fformiwla Hardy–Weinberg i amcangyfrif nifer y cludyddion thalasemia ym mhob 1000 o bobl yn y Deyrnas Unedig. Dangoswch eich gwaith cyfrifo. (4)

Ateb Lucie

a) Alel sydd ddim ond yn cael ei fynegi yn yr unigolyn homosygaidd enciliol, e.e. aa. ✓ ①

b) $aa = \dfrac{1}{2000} = 0.0005 = q^2$ ✓

$q = \sqrt{0.0005} = 0.022$

$p = 1 - 0.022 = 0.978.$ ✓

$Aa = 2pq = 2 \times 0.022 \times 0.978$ ✓ $= 0.043$ neu 43 o bob 1000 o'r boblogaeth. ✓

Sylwadau'r arholwr

① Mae angen i Lucie ddiffinio alel, h.y. ffurf wahanol ar yr un genyn (genyn yw darn o DNA sy'n codio ar gyfer polypeptid penodol).

Mae Lucie yn cael 5/6 marc

Ateb Ceri

a) Mae alel enciliol yn codio ar gyfer protein ✗ ① ac mae'n rhaid i'r ddau gopi o'r alel fod yn bresennol er mwyn i'r ffenoteip ymddangos, e.e. aa. ✓

b) $q^2 = \dfrac{1}{2000} = 0.0005$ ✓

$q = 0.022$

$p = 0.978.$ ✓

y gyfran o'r boblogaeth sy'n gludyddion yw 0.978 ②

Sylwadau'r arholwr

① Mae angen i Ceri ddiffinio alel – sef ei fod yn ffurf wahanol ar yr un genyn.

② Dylai Ceri ddangos y gwaith cyfrifo yn fwy llawn er mwyn gallu cael marciau am y broses. Mae angen cynnwys y cam olaf, sef lluosi 0.978 â 1000 i gael y gyfran o'r boblogaeth i bob 1000.

Mae Ceri yn cael 3/6

C&A 13

Cymwysiadau atgenhedliad a geneteg

Dechreuodd gwyddonwyr fapio darn o DNA drwy ei dreulio â gwahanol ensymau cyfyngu ac amcangyfrif maint pob darn drwy osod y cynhyrchion ar gel agaros, ochr yn ochr ag ysgol DNA sy'n cynnwys darnau o DNA o faint hysbys. Mae'r canlyniadau i'w gweld yn y tabl isod.

Ensymau gafodd eu defnyddio	Amcangyfrif o faint y darnau sy'n cael eu cynhyrchu / parau basau
EcoRI	550, 450
BamHI	750, 300
SnaI	500, 325, 200
EcoRI a PstII	550, 450
EcoRI a HindIII	550, 250, 200

a) Beth yw ensym cyfyngu? (1)
b) Mae yna gyfyngiadau i ddefnyddio ysgol DNA i amcangyfrif maint darnau o DNA, ac mae'n aml yn anghywir. Pa dystiolaeth sydd yn y data i ategu'r honiad hwn? (2)
c) Lluniwch gasgliadau o'r canlyniadau, gan gyfiawnhau eich ateb. (3)

Ateb Lucie

a) Ensym bacteriol sy'n torri DNA un edefyn ar ddilyniant pâr basau penodol. ✓

b) Cafodd yr un DNA ei dorri â gwahanol ensymau ac roedd cyfanswm maint y darnau a gafodd eu cynhyrchu gan bob adwaith yn wahanol, ✓ e.e. roedd cyfanswm darnau EcoRI yn 1000, tra bod cyfanswm BamHI yn 1050 er bod yr un DNA wedi'i ddefnyddio. ✓

c) Maint y darn o DNA yw 1000 oherwydd bod y darnau sydd wedi'u cynhyrchu ym mhob treuliad yn rhoi cyfanswm o tua 1000. ✓ Dydy PstII ddim yn torri'r DNA felly does dim dilyniant adnabod ar gyfer PstII yn y sampl, oherwydd bod nifer a maint y darnau sy'n cael eu cynhyrchu'r un fath ag y mae wrth ddefnyddio EcoRI ar ei ben ei hun. ✓ Mae HindII yn torri o fewn y darn EcoRI 450 pb oherwydd pan fydd y ddau ensym yn cael eu defnyddio dydy'r darn 450 pb ddim yn bresennol mwyach, ond mae dau ddarn â chyfanswm o 450 pb yn bresennol. ✓ ①

Sylwadau'r arholwr

① Gallai Lucie hefyd ddod i'r casgliad bod EcoRI a BamHI yn torri'r DNA unwaith yn unig, gan fod dau ddarn yn cael eu cynhyrchu. Mae SnaI yn torri ddwywaith gan fod tri darn yn cael eu cynhyrchu.

Mae Lucie yn cael 6/6 marc

Ateb Ceri

a) Ensym sy'n torri DNA. ①

b) Mae darnau o wahanol faint yn cael eu cynhyrchu wrth ddefnyddio gwahanol ensymau. ②

c) Rhaid bod y DNA tua 1000 o fasau o hyd. ③ Does dim safle i'r PstII ei dorri o fewn y DNA, oherwydd bod y canlyniad yr un peth wrth ddefnyddio EcoRI ac EcoRI gyda PstII. ✓ Mae'r ensymau eraill yn torri unwaith ond mae'n rhaid bod SnaI yn torri ddwywaith gan fod tri darn yn cael eu cynhyrchu. ✓

Sylwadau'r arholwr

① Mae angen mwy o fanylder yn y diffiniad, e.e. Mae'n torri DNA ar ddilyniant penodol mae'n ei adnabod.

② Mae angen i Ceri gynnwys enghreifftiau penodol i ategu'r ateb, e.e. Mae'r darnau'n rhoi cyfanswm o 1000 o barau basau wrth eu torri nhw ag EcoRI ond 1025 wrth eu torri nhw ag SnaI.

③ Mae'r casgliadau'n ddilys ond dylen nhw gynnwys cyfiawnhad, e.e. Mae'r DNA tua 1000 o fasau o hyd oherwydd mae'r darnau sy'n cael eu cynhyrchu yn adio i 1000 gydag EcoRI ond 1025 gydag SnaI.

Mae Ceri yn cael 2/6 marc

Traethawd 3

Mae arbrawf yn cael ei gynnal i ymchwilio i'r gofynion optimwm ar gyfer eginiad hadau ffa, *Vicia faba*. Mae deg o hadau'n cael eu rhoi yn y gwahanol amgylcheddau sydd wedi'u dangos yn y tabl isod ac mae uchder cymedrig yr eginblanhigion yn cael ei gofnodi ddeg diwrnod ar ôl iddyn nhw egino.

Tymheredd / °C	Cyfaint y dŵr sy'n cael ei gyflenwi bob dydd / cm³	Uchder cymedrig yr eginblanhigion / mm
10	15	41
10	30	48
10	60	9
20	15	65
20	30	72
20	60	13
30	15	82
30	30	86
30	60	18

Gan ddefnyddio'r canlyniadau, lluniwch gasgliad ynglŷn â'r amodau optimwm sydd eu hangen er mwyn twf eginblanhigion ffa. Gan ddefnyddio eich gwybodaeth fiolegol, esboniwch eich casgliad.

(9)

Ateb Lucie

Mae'r canlyniadau'n dangos bod tymheredd a dŵr yn effeithio ar dwf eginblanhigion ffa sy'n egino. Yr amodau optimwm ar gyfer twf yw 30 °C a chyflenwi 30 cm³ o ddŵr; mae hyn yn rhoi eginblanhigion ag uchder cymedrig o 86 mm ar ôl deg diwrnod. ✓ Roedd gormod o ddŵr yn arafu'r twf ac roedd hyn ar ei fwyaf amlwg ar 10 °C lle roedd uchder cymedrig yr eginblanhigion gyda 60 cm³ ddim ond yn 9 mm. ✓ ①
Mae angen dŵr ar gyfer eginiad a thwf eginblanhigion. Mae'r hedyn yn amsugno dŵr, gan achosi i'r hadgroen hollti wrth i'r meinweoedd chwyddo. Mae'r cynwreiddyn yn dod allan ac yn dechrau amsugno mwy o ddŵr. Mae dŵr yn bwysig oherwydd ei fod yn symud ensymau ac yn darparu dŵr i hydrolysu startsh i ffurfio maltos. ✓ ② Unwaith mae'r eginblanhigyn yn cyflawni ffotosynthesis, mae angen dŵr hefyd ar gyfer ffotosynthesis, ac i gludo swcros i'r mannau sy'n tyfu. ✓ Mae tymheredd optimwm yn bwysig, nid dim ond ar gyfer ensymau gan fod tymheredd yn cynyddu egni cinetig y moleciwlau ensym a swbstrad gan arwain at fwy o gymhlygion ensym-swbstrad, ond ar gyfer yr ensymau sy'n ymwneud â ffotosynthesis, e.e. RwBisCo. ✓ Roedd gormod o ddŵr yn arafu twf, er enghraifft hyd yn oed ar yr optimwm o 30 °C, roedd cynyddu'r dŵr a oedd yn cael ei gyflenwi o 30 i 60 cm³ yn achosi i uchder yr eginblanhigion ostwng o 86 i 18 mm. ✓ Mae angen dŵr ar gyfer twf, ond mae gormod yn golygu bod llai o ocsigen ar gael i wreiddiau'r eginblanhigyn sy'n datblygu, gan fod dŵr yn cymryd lle aer yn y bylchau aer sydd yn y pridd. Mae angen ocsigen ar gyfer resbiradaeth aerobig maltos yn yr hedyn sy'n egino ac yn nes ymlaen ar gyfer mewnlifiad actif ïonau mwynol, e.e. nitradau i'r gwreiddiau. Mae nitradau'n hanfodol ar gyfer twf oherwydd bod eu hangen nhw mewn planhigion i syntheseiddio proteinau, e.e. ensymau a phroteinau adeileddol. ✓

Sylwadau'r arholwr

Mae Lucie'n rhoi casgliad llawn sydd wedi'i ategu gan wybodaeth fiolegol fanwl o UG ac U2. Mae'r ateb yn groyw ac yn dangos rhesymu dilyniannol. Does dim byd pwysig wedi'i adael allan.

① Mae'n dyfynnu data, ond gallai hi fod wedi prosesu rhywfaint ohono, e.e. cynnydd %. ② Mae'n sôn am hydrolysis maltos, ond gallai Lucie fod wedi cynnwys hafaliad neu sôn mwy am adio dŵr yn gemegol i dorri'r bondiau glycosidig. Byddai'n well dweud bod resbiradaeth glwcos yn dilyn hydrolysis maltos. Gallai'r ateb gyfeirio at y ffaith bod angen ocsigen ar gyfer resbiradaeth aerobig fel tanwydd i ffotosynthesis ar gyfer twf.

Mae Lucie yn cael 7/9 marc

Ateb Ceri

Yr amodau gorau ar gyfer twf yw 30 °C a chyflenwi 30 cm³ o ddŵr. ✓ ①

Mae dŵr yn bwysig oherwydd bod angen dŵr i hydrolysu startsh i ffurfio maltos yn yr hedyn, ac mae ei angen ar gyfer ffotosynthesis. ② 30 °C sy'n rhoi'r twf gorau oherwydd bod tymheredd yn cynyddu egni cinetig y moleciwlau ensym a swbstrad, sy'n arwain at fwy o gymhlygion ensym-swbstrad. ✓ ③ Dros 30 cm³ roedd uchder yr eginblanhigion yn llai, efallai oherwydd bod gormod o ddŵr yn lleihau'r ocsigen yn y pridd. ④ Mae angen ocsigen ar gyfer resbiradaeth aerobig yn yr hedyn. Mae resbiradaeth aerobig yn cynhyrchu mwy o ATP na resbiradaeth anaerobig. ⑤

Sylwadau'r arholwr

Mae Ceri'n rhoi casgliad cryno ac yn esbonio'r canlyniadau'n gryno. Mae Ceri'n gwneud rhai pwyntiau perthnasol, ond defnydd cyfyngedig sy'n cael ei wneud o eirfa wyddonol.

① Rhaid dyfynnu data, e.e. uchder 86 mm, ac mae angen i'r casgliad fod yn fwy manwl.

② Dylai Ceri gynnwys manylion am hydrolysis maltos a pham mae angen dŵr ar gyfer ffotosynthesis, a thrawsleoli hydoddion, etc.

③ Dylai Ceri enwi rhai ensymau, e.e. maltas, RwBisCO.

④ Dylai Ceri gynnwys pam mae ocsigen yn bwysig i'r eginblanhigyn sy'n tyfu, e.e. mewnlifiad actif nitradau ac ïonau mwynol eraill.

⑤ Dylai Ceri ddatblygu hyn ymhellach, sef byddai llai o ATP yn golygu llai o fewnlifiad nitradau neu synthesis proteinau yn yr eginblanhigyn.

Mae Ceri yn cael 2/9 marc

> **Sylwch**
> Byddwch yn benodol ac enwch yr ensym a'r swbstrad. Dylech chi gynnwys data bob tro i ategu eich casgliad.

Opsiwn A

Imiwnoleg a Chlefydau

Mae'r graff yn dangos crynodiad gwrthgyrff yn y gwaed ar ôl dod i gysylltiad â'r un antigen ddwywaith.

a) Esboniwch pam mae crynodiad y gwrthgyrff yn y gwaed yn uwch ar ôl dod i gysylltiad â'r antigen am yr ail dro nag ar ôl y tro cyntaf. (3)

b) Gan ddefnyddio enghreifftiau, esboniwch ddau wahaniaeth rhwng imiwnedd actif a goddefol. (2)

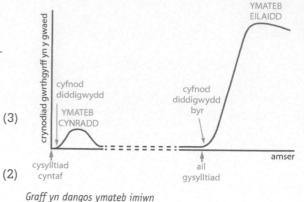

Graff yn dangos ymateb imiwn

Ateb Lucie

a) Ar ôl dod i gysylltiad â'r antigen am y tro cyntaf, mae angen i facroffagau amlyncu'r antigen estron ac ymgorffori'r antigenau yn eu cellbilenni eu hunain yn ystod yr amser sy'n cael ei alw'n cyfnod diddigwydd. ✓ ① Ar ôl dod i gysylltiad yr ail dro, mae celloedd cof yn cyflawni ehangiad clonau yn llawer cyflymach nag ar ôl dod i gysylltiad y tro cyntaf oherwydd dydy cyflwyniad yr antigen ddim yn digwydd, felly mae llawer mwy o wrthgyrff yn cael eu gwneud yn llawer cyflymach. ✓

b) Mae imiwnedd actif yn golygu bod rhywun yn cynhyrchu gwrthgyrff fel ymateb i haint, e.e. y frech goch neu frechiad, e.e. MMR, tra bod imiwnedd goddefol yn golygu bod rhywun yn cael gwrthgyrff naill ai o laeth bron neu o bigiad gwrthgyrff, e.e. brechiad y gynddaredd. ✓ Mae imiwnedd actif yn para'n hirach nag imiwnedd goddefol oherwydd bod celloedd cof yn cael eu cynhyrchu. ✓

Sylwadau'r arholwr

① Dylai Lucie gynnwys y ffaith bod celloedd T helpu yn secretu cytocinau sy'n sbarduno celloedd plasma B i gynhyrchu gwrthgyrff, sy'n cymryd amser.

Mae Lucie yn cael 4/5 marc

Sylwch
Mae'n bwysig gwneud cymhariaeth os yw'r cwestiwn yn gofyn am wahaniaethau, a chynnwys enghreifftiau.

Ateb Ceri

a) Mae'r crynodiad yn uwch ar ôl dod i gysylltiad â'r antigen yr ail dro oherwydd bod celloedd cof yn cyflawni ehangiad clonau yn llawer cyflymach nag ar ôl dod i gysylltiad y tro cyntaf, oherwydd does dim angen i facroffagau amlyncu'r antigen estron ac ymgorffori'r antigenau yn eu cellbilenni eu hunain. ✓ ①

b) Mae imiwnedd actif yn ymwneud â haint ac mae imiwnedd goddefol yn ymwneud â phigiad. ✗ ② Mae imiwnedd actif yn para'n hirach nag imiwnedd goddefol. ③

Sylwadau'r arholwr

① Mae angen i Ceri gynnwys y ffaith bod angen i gelloedd T helpu secretu cytocinau yn ystod yr ymateb cynradd er mwyn sbarduno celloedd plasma B i gynhyrchu gwrthgyrff, sy'n cymryd amser. Oherwydd bod yr ymateb eilaidd yn digwydd yn gyflymach, mae'n gallu cynhyrchu mwy o wrthgyrff.

② Mae angen i Ceri fod yn glir am bigiad o wrthgyrff a brechiad, sef pigiad o antigenau, a chynnwys enghreifftiau, e.e. brechlyn MMR o'i gymharu â phigiad o wrthgyrff, e.e. i drin y gynddaredd.

③ Mae angen i Ceri gynnwys rheswm, e.e. mae imiwnedd actif yn para'n hirach oherwydd bod celloedd cof yn cael eu cynhyrchu.

Mae Ceri yn cael 1/5 marc

Opsiwn B

C&A 16

Anatomi Cyhyrysgerbydol Dynol

Mae'r diagram canlynol yn dangos toriad drwy gyhyr ysgerbydol.

a) Labelwch y diagram i ddangos y canlynol yn glir:
   i) Llinell M
   ii) Llinell Z
   iii) Band I
   iv) **Un** sarcomer (3)

b) Disgrifiwch beth fyddai'n digwydd i'r darn o gyhyr sydd wedi'i ddangos uchod ar ôl cyfangiad. (2)

c) Yn ystod ymarfer corff egnïol, mae cyhyrau'n gallu resbiradu'n anaerobig dros dro. Esboniwch pam mae'n bwysig bod cyhyrau athletwr yn trawsnewid pyrwfad yn lactad (asid lactig) a beth sy'n digwydd i gyfangiad cyhyrau os yw lactad yn cronni. (3)

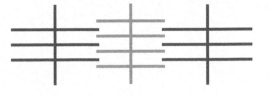

Toriad drwy gyhyr ysgerbydol

Ateb Lucie

a)

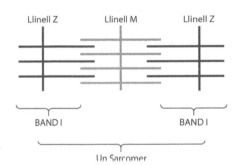

Un Sarcomer

✓✓✓

b) Mae'r sarcomer yn mynd yn fyrrach wrth i'r band I a'r rhan H fynd yn fyrrach. ✓ Mae'r band A yn aros yr un hyd. ✓

c) Mae'n caniatáu i glycolysis barhau, oherwydd bod NAD yn cael ei atffurfio ✓ wrth i byrwfad gael ei rydwytho i ffurfio lactad. ✓ ①

Sylwadau'r arholwr

① Mae angen i Lucie gynnwys beth yw effaith lactad yn cronni ar gyfangiad cyhyrau, h.y. ei fod yn atal ïonau clorid sy'n rheoleiddio cyfangiadau cyhyrau gan achosi cyfangiad parhaus sy'n arwain at gramp.

Mae Lucie yn cael 7/8 marc

Ateb Ceri

a)

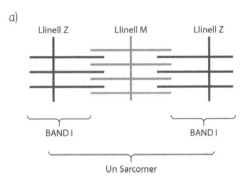

Un Sarcomer

✓✓✓

b) Mae'r band I yn mynd yn fyrrach, a'r sarcomer hefyd. ✓ ①

c) Mae'n caniatáu i ddyled ocsigen gronni. ②

Sylwadau'r arholwr

① Mae angen i Ceri gynnwys yr effaith ar y band A, h.y. bod y band A yn aros yr un hyd.

② Er bod dyled ocsigen yn datblygu, mae angen i Ceri fynd ymhellach i esbonio beth sy'n digwydd o ganlyniad i hyn, h.y. bod NAD yn cael ei atffurfio, sy'n caniatáu i glycolysis barhau. Hefyd, mae angen i Ceri ddweud sut mae lactad yn cronni yn effeithio ar gyfangiad cyhyrau.

Mae Ceri yn cael 4/8 marc

Sylwch

Darllenwch y cwestiwn yn ofalus ac esboniwch eich ateb yn llawn.

Opsiwn C

C&A 17

Niwrobioleg ac Ymddygiad

a) Esboniwch y gwahaniaeth rhwng tacsisau a chinesisau. (1)

b) Mae dioddefwr damwain car yn dioddef niwed i'w flaenymennydd. Esboniwch pam byddai'n anodd i'r unigolyn hwn ffurfio atgofion parhaol, ond byddai'n llai tebygol o ddioddef straen. (2)

c) Defnyddiwch enghreifftiau i wahaniaethu rhwng cyflyru clasurol a gweithredol. (2)

Ateb Lucie

a) Does gan ginesis ddim cyfeiriad, ond gyda thacsisau mae perthynas rhwng cyfeiriad y symud a chyfeiriad y symbyliad, naill ai tuag ato neu oddi wrtho. ✓

b) Mae'r hipocampws wedi'i leoli yn y blaenymennydd ac mae'n ymwneud â chyfuno atgofion mewn storfa barhaol. Os caiff hwn ei niweidio, fydd yr unigolyn ddim yn gallu gwneud hyn. ✓ Mae hefyd yn gyfrifol am gynhyrchu cortisol, sef hormon straen. ①

c) Mae cyflyru clasurol yn ymwneud â chysylltu symbyliad naturiol gyda symbyliad artiffisial i gynhyrchu'r un ymateb, e.e. ci yn ffurfio cysylltiad rhwng canu cloch a bwyd, ✓ ond mae cyflyru gweithredol yn ymwneud â chysylltu ymddygiad penodol gyda gwobr neu gosb, e.e. llygod yn dysgu pwyso lifer i gael bwyd (gwobr) neu i atal sŵn uchel (cosb). ✓

Sylwadau'r arholwr

① Mae angen i Lucie wneud cysylltiad clir rhwng niwed i'r hipocampws a'i swyddogaeth o reoli cynhyrchu cortisol o'r chwarennau adrenal.

Mae Lucie yn cael 4/5 marc

Ateb Ceri

a) Does gan ginesis ddim cyfeiriad; mae gan dacsisau gyfeiriad. ①

b) Gallai fod yr hipocampws wedi'i niweidio, a hwnnw sy'n gyfrifol am ffurfio atgofion. ✓ Mae hefyd yn gyfrifol am gynhyrchu cortisol. ②

c) Mewn cyflyru clasurol, mae ci yn dysgu ffurfio cysylltiad rhwng canu cloch a bwyd, ond mewn cyflyru gweithredol, mae llygod yn dysgu pwyso lifer i gael bwyd. ✓ ③

Sylwadau'r arholwr

① Mae tacsisau yn golygu symudiad sy'n dibynnu ar gyfeiriad y symbyliad.

② Mae angen cynnwys swyddogaeth cortisol.

③ Dylai Ceri gynnwys y prif wahaniaeth rhwng y ddau fath o gyflyru, h.y. bod cyflyru clasurol yn ymwneud â chysylltu symbyliad naturiol gyda symbyliad artiffisial i gynhyrchu'r un ymateb ond bod cyflyru gweithredol yn ymwneud â chysylltu ymddygiad penodol gyda gwobr neu gosb.

Mae Ceri yn cael 2/5 marc

Sylwch

Wrth wahaniaethu rhwng dau derm, gwnewch yn siŵr eich bod chi'n cynnwys manylion am y ddau derm.

Cwestiynau ymarfer ychwanegol

1. a) Enwch y grŵp o foleciwlau biolegol mae ATP yn perthyn iddo. (1)

    b) Esboniwch swyddogaeth dŵr yn ystod cyfnod golau-ddibynnol ffotosynthesis. (3)

2. a) Enwch y prosesau sy'n cyflawni'r canlynol:

    i)   Bacteria yn y pridd yn trawsnewid amonia yn nitradau. (1)

    ii) Trawsnewid nitradau yn nitrogen atmosfferig. (1)

    b) Disgrifiwch sut gellir trawsnewid nitrogen o'r atmosffer yn uniongyrchol yn gyfansoddion nitrogen ar gyfer planhigion. (3)

3. a) Disgrifiwch ddau wahaniaeth rhwng ffibrau cyhyrau plycio araf a phlycio cyflym. (2)

    b) Rydym ni wedi dangos bod y math o ymarfer corff mae rhedwyr marathon yn ei wneud yn cynyddu cyfran gymharol ffibrau plycio araf. Nodwch un newid arall sy'n digwydd i gyhyrau yn ystod ymarfer dygnwch, ac esboniwch y budd i redwr marathon. (3)

4. Defnyddiodd disgybl staen Gram i staenio'r bacteria i'w gwneud nhw'n fwy gweladwy o dan ficrosgop golau. Roedd siâp y bacteria i gyd yn sfferig, ond roedd rhai'n edrych yn borffor ac eraill yn binc.

    a) Nodwch pa fath o facteria oedd wedi cadw'r staen porffor. (2)

    b) Esboniwch pam roedd rhai bacteria wedi staenio'n borffor ac eraill wedi staenio'n binc. (3)

5. Mae resbiradaeth aerobig yn digwydd mewn nifer o gamau.

    a) Cwblhewch y tabl gan ddefnyddio tic (✓) i ddynodi pa osodiadau sy'n berthnasol i'r camau resbiradaeth canlynol, neu groes (✗) os nad ydyn nhw'n berthnasol. (4)

Gosodiad	Glycolysis	Adwaith cyswllt	Cylchred Krebs	Cadwyn trosglwyddo electronau
Mae'n digwydd ym matrics y mitocondrion				
ATP wedi'i gynhyrchu drwy gyfrwng ffosfforyleiddiad lefel swbstrad				
FAD yn cael ei rydwytho				
NAD wedi'i rydwytho yn cael ei ocsidio				

    b) Esboniwch swyddogaeth ATP ym mhroses glycolysis. (2)

6. a) Disgrifiwch beth yw ystyr potensial gorffwys. (2)

    b) Esboniwch sut mae'r potensial gorffwys yn cael ei gynnal ar draws niwron. (3)

7. Esboniwch sut mae celloedd sy'n leinio'r tiwbyn troellog procsimol wedi addasu ar gyfer adamsugniad detholus. (3)

8. a) Nodwch un peth sy'n debyg rhwng y broses lle mae cnewyllyn sberm yn mynd i mewn i'r oocyt eilaidd mewn bodau dynol a'r broses lle mae'r cnewyllyn gwrywol yn mynd i mewn i ofwl planhigyn. (1)

    b) Amlinellwch y prif wahaniaethau rhwng meiosis yn ystod sbermatogenesis ac oogenesis. (3)

9. a) Gwahaniaethwch rhwng genyn ac alel. (1)

b) Mae planhigyn pys yn cynhyrchu pys crychlyd melyn. Mae gwyddonydd yn rhagfynegi, gan ddefnyddio ail ddeddf etifeddiad Mendel, bod y planhigyn yn heterosygaidd ar gyfer lliw a gwead, ond pan hunan-beilliodd y planhigyn, roedd 96 o'r epil yn grychlyd a melyn a 32 yn wyrdd a llyfn.
   i) Nodwch ail ddeddf etifeddiad Mendel. (1)
   ii) Esboniwch beth allai fod wedi digwydd i gynhyrchu'r canlyniadau hyn. (4)

10. a) Gwahaniaethwch rhwng amrywiad parhaus ac amharhaus. (3)

b) Mae lliw ffwr mewn un rhywogaeth llygod yn cael ei reoli gan un genyn â dau alel. Mae gwyddonwyr yn defnyddio hafaliad Hardy–Weinberg i amcangyfrif amlder alel yr alel trechol sy'n cynhyrchu ffwr tywyll, a'r alel enciliol sy'n cynhyrchu ffwr golau mewn gwahanol amgylcheddau lle mae'r llygoden yn byw. Mewn amgylcheddau creigiog, roedd amlder yr alel tywyll yn llawer uwch nag mewn amgylcheddau tywodlyd, lle'r oedd amlder yr alel golau yn uwch, felly daeth y gwyddonwyr i'r casgliad bod hwn wedi digwydd oherwydd detholiad naturiol. Esboniwch sut gallai gwahanol liw ffwr fod wedi ymddangos yn y ddau wahanol amgylchedd. (4)

11. a) Esboniwch sut gall electrofforesis gel gael ei ddefnyddio i wahanu darnau o DNA yn ôl eu maint. (3)

b) Defnyddiwch eich gwybodaeth am glefyd cryman-gell, a thechnoleg genynnau, i amlinellu'n gryno sut *gallech chi, yn ddamcaniaethol*, ddefnyddio therapi genynnau i drin dioddefwr cryman-gell. (3)

12. Esboniwch y triniaethau sydd ar gael ar gyfer methiant yr arennau. (9) AYE

13. Mae gwrthgyrff yn cael eu cynhyrchu fel ymateb i antigenau estron, ac mae ganddyn nhw siâp Y. Mae'r dilyniant asidau amino yn y rhan newidiol yn amrywio'n fawr rhwng gwahanol wrthgyrff. Mae'r rhan newidiol hon, sy'n cynnwys 110-130 o asidau amino, yn gwneud y gwrthgorff yn benodol o ran clymu wrth antigen. Mae brechiadau yn ffordd gyffredin o amddiffyn pobl rhag amrywiaeth o glefydau drwy sbarduno'r derbynnydd i gynhyrchu gwrthgyrff. Mae haint HIV yn tueddu i amharu ar ymatebion gwrthgyrff i'r brechlyn ffliw, ac mae hyn yn fwy difrifol yn ystod camau olaf yr haint HIV.

a) Enwch yr ymateb imiwnolegol sy'n cynhyrchu gwrthgyrff. (1)

b) Fyddai claf ag AIDS ddim yn gallu cynhyrchu digon o wrthgyrff i'w amddiffyn ei hun rhag ffliw. Esboniwch pam. (3)

14. a) Disgrifiwch swyddogaethau'r ôl-ymennydd. (2)

b) Amlinellwch y technegau byddai modd eu defnyddio i ganfod niwed *swyddogaethol* i'r ymennydd ar ôl strôc. (6)

15. Dadfyelinio yw colli'r bilen fyelin, sy'n digwydd mewn rhai clefydau awtoimiwn niwro-ddirywiol, gan gynnwys sglerosis ymledol (*M.S.*). Mae'r cyflwr hwn yn niweidio pilen fyelin niwronau yn yr ymennydd, madruddyn y cefn a'r nerfau optig. Cafodd amseroedd ymateb dioddefwyr sglerosis ymledol eu cymharu ag unigolion iach, ynghyd â chanran yr atebion cywir i symbyliad gweledol. Mae'r canlyniadau i'w gweld isod.

Grŵp	Amser ymateb / ms	% o atebion cywir
Dioddefwr sglerosis ymledol	549	80
Grŵp rheolydd (iach)	443	95

a) Cyfrifwch y cynnydd canrannol yn yr amser ymateb ar gyfer y grŵp â sglerosis ymledol o'i gymharu ag unigolyn iach. Dangoswch eich gwaith cyfrifo. (2)

b) Esboniwch y gwahaniaeth sydd i'w weld rhwng yr amseroedd ymateb. (4)

c) Awgrymwch reswm pam mae dioddefwyr sglerosis ymledol yn cael llai o atebion cywir. (1)

Atebion i'r cwestiynau cyflym a'r cwestiynau ychwanegol

Uned 3

① Mae symudiad osmosis yn deillio o raddiant potensial dŵr ond mae symudiad cemiosmosis yn deillio o raddiant protonau.

②

Nodwedd	Mitocondria	Cloroplastau
Safle'r gadwyn trosglwyddo electronau	Cristâu	
Y cydensym dan sylw		NADP
Derbynnydd electronau terfynol	Ocsigen a H^+	

③ Unrhyw gell fetabolaidd weithgar, e.e. cell cyhyr neu gell afu/iau.

④ NADPH/NADP wedi'i rydwytho ac ATP.

⑤ Mae gan gloroplastau arwynebedd arwyneb mawr; maen nhw'n gallu symud o fewn celloedd palis; maen nhw'n cynnwys llawer o bigmentau (UNRHYW 2).

⑥ Mae'n gallu trawsnewid egni golau yn egni cemegol.

⑦ Cloroffyl-b.

⑧ Mae'r sbectrwm amsugno yn dangos faint o egni golau sy'n cael ei amsugno ar wahanol donfeddi, ond mae'r sbectrwm gweithredu yn dangos cyfradd ffotosynthesis ar wahanol donfeddi.

⑨ Cloroffyl-a.

⑩ Casglu egni golau ar wahanol donfeddi a'i sianelu i'r ganolfan adweithio.

⑪ Pilennl thylacold yn y cloroplast.

⑫ UNRHYW DRI: Mae cylchol yn ymwneud â ffotosystem I yn unig ond mae anghylchol yn cynnwys y ddwy ffotosystem; Mae cylchol yn cynhyrchu 1 ATP ond mae anghylchol yn cynhyrchu 2 ATP ac NADP wedi'i rydwytho (NADPH); Mae'r electronau'n dilyn llwybr cylchol yn yr un cylchol, ond llwybr llinol yn yr un anghylchol; Dydy cylchol ddim

yn cynhyrchu ocsigen oherwydd does dim ffotolysis yn digwydd, yn wahanol i anghylchol sy'n rhyddhau ocsigen o ganlyniad i ffotolysis.

⑬ O ffotolysis dŵr.

⑭ Mae angen ATP a NADPH, sy'n cael eu gwneud yn yr adwaith golau-ddibynnol. Heb olau, bydd y stomata'n cau, gan gyfyngu ar fewnlifiad carbon deuocsid.

⑮ Drwy ddefnyddio hydrogen o NADPH.

⑯ RwBisCO.

⑰ Y moleciwl derbyn 5 carbon sy'n sefydlogi carbon deuocsid. Hebddo, fyddai'r gylchred ddim yn gallu parhau.

⑱ $3 \times 2 = 6$ ATP o NADH a chynnydd net o 2 ATP wedi'u cynhyrchu'n uniongyrchol $= 8$ ATP.

⑲ Mae'n cynyddu'r arwynebedd arwyneb i ensymau gydio wrtho, e.e. ATP synthetas.

⑳ Ocsigen yw'r derbynnydd electronau terfynol. Hebddo, dydy electronau ddim yn gallu gadael y pwmp protonau olaf, felly does dim graddiant electrocemegol/graddiant protonau yn cael ei greu.

㉑ a) cytoplasm cell, b) matrics y mitocondrion, c) cytoplasm cell

㉒ Effeithlonrwydd resbiradaeth anaerobig

$= \dfrac{30.6 \times 2}{2880} \times 100 = 2.1$ % (1 ll.d.)

㉓ 1g o fraster, oherwydd ei fod yn cynnwys niferoedd mawr o atomau hydrogen sy'n cael eu defnyddio i ysgogi ffosfforyleiddiad ocsidiol.

㉔ Sfferig.

㉕ Maen nhw'n staenio'n borffor oherwydd bod ganddyn nhw haen peptidoglycan drwchus, sy'n cadw'r staen fioled grisial.

㉖ Lipopolysacarid.

㉗ Mae angen nitrogen ar gyfer synthesis niwcleotidau a phroteinau.

㉘ Mae cyfrif cyfanswm celloedd yn cynnwys celloedd byw a marw, ond dim ond celloedd byw sydd wedi'u cynnwys mewn cyfrif celloedd hyfyw.

㉙ a) Bod pob cytref wedi tyfu o un bacteriwm.
b) $20 \times 1000 = 20\,000$ i bob 0.1 cm^3
$= 20\,000 \times 10 = 200\,000$ i bob cm^3 o'r meithriniad gwreiddiol
$= 200\,000 \times 25 = 5\,000\,000$ neu 5×10^6 (1 ll.d.).

㉚

Cyfnod	Poblogaeth bacteria	Poblogaeth mamolion
Oedi	Mae celloedd yn tyfu, ond does dim llawer o gynnydd yn y niferoedd oherwydd bod angen amser ar gyfer synthesis ensymau.	Mae'r twf araf yn cynrychioli'r amser mae'n ei gymryd i aeddfedu'n rhywiol a chario'r epil.
Log	Digonedd o faetholion a dim llawer o sgil gynhyrchion gwenwynig, felly does dim ffactorau cyfyngol.	Mae'r niferoedd yn cynyddu'n logarithmig oherwydd does dim ffactorau yn cyfyngu ar dwf.
Digyfnewid	Mae'r celloedd yn atgenhedlu ond mae'r boblogaeth yn gyson oherwydd bod yr un nifer o gelloedd yn cael eu cynhyrchu ag sy'n marw. Mae'r boblogaeth wedi cyrraedd ei chynhwysedd cludo oherwydd bod adnoddau'n brin, e.e. mae maetholion/lle/cynhyrchion gwastraff gwenwynig nawr yn ffactorau cyfyngol.	Mae'r cyfraddau geni a marw yn hafal ac mae'r boblogaeth wedi cyrraedd uchafswm ei maint, neu ei chynhwysedd cludo, oherwydd bod adnoddau'n brin, e.e. y bwyd sydd ar gael, neu'r lle sydd ar gael, clefydau ac ysglyfaethu.
Marwolaeth	Mae mwy o gelloedd yn marw nag sy'n cael eu cynhyrchu, felly mae'r boblogaeth yn lleihau. Mae celloedd yn marw oherwydd diffyg maetholion, diffyg O_2 neu gynnydd yng ngwenwyndra'r cyfrwng.	Mae'r gyfradd marw yn fwy na'r gyfradd geni oherwydd y bwyd sydd ar gael, y lle sydd ar gael, clefydau ac ysglyfaethu.

㉛ $= \dfrac{56 \times 44}{22} = 112$

㉜ Does dim genedigaethau/marwolaethau/mewnfudo/allfudo wedi digwydd yn ystod yr amser rhwng casglu'r ddau sampl. Dydy ymddygiad ddim yn newid / dydy'r anifail ddim yn cael ei niweidio drwy ei farcio, ac mae'r anifeiliaid sy'n cael eu rhyddhau yn integreiddio'n llawn yn ôl i mewn i'r boblogaeth.

㉝ Mwydyn/pryf genwair; pryf lludw; neidr filtroed; etc. (UNRHYW UN).

㉞ Dydy 60% o egni'r haul ddim yn cael ei amsugno gan y pigmentau yn y cloroplastau, naill ai oherwydd ei fod y donfedd anghywir, oherwydd bod arwyneb y ddeilen yn ei adlewyrchu, neu oherwydd ei fod yn mynd drwy'r ddeilen heb daro moleciwl cloroffyl.

㉟ Mae 6600 kJ yn cael ei golli i ddadelfenyddion, mae 1500 ar gael i'r lefel nesaf, felly mae'n rhaid bod y gweddill yn wres sy'n cael ei golli yn ystod resbiradaeth, h.y.
15000 – 8100 = **6900 kJ**

㊱ 125 kJ yn mynd i mewn i'r lefel, tynnu 40 kJ sy'n cael ei golli i ddadelfenyddion, tynnu 60 sy'n cael ei golli ar ffurf gwres, sy'n gadael **25 kJ wedi'i storio.**

㊲ 125 kJ yn mynd i mewn i'r lefel, 25 kJ yn cael ei gymathu felly effeithlonrwydd =
$\frac{25}{125} \times 100 = 20\%$

㊳ 1 = CH, 2 = C, 3 = B, 4 = A

㊴ Cydymddibyniaeth yw rhyngweithiad rhwng organebau o ddwy rywogaeth sydd o fudd i'r naill a'r llall, ond gyda chydfwytäedd, mae o fudd i un, ond ddim yn effeithio ar y llall.

㊵ Byddai mwy o goed yn cael gwared ar fwy o garbon deuocsid o'r atmosffer drwy gyfrwng ffotosynthesis ac yn ymgorffori'r carbon mewn moleciwlau organig, e.e. glwcos.

㊶ Mae nitrogenas yn rhydwytho nitrogen i ffurfio ïonau amoniwm.

㊷ Mae'n hybu nitreiddiad a sefydlogi nitrogen, ond mae'n atal dadnitreiddiad felly'n arwain at grynodiadau uwch o nitrad yn y pridd. Mae hefyd yn darparu ocsigen ar gyfer resbiradaeth aerobig yn y gwreiddiau, sy'n caniatáu cludiant actif ïonau mwynol.

㊸ Gormod o hela a chasglu; cystadleuaeth gan rywogaethau newydd; llygredd; dinistrio cynefin; detholiad naturiol (UNRHYW DRI).

㊹ Deddfwriaeth, e.e. CITES neu Gyfarwyddeb Cynefinoedd yr UE, a sefydlu mannau gwarchodedig; Rhaglenni bridio mewn caethiwed gan gynnwys cronfeydd genynnau; Addysg; Ecodwristiaeth (UNRHYW DDAU).

㊺ Colli cynefinoedd; erydiad pridd; lleihau bioamrywiaeth; mwy o waddodiad a llifogydd ar dir isel; ansawdd ac adeiledd y pridd yn gwaethygu; newid hinsawdd a llai o lawiad (UNRHYW BEDWAR).

㊻ Mae torri detholus yn cynaeafu coed unigol, ond mae prysgoedio yn golygu torri pob coeden yn agos at y gwaelod ac yna gynaeafu coesynnau, heb gael gwared ar y coed.

㊼ Gosod cwotâu pysgod; gorfodi ardaloedd dan waharddiad; cyfyngu ar faint rhwyll rhwydi; gorfodi tymhorau pysgota; lleihau maint fflydoedd (UNRHYW BEDWAR).

㊽ Gwaredu gwastraff mae'r corff wedi'i gynhyrchu yw ysgarthiad, ond gwaredu gwastraff sydd ddim wedi'i wneud gan y corff yw carthiad, e.e. bwyd heb ei dreulio.

㊾ Gwaredu/ysgarthu gwastraff nitrogenaidd ac osmoreolaeth.

㊿ UNRHYW DRI: dŵr; glwcos; halwynau (neu ïonau wedi'u henwi, e.e. ïonau sodiwm); asidau amino; proteinau bach, e.e. HCG (< 68,000 mmc). Ddim yn yr hidlif: proteinau mawr (>68,000 mmc) e.e. albwmin, celloedd.

(51) Rhaid bod HCG yn <68,000 mmc a phroteinau eraill yn fwy.

(52) Yn y cortecs.

(53) Mae'r rhydwelïyn afferol yn lletach na'r rhydwelïyn echddygol, sy'n achosi pwysedd gwaed uwch yn y glomerwlws.

(54) Mae gormod o glwcos yn bresennol yn hidlif y glomerwlws i gael ei adamsugno yn y tiwbyn troellog procsimol, felly mae rhywfaint ohono'n aros. (Caniatewch gyfeiriad at nifer cyfyngedig o broteinau cludo ar gyfer glwcos.)

(55) Osmodderbynyddion (wedi'u lleoli yn yr hypothalamws).

(56) Wedi hydoddi yn y plasma.

(57) Mae pysgod dŵr croyw yn gallu ysgarthu amonia (sy'n fwy gwenwynig nag wrea), oherwydd bod llawer o ddŵr ar gael i'w wanedu i grynodiad sydd ddim yn wenwynig. Mae adar yn ysgarthu asid wrig fel addasiad i hedfan, sy'n lleihau'r pwysau.

(58) Mae cyfran uchel o'u neffronau yn gyfagos i'r medwla, h.y. mae ganddyn nhw ddolenni Henle hir ac maen nhw'n cynhyrchu cyfeintiau bach o droeth crynodedig iawn, oherwydd bod y lluosydd gwrthgerrynt hirach yn gallu creu crynodiad ïonau uwch yn y medwla. Rydym ni'n dweud bod y neffronau hyn yn neffronau cyfagos i'r medwla, ac mae cwpan Bowman wedi'i leoli'n agosach at y medwla, a'r dolenni Henle sy'n treiddio'n ddwfn i mewn i'r medwla. Mae camelod yn resbiradu màs sylweddol o fraster sy'n rhyddhau dŵr metabolaidd.

(59) Niwronau echddygol.

(60) Presenoldeb myelin.

(61) Niwronau relái.

(62)

Nerfrwyd cnidariad	System nerfol mamolyn
1 math o niwron syml	3 math o niwron (synhwyraidd, relái ac echddygol)
Anfyelinedig	Myelinedig
Niwronau byr, canghennog	Niwronau hir, heb ganghennau

(63) –70 mV

(64) A = IV, B = I, C = VI, CH = III a II, D = V

(65) Does dim modd cynhyrchu potensial gweithredu arall nes bod y potensial gorffwys wedi'i adfer, sy'n sicrhau ysgogiad i un cyfeiriad.

(66) Diamedr yr acson a myeliniad (nid tymheredd, oherwydd bod gan famolion waed cynnes).

(67) Trylediad cynorthwyedig.

(68) Maen nhw'n darparu ATP ar gyfer synthesis AC ecsocytosis asetylcolin.

Atebion i'r cwestiynau ychwanegol

Ychwanegol 3.2

Ffactor	Effaith ar TP	Effaith ar GP	Effaith ar RwBP
Arddwysedd golau		Mae lleihau arddwysedd golau yn golygu mwy o GP oherwydd bod RwBP yn gallu cael ei drawsnewid yn GP, ond heb ATP a NADP wedi'i rydwytho, bydd GP ddim yn cael ei ddefnyddio i wneud TP.	
Crynodiad carbon deuocsid	Wrth i garbon deuocsid gynyddu mae TP yn cynyddu, oherwydd bod mwy o CO_2 wedi'i sefydlogi, felly mae mwy o GP yn cael ei wneud, ac felly mwy o TP.		Wrth i garbon deuocsid gynyddu mae RwBP yn lleihau. Oherwydd bod mwy o CO_2 wedi'i sefydlogi, felly mae mwy o GP yn cael ei wneud a mwy o RwBP yn cael ei ddefnyddio.
Tymheredd	Wrth i'r tymheredd gynyddu mae TP yn cynyddu. Ond ar dymheredd uchel bydd TP yn lleihau oherwydd bod yr ensym RwBisCO yn dadnatureiddio ac mae llai o garbon deuocsid wedi'i sefydlogi, felly bydd llai o GP yn cael ei wneud ac felly bydd llai o TP yn cael ei wneud.		Wrth i'r tymheredd gynyddu mae RwBP yn lleihau oherwydd wrth i gyfradd actifedd ensymau gynyddu, mae mwy o RwBP yn cael ei ddefnyddio. Pan mae'r RwBisCO yn dadnatureiddio ar dymheredd uchel, bydd llai o RwBP yn cael ei ddefnyddio oherwydd dydy CO_2 ddim wedi'i sefydlogi.

Ychwanegol 3.3

Gosodiad	Glycolysis	Adwaith cyswllt	Cylchred Krebs	Cadwyn trosglwyddo electronau
Oes angen ocsigen?	Nac oes	Oes	Oes	Oes
Ydy carbon deuocsid yn cael ei gynhyrchu?	Nac ydy	Ydy	Ydy	Nac ydy
Ble mae'n digwydd?	Cytoplasm	Matrics	Matrics	Cristâu
Ydy FAD yn cael ei rydwytho?	Nac ydy	Nac ydy	Ydy	Nac ydy
Ydy NADH yn cael ei ocsidio?	Nac ydy	Nac ydy	Nac ydy	Ydy

Ychwanegol 3.7

a) Mae dŵr yn cael ei adamsugno drwy gyfrwng osmosis, ond dydy wrea ddim yn cael ei adamsugno (caniatewch gyfeiriad at adamsugno swm bach iawn o wrea), felly mae'r crynodiad yn cynyddu oherwydd bod yr un màs o wrea yn bresennol mewn cyfaint llawer llai o ddŵr.

b) Mae'r rhan fwyaf o ïonau sodiwm yn cael eu hadamsugno ar ôl y tiwbyn troellog procsimol. Dydyn nhw ddim i gyd yn cael eu hadamsugno, oherwydd bod rhai ïonau sodiwm yn dal i fod yn bresennol yn y troeth.

c) Dydy'r glwcos ddim i gyd yn cael ei adamsugno yn y tiwbyn troellog procsimol, felly mae rhywfaint yn aros yn yr hidlif sy'n gostwng y potensial dŵr. Mae celloedd yn cael eu niweidio wrth i ddŵr gael ei dynnu allan o'r celloedd drwy gyfrwng osmosis.

Uned 4

① Tiwbynnau semen.

② Fesigl seminol a chwarren brostad.

③ Mae'n darparu ATP er mwyn symud.

④ a) Darparu maetholion i sbermatosoa a'u hamddiffyn nhw rhag system imiwnedd y gwryw.
   b) Secretu testosteron.

⑤ Mae'r organeb yn mynd yn annibynnol ar ddŵr oherwydd dydy'r gametau ddim yn dadhydradu, gan fod y sberm yn cael ei gyflwyno'n uniongyrchol i mewn i lwybr atgenhedlu'r fenyw.

⑥ Treulio celloedd y corona radiata a'r zona pellucida gan ganiatáu i ben y sberm fynd i mewn i'r oocyt.

⑦ Troi'r zona pellucida yn bilen ffrwythloniad gan atal mwy o sberm rhag mynd i mewn (polysbermedd).

⑧ Cyfnewid nwyon, maetholion a gwastraff; cynhyrchu hormonau

⑨ Amsugno sioc i amddiffyn y ffoetws sy'n datblygu; helpu i gynnal tymheredd corff y ffoetws.

⑩ UNRHYW DDAU:

Blodau sy'n cael eu peillio gan bryfed	Blodau sy'n cael eu peillio gan y gwynt
Petalau mawr llwgar, persawr a neithdar	Bach, gwyrdd a disylw, dim persawr, dim petalau fel arfer
Antheri y tu mewn i'r blodyn	Anther yn hongian y tu allan i'r blodyn fel bod y gwynt yn gallu chwythu'r paill i ffwrdd
Stigma y tu mewn i'r blodyn	Stigmâu mawr pluog i ddarparu arwynebedd arwyneb mawr i ddal gronynnau paill
Symiau bach o baill gludiog	Symiau mawr o baill bach, llyfn, ysgafn

⑪ Ofari, stigma a cholofnig.

⑫ Mae paill ysgafnach yn cael ei gludo'n haws gan y gwynt, gan sicrhau bod peilliad yn digwydd.

⑬ Mae'r endosberm yn ffurfio o'r cnewyllyn triploid sy'n cael ei gynhyrchu wrth i'r ail gnewyllyn gwrywol asio â'r cnewyllyn polar diploid.

⑭ I ddarparu cronfa egni i'r planhigyn embryo sy'n datblygu.

⑮ Mae'r sygot diploid yn rhannu drwy gyfrwng **mitosis** i ffurfio'r planhigyn embryonig.

Mae'r **endosberm** (cronfa fwyd yr embryo sy'n datblygu) yn datblygu o'r cnewyllyn endosberm.

Mae'r **pilynnau** yn troi'n hadgroen (cot yr hedyn) ac mae'r micropyl yn aros.

Mae'r ofwl ffrwythlon yn troi'n **hedyn**.

Mae'r ofari ffrwythlon yn troi'n **ffrwyth**.

⑯ Peilliad yw trosglwyddo paill o anther i stigma aeddfed ar blanhigyn o'r un rhywogaeth, ond gametau gwrywol a benywol yn asio i gynhyrchu sygot diploid yw ffrwythloniad.

⑰ Tymheredd optimwm ar gyfer actifedd ensymau, dŵr i symud ensymau a chludo cynhyrchion i fannau sy'n tyfu, ac ocsigen ar gyfer resbiradaeth aerobig i gynhyrchu ATP ar gyfer prosesau celloedd fel synthesis proteinau.

⑱ I angori'r eginblanhigyn ac amsugno dŵr i ganiatáu hydrolysis gan ensymau a chludo maltos a glwcos i fannau sy'n tyfu.

⑲ Ffurf wahanol ar yr un genyn sy'n codio ar gyfer polypeptid penodol, sydd ddim ond yn cael ei fynegi yn yr heterosygot, e.e. rr.

⑳ Pan fydd genynnau gwahanol yn bodoli ar yr un cromosom awtosom ac felly'n methu arwahanu'n annibynnol.

㉑ Mae cysylltedd rhyw yn golygu bod genyn wedi'i gludo ar gromosom rhyw, fel bod nodwedd mae'n ei hamgodio yn ymddangos yn bennaf mewn un rhyw.

㉒ $X^H X^h$ $X^H y$

	X^H	Y
X^H	$X^H X^H$	$X^H Y$
X^h	$X^H X^h$	$X^h Y$

1 $X^H X^H$ benyw normal
1 $X^h X^H$ benyw sy'n gludydd
1 $X^H Y$ gwryw normal
1 $X^h Y$ gwryw â haemoffilia
Y siawns o gael plentyn gwrywol â haemoffilia yw 1 mewn 4 neu 0.25.

㉓ Gwryw normal (mae'n cael plentyn sy'n fenyw normal 7) a benyw sy'n gludydd (plentyn sy'n fenyw normal 7, gwryw â haemoffilia 5).

㉔ Mwtaniadau genyn (pwynt) a mwtaniadau cromosom.

㉕ Carsinogenau.

㉖ Amrywiad amharhaus ydyw, oherwydd does dim nodweddion rhyngol, ac mae'n fonogenig, h.y. wedi'i reoli gan un genyn.

㉗ UNRHYW BEDWAR:
- Mwtaniadau pwynt/genyn neu fwtaniadau cromosom.
- Trawsgroesiad yn ystod proffas I meiosis.
- Rhydd-ddosraniad yn ystod metaffas I a II meiosis.
- Cyplu ar hap, h.y. mae unrhyw organeb yn gallu cyplu ag un arall.
- Asio gametau ar hap, h.y. ffrwythloniad unrhyw gamet gwrywol gydag unrhyw gamet benywol.
- Ffactorau amgylcheddol sy'n arwain at addasiadau epigenetig.

㉘ Mae'n achosi cynnydd yn amlder alelau manteisiol a gostyngiad yn amlder alelau anfanteisiol o fewn poblogaeth mewn amgylchedd sy'n newid.

㉙ Oherwydd gwahaniaethau i adeiledd neu nifer y cromosomau, dydy'r cromosomau ddim yn gallu paru yn ystod proffas I meiosis ac felly does dim gametau'n ffurfio.

㉚ Mae'r ddau yn cynnwys ffurfio rhywogaethau newydd o rai sy'n bodoli eisoes, ond mae ffurfiant rhywogaethau alopatrig yn ymwneud â phoblogaethau sydd wedi'u gwahanu gan rwystr daearyddol, tra bod sympatrig yn ymwneud ag arunigo atgenhedlu poblogaethau mewn ffyrdd eraill, e.e. organau rhyw anghydnaws.

㉛ Mae electrofforesis yn gwahanu moleciwlau yn ôl eu maint. Rydym ni'n rhoi foltedd ar draws gel agaros ac yn gadael i foleciwlau â gwefr symud drwy'r gel. Mae moleciwlau llai yn gallu symud yn rhwyddach na rhai mwy, ac felly'n teithio'n bellach.

㉜ I adael i'r paratowyr anelio (cydio).

㉝ Oherwydd y wefr negatif ar y grwpiau ffosffad sy'n cael eu hatynnu at yr electrod positif.

㉞ Mae'n cadarnhau bod DNA y rhoddwr wedi cael ei fewnosod yn y plasmid, oherwydd bydd y genyn marciwr wedi'i anactifadu.

㉟ Mae DNA cyflenwol neu gopi yn cael ei gynhyrchu gan dranscriptas gwrthdro o dempled mRNA.

㊱ Ensym bacteriol yw DNA ligas sy'n uno esgyrn cefn siwgr-ffosffad dau ddarn o DNA gyda'i gilydd: yn yr achos hwn, genyn inswlin dynol a DNA plasmid bacteriol.

㊲ Dydy mRNA aeddfed ddim yn cynnwys introniau.

㊳ Mae paill yn gallu cael ei drosglwyddo, gan roi ymwrthedd i chwynladdwr i blanhigion eraill sy'n perthyn yn agos.

㊴ Mae firws annwyd cyffredin wedi'i addasu (adenofirws) yn heintio celloedd sy'n leinio'r llwybr resbiradu, felly gallem ni ei ddefnyddio i gyflwyno'r alel CFTR normal i gelloedd mae ffibrosis cystig yn effeithio arnyn nhw.

㊵ Mae'r sgaffald yn cynnal twf meinwe 3D, ac yn caniatáu trylediad maetholion a chynhyrchion gwastraff.

㊶ Dydy celloedd bonyn llawn dwf ddim yn gallu gwahaniaethu i bob math o gell, ond mae celloedd bonyn embryonig yn gallu gwneud hyn.

㊷ Mae sterileiddio yn lladd yr holl ficrobau a'u sborau, tra bod diheintio yn lladd y rhan fwyaf.

㊸ I sicrhau symbylu'r ymateb imiwn amddiffynnol.

㊹ Mae imiwnedd actif yn golygu bod yr unigolyn yn cynhyrchu gwrthgyrff fel ymateb i haint neu frechiad, tra bod imiwnedd goddefol yn golygu bod yr unigolyn yn cael gwrthgyrff naill ai o'r brych neu laeth bron neu o bigiad gwrthgyrff. Mae imiwnedd actif yn para'n hirach nag imiwnedd goddefol oherwydd bod celloedd cof yn cael eu cynhyrchu.

㊺ Mae osteoblastau yn secretu matrics asgwrn o gwmpas y cartilag; mae osteoclastau yn ymddatod matrics asgwrn.

46. Mae sarcomerau, myoffibrilau a'r cyhyr yn mynd yn fyrrach. Mae band I a rhan H yn mynd yn fyrrach.

47. Cyflenwad gwaed cyfoethog, niferoedd mawr o fitocondria, lefelau myoglobin uchel.

48. Sianeli fertebrarydwelïol.

49. Secretu hylif synofaidd.

50. Lleihau traul ar arwynebau cymalog.

51. Mae arthritis gwynegol yn anhwylder awtoimiwn, dydy osteoarthritis ddim. Mae cydran enynnol i arthritis gwynegol, ond does dim cysylltiad genynnol wedi'i ganfod eto ar gyfer osteoarthritis.
   Peidiwch â chaniatáu: mae osteoarthritis yn gallu effeithio ar unrhyw gymal ond mae arthritis gwynegol yn effeithio ar y dwylo a'r arddyrnau'n fwy cyffredin, oherwydd bod hwn hefyd yn gallu effeithio ar unrhyw gymal.

52. Y freithell denau.

53. A = 5 B = 3 C = 4 CH = 2 D = 1.

54. a) llabed yr arlais b) ocsipwt c) llabed flaen.

55. Tomograffeg gollwng positronau (PET).

56. Plastigrwydd ansynaptig.

57. Does gan ginesis ddim cyfeiriad, ond gyda thacsisau mae perthynas rhwng cyfeiriad y symud a chyfeiriad y symbyliad, naill ai tuag ato neu oddi wrtho.

58. Cyflyru gweithredol.

59. Cyflyru clasurol.

60. Mae anifeiliaid yn byw ar faestir cartref ond yn amddiffyn tiriogaeth.

Atebion i'r cwestiynau ychwanegol

Ychwanegol 4.1

a) Brig yn y crynodiad FSH ar ddiwrnod 4 cyn i'r lefelau oestrogen gynyddu.

b) Diwrnod 14 – brig yn yr LH.

c) Oestrogen oherwydd ei fod yn symbylu LH.

ch) Progesteron; oherwydd byddai'n atal FSH, felly dim cynhyrchu oestrogen, sy'n golygu dim symbylu cynhyrchu LH.

Ychwanegol 4.3

MMCc × mmCC

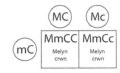

melyn crwn i gyd

Ychwanegol 4.4

Mae'r dioddefwyr yn homosygaidd enciliol,

h.y. $q^2 = \dfrac{4.4}{10,000} = 0.00044$

$q = \sqrt{0.00044} = 0.0210$

$p = 1 - 0.0210 = 0.9790$

$2pq = 2 \times 0.9790 \times 0.0210 = 0.0411$

neu 411 i bob 10,000 o enedigaethau byw

Ychwanegol 4.5

a) i. Chwe darn.
   ii. Mae'r darn lleiaf yn 35 bas.
   iii. 4400 – 3675 = 725 bas.

b) Hind 111 ac Sna 1.

c) Dau ddarn: mae Bam 1 yn torri fel sydd wedi'i ddangos, dydy Pst 1 ddim yn torri DNA.

*GATTCC***C|CTAGG***ATCGAAGTCGGGTTTAAA*
*CGAA***GGGATC|C***TAGCTTCAGCCCAAATTT*

GATTCC   CTAGGATCGAAGTCGGGTTTAAA
CGAAGGGATC   CTAGCTTCAGCCCAAATTT

Ychwanegol 4B

Math o ymarfer corff	Effaith yr ymarfer corff	Mantais
Ymarfer dygnwch	Cynyddu nifer a maint y mitocondria	Mwy o resbiradaeth aerobig yn bosibl
Ymarfer dygnwch	Rhwydwaith capilarïau yn cynyddu	Cyflenwi mwy o waed i gyhyrau yn golygu mwy o ocsigen ac felly mwy o resbiradaeth aerobig
Ymarfer codi pwysau	Cynyddu nifer y myoffibrilau a maint y cyhyrau	Cynyddu cryfder
Ymarfer dygnwch	Cynyddu swm y myoglobin	Mae myoglobin yn storfa ocsigen felly mwy o resbiradaeth aerobig
Ymarfer codi pwysau	Gwella goddefiad asid lactig	Mwy o resbiradaeth anaerobig yn bosibl

Atebion i'r cwestiynau ymarfer ychwanegol

1. a) Niwcleotidau;

    b) Ffotolysis/hollti dŵr
        yn disodli electronau sydd wedi'u colli o gloroffyl-a yn ffotosystem II
        yn darparu {protonau/H⁺} i rydwytho NADP/ar gyfer synthesis ATP

2. a) i) Nitreiddiad

        ii) Dadnitreiddiad

    b) Nitrogen atmosfferig yn cael ei droi'n ïonau amoniwm drwy sefydlogi nitrogen / gan facteria sefydlogi nitrogen
        gan *Rhizobium* mewn gwreiddgnepynnau (mewn planhigion codlysol)
        gan *Azotobacter* (sy'n byw'n rhydd) yn y pridd

3. a) UNRHYW DDAU ond mae angen cymhariaeth:

Plycio araf	Plycio cyflym
Mwy o fitocondria	Llai o fitocondria
Wedi addasu ar gyfer resbiradaeth aerobig	Wedi addasu ar gyfer resbiradaeth anaerobig
Da iawn am wrthsefyll lludded	Ddim cystal am wrthsefyll lludded
Cyfangiadau estynedig a pharhaus	Cynhyrchu pyliau byr o gryfder/cyflymder
Dwysedd capilarïau uchel	Dwysedd capilarïau isel
Dwysedd myoffibrilau isel	Dwysedd myoffibrilau uchel
Crynodiad myoglobin uchel	Crynodiad myoglobin isel

    b)

Disgrifiad	Rheswm
Dwysedd rhwydwaith capilarïau yn cynyddu	Mwy o waed yn caniatáu mwy o ocsigen, felly mwy o resbiradaeth aerobig
Cynyddu nifer/maint y mitocondria	Mwy o resbiradaeth aerobig
Cynyddu crynodiad y myoglobin	Mae myoglobin yn storfa ocsigen felly mwy o resbiradaeth aerobig
UNRHYW BWYNT DILYS e.e. gwella goddefiad i lactad	e.e. mae mwy o lactad yn gallu cronni yn y cyhyrau felly mae'r athletwr yn gallu rhedeg am amser hirach

4. a) Cocci Gram positif

    b) Mae gan facteria porffor/Gram positif, gellfur peptidoglycan sy'n fwy trwchus sydd yn derbyn staen Gram/fioled grisial
        Mae gan facteria Gram negatif haen lipopolysacarid sydd ddim yn cadw'r staen

5. a)

Gosodiad	Glycolysis	Adwaith cyswllt	Cylchred Krebs	Cadwyn trosglwyddo electronau
Mae'n digwydd ym matrics y mitocondrion	✗	✓	✓	✗
ATP wedi'i gynhyrchu drwy gyfrwng ffosfforyleiddiad lefel swbstrad	✓	✗	✓	✗
FAD yn cael ei rydwytho	✗	✗	✓	✗
NAD wedi'i rydwytho yn cael ei ocsidio	✗	✗	✗	✓

(UN MARC AM BOB RHES GYWIR)

b) Mae ATP yn ffosfforyleiddio glwcos gan ei wneud yn fwy adweithiol ac yn haws ei hollti'n ddau foleciwl trios ffosffad.

6. a) Y gwahaniaeth potensial ar draws pilen y niwron pan does dim ysgogiad nerfol yn cael ei gynhyrchu.
mae gan y gwahaniaeth potensial ar draws pilen niwron wefr negatif yn fewnol o gymharu â'r tu allan/mae'n −70 mV (DERBYN: −50 i −90 mV)
dweud bod y bilen wedi'i pholaru
(UNRHYW DDAU).

b) Mae'r bilen yn fwy athraidd i K^+/yn anathraidd i Na^+ oherwydd bod rhai gatiau K^+ ar AGOR (i adael i K^+ lifo allan)
gatiau Na^+ ar gau (atal Na^+ rhag mynd i mewn)
pwmp Na^+/K^+, $3K^+$ i mewn, $2Na^+$ allan drwy gyfrwng cludiant actif

7. *Llawer* o fitocondria i ddarparu ATP ar gyfer cludiant actif
microfili/sianelau gwaelodol i gynyddu'r arwynebedd arwyneb ar gyfer trylediad
mwy o broteinau cludo ar gyfer trylediad cynorthwyedig/cludiant actif/cydgludiant.

(Cyfeirio at gysylltau tynn yn atal cludiant ochrol.)

8. a) Cynhyrchu ensymau sy'n treulio llwybr tuag at y cnewyllyn benywol.

b) Mae meiosis II mewn oogenesis ddim ond yn digwydd ar ôl i'r sberm fynd i mewn i'r oocyt eilaidd, ond mae meiosis II mewn sbermatogenesis yn digwydd yn syth ar ôl meiosis I.
Mae sbermatogenesis yn cynhyrchu pedwar sbermatid o un gell cenhedlol, ond dim ond un ofwm mae oogenesis yn ei gynhyrchu, ynghyd â thri chorff polar sydd yna'n ymddatod.
Mae'r holl oocytau cynradd sydd eu hangen yn cael eu cynhyrchu cyn y glasoed, ond mae sbermatocytau cynradd yn cael eu cynhyrchu'n gyson ar ôl y glasoed.

9. a) Genyn yw darn o DNA ar locws penodol ar gromosom sydd fel arfer yn codio ar gyfer polypeptid penodol, ond ffurf wahanol ar yr un genyn yw alel, gyda dilyniant basau gwahanol. Fel arfer, mae gan enyn ddau neu fwy o alelau.

b) i) Mae deddf rhydd-ddosraniad yn datgan 'Mae'r naill aelod neu'r llall o bâr o alelau yn gallu cyfuno ar hap â'r naill neu'r llall o bâr arall'.

ii) Pe bai ail ddeddf Mendel yn berthnasol, byddech chi'n disgwyl gweld pys crychlyd gwyrdd a phys llyfn melyn. Rhaid bod cysylltedd awtosomaidd wedi digwydd, h.y. bod y genynnau lliw a gwead ar yr un cromosom, ac felly'n cael eu hetifeddu gyda'i gilydd. Mae hyn yn golygu mai dim ond un pâr homologaidd o gromosomau sydd ei angen i wneud lle i'r pedwar alel, sy'n lleihau nifer posibl y mathau gametau o bedwar, i ddau.

10. a) UNRHYW DRI:

Amrywiad parhaus	Amrywiad amharhaus
Amrediad o ffenoteipiau i'w weld	Nodweddion yn ffitio mewn grwpiau gwahanol, dim nodweddion rhyngol
Llawer o enynnau'n ei reoli (polygenig)	Fel arfer yn cael ei reoli gan un genyn â dau neu fwy o alelau (monogenig)
Yn dilyn dosraniad ffenoteipiau 'normal'	Ddim yn dilyn dosraniad 'normal'
Ffactorau amgylcheddol yn cael dylanwad mawr, e.e. deiet ar bwysau	Dim llawer o ddylanwad gan ffactorau amgylcheddol, e.e. dydy deiet ddim yn effeithio ar grŵp gwaed

b) Mae organebau'n cynhyrchu gormod o epil, mae llawer o amrywiad ymysg genoteipiau'r boblogaeth.

Mae newidiadau i amodau amgylcheddol yn dod â phwysau dethol newydd oherwydd cystadleuaeth/ ysglyfaethu/clefydau.

Dim ond yr unigolion hynny ag alelau buddiol sy'n rhoi ffenoteip buddiol sy'n cael mantais ddetholus, e.e. ffwr golau mewn amgylchedd tywodlyd, a ffwr tywyll yn yr amgylchedd creigiog, felly maen nhw'n fwy tebygol o oroesi oherwydd eu cuddliw, ac atgenhedlu.

Mae'r epil yn debygol o etifeddu'r alelau buddiol, felly mae amlder yr alel buddiol yn cynyddu o fewn y cyfanswm genynnol.

11. a) Mae'r gel wedi'i wneud o agaros, sy'n cynnwys mandyllau yn ei fatrics. Rydym ni'n llwytho samplau DNA ar un pen ac yn rhoi foltedd ar draws y gel. Mae DNA yn cael ei atynnu at yr electrod positif oherwydd y wefr negatif sy'n bresennol ar y grwpiau ffosffad. Mae darnau llai yn symud yn rhwyddach drwy'r mandyllau yn y gel ac felly'n teithio'n bellach na darnau mawr yn yr un amser.

b) Canfod yr alel ar gyfer haemoglobin normal, ac echdynnu mRNA haemoglobin normal.

Defnyddio transgriptas gwrthdro i gynhyrchu cDNA o dempled mRNA.

Ei fewnosod mewn plasmid neu firws, a'i chwistrellu i fêr esgyrn y claf.

12. Mae'r brif driniaeth yn defnyddio haemodialysis, lle mae gwaed yn llifo i mewn i beiriant dialysis â philen athraidd ddetholus ac mae hylif dialysis yn llifo i'r cyfeiriad dirgroes i gyfeiriad llif y gwaed (sy'n cael ei alw'n llif gwrthgerrynt). Mae gan hylif dialysis yr un potensial dŵr a chrynodiad glwcos â gwaed normal, felly mae wrea, gormodedd dŵr a halwynau yn tryledu allan i'r hylif dialysis. Mae dialysis peritoneaidd yn defnyddio'r peritonewm, sy'n gweithredu fel hidlydd unwaith y bydd hylif dialysis yn llifo i mewn i'r ceudod abdomenol drwy gathetr.

Mae'r hylif yn cael ei ddraenio i ffwrdd ar ôl cyfnod, i gael gwared ar wastraff, e.e. wrea. Mewn achosion difrifol, gall trawsblaniad aren gael ei wneud, sef llawdriniaeth i drawsblannu aren o roddwr. Rhaid i'r rhoddwr fod â math tebyg o feinwe a'r un grŵp gwaed â'r derbynnydd. Rhaid defnyddio cyffuriau atal imiwnedd i leihau'r siawns o wrthod yr aren.

13. a) Hylifol

b) AIDS yw cam olaf haint HIV felly mae celloedd T helpu yn cael eu dinistrio, felly mae llai o gelloedd T helpu, a dydyn nhw ddim yn gallu symbylu lymffocytau B i gynhyrchu gwrthgyrff.

14. a) Mae'r medwla oblongata yn rheoli cyfradd curiad y galon ac awyru, ac mae'r cerebelwm yn ymwneud â chynnal osgo'r corff.

b) Mae delweddu cyseiniant magnetig swyddogaethol (fMRI) yn dechneg i archwilio actifedd yr ymennydd mewn amser real yn hytrach na'i adeiledd. Mae'n defnyddio pwls tonnau radio (yn ogystal â maes magnetig) sy'n rhyngweithio'n wahanol gyda haemoglobin ac ocsihaemoglobin gan ddangos mannau lle mae mwy o alw am ocsigen, ac felly mwy o resbiradaeth aerobig.

Mae tomograffeg allyrru positronau (PET) yn dechneg niwroddelweddu sy'n golygu chwistrellu swm bach o isotop ymbelydrol fflworodeocsiglwcos, sy'n cael ei dderbyn i gelloedd actif ac yna'n allyrru positron wrth iddo ddadfeilio. Mae'r sganiwr yn canfod hyn ac yn dangos mannau lle mae glwcos yn cael ei resbiradu'n weithredol yn yr ymennydd. Mae gan yr isotop a ddefnyddir hanner oes byr ac felly mae'n cael ei ddileu o'r corff yn gyflym.

NID sganiau tomograffeg gyfrifiadurol (CT) na delweddu cyseiniant magnetig (MRI) oherwydd bod rhain yn dangos adeiledd yr ymennydd, nid sut mae'n gweithio.

15. a) $\dfrac{549 - 443}{443} \times 100$

= 23.9% (DERBYN 24%)

b) Unigolyn iach
pilen fyelin yn atal potensial gweithredu / potensial gweithredu yn ffurfio yn y nodau yn unig;
mae'r potensial gweithredu yn 'neidio' o nod i nod / dargludiad neidiol;
sy'n cynyddu buanedd dargludo'r nerfau yn fawr.

Dioddefwyr sglerosis ymledol
(mae dadfyelinio'n digwydd mewn dioddefwyr sglerosis ymledol)
mae dargludedd nerfau mewn niwronau echddygol yn arafach;
llai o fyeliniad yn atal dargludiad neidiol;
mae dadbolaru yn digwydd ar hyd y niwron i gyd.

c) effeithio ar niwronau synhwyraidd/nerf optig/colli myelin

Mynegai

acson 66, 68, 70, 72, 147, 149
adamsugniad detholus 90–92
adborth negatif 34–35, 56, 62, 83, 150
adeiledd
    blodyn 87
    deilen 11
    ffrwyth 90
adeileddau cymdeithasol 152–153
adenin 8
adenosin triffosffad *gweler* ATP
ADP 8–10, 16, 137, 139
adwaith
    acrosom 84
    cadwynol polymeras (PCR) 109, 111, 114
    cortigol 84–85
    cyswllt 23–25, 27
addasiad epigenetig 102
aerob anorfod 31
ailadroddiadau tandem byr 112
ailgylchu maetholion 43
alel 49, 89, 93–96, 98–99, 101, 103, 105–108, 112, 120–121, 123, 128
amlderau alel 105
amaethyddiaeth *gweler* ffermio
(asidau) amino 18, 28, 46–47, 56–59, 63, 86, 92, 101, 112, 127
amoneiddio 46
amrywiad 103
anaerob
    amryddawn 22, 31
    anorfod 22, 31
anffrwythlondeb croesryw 108
anffurfiadau osgo 141
antigen 124–125, 129–131
anther 87–89
aren 28, 57–64
    methiant 63–64
arthritis gwynegol 145
asgwrn 133–134, 145
    clefyd 134
asgwrn cefn 140–141
asgwrneiddiad 133
asidau brasterog 18, 28
ATP 8–10, 15–18, 22, 25, 27–28, 47, 82, 91, 137, 139
    synthetas 8–9, 25

bacillus 29

bacteria
    dosbarthiad 29–30
    haint 127–128
    peirianneg enynnol 109
    twf 31–33
banc hadau 49
banc sberm 49
beichiogrwydd 66
bioamrywiaeth 48–51, 53–54, 119
biodanwydd 50, 54
biomas 37–40
blastocyst 85–86
blodyn
    sy'n cael ei beillio gan bryfed 87
    sy'n cael ei beillio gan y gwynt 87
brechiad 131
briger 87, 89
brych 85–86

cadwraeth 49–50
cadwyn fwyd 37, 39
cadwyn trosglwyddo electronau 9, 16, 25, 27–28
caill 80
cam cyfyngu cyfradd 19
capilari 57–60, 62, 64, 85–86, 101, 138
carotenoid 13
cartilag 132, 145
cell bonyn 102, 123
cellwlos 18, 40
cemiosmosis 8, 16
cerebelwm 146–147
cerebrwm 146–147
cigysydd 37–40
cilfach 43
clefydau
    cymalau 145
    rhestr 125–126
clefyd cryman-gell 100–101
clefyd esgyrn brau 134
cloroffyl 9, 13–16, 18, 38
cloroplast 8–9, 11–12, 15–16, 19
cludiant actif 8
cludydd 124–125
cnewyllyn 66, 81–82, 85, 88–90, 134
    haploid 82, 88–89
    polar diploid 88–89
cnydau GM 118-119
coccus 29
coetiroedd wedi'u rheoli 51

corpus luteum 81, 86
cortecs cerebrol 147–148
cortisol 150
cristâu 8–9
croesiad genynnol 93
croesiad prawf 94
croesrywedd DNA 113
cromlin twf bacteria 32
cromosom 81, 85, 93, 95–96, 99–102, 108–109, 112,
    117, 119, 127
cronfa clefyd 124
cwadrat 36
cwpan Bowman 57–59, 64
cwtigl 11
cyd-drechedd 94
cydfwytäedd 43
cydymddibyniaeth 43
cyfanswm genynnol 48-49, 105, 108
cyfathrach rywiol 84
cyfnewid nwyon 11, 45
cyfradd curiad y galon 147
cyfradd geni 34, 36
cyfrif celloedd hyfyw 32–33
cyhyr ysgerbydol 134–139
cylchred
    Calvin 10, 15–18
    fislifol 80, 83–84
    garbon 43–45, 54
    Krebs 22, 24–25, 27–28
    nitrogen 46–47, 54
cymal synofaidd 142
cymalau 142–145
    fel liferi 143–144
cymhlygyn antena 14
cymuned uchafbwynt 41–42
cynaeafu golau 14
cynaliadwyedd 51–53
cynefin 34, 36–37, 42–43, 47–52, 54, 61, 101, 105
cynhesu byd-eang 45
cynhwysedd cludo 32, 34–35
cynhwysiant 84
cynhyrchedd
    cynradd crynswth 39
    cynradd net 39
cynhyrchydd 37, 39–40, 44
cystadleuaeth 43, 105, 108
cyswllt tynn 60
cysylltedd awtosomaidd 96
cysylltedd rhyw 99
cytoplasm 22, 29

chwiliedydd 113

dadamineiddio 28, 56–57
dadbolaru 69
dadelfenyddion/dadelfennu 37, 40, 43–44, 47, 50
dadhydrogeniad 22–25, 27–28
dadnitreiddiad 46–47
damcaniaeth ffilament llithr 136–137
datgarbocsyleiddiad 23–24, 27
datgoedwigo 43, 45, 48, 50–51, 54
deddf Mendel 94–97
derbynyddion hydrogen artiffisial 28
detholiad naturiol 48, 105, 107–108
diagram tras 100
dialysis 63–64
diflanedig 45, 48–49, 54
diffeithdiro 45, 51
dihalwyno 55
dilyniannu Sanger 109–110
Dilyniannu'r Genhedlaeth Nesaf 110, 122
DNA
    ailgyfunol 114
    ligas 115
dolen Henle 57–58, 60–61, 64
dystroffi cyhyrol Duchenne (DCD) 99, 119

ecodwristiaeth 50
ecosystem 37, 39–41
ecsploetio amaethyddol 49–50
effeithlonrwydd egni 40
eginiad (ffa) 91
egni actifadu 9, 22
egwyddor Hardy-Weinberg 106
effaith sylfaenydd 106
electrofforesis 109–110
electrofforesis gel 113
embryo 80, 85–86, 88–90, 107, 100, 123
enciliol 89, 93–94, 99, 101, 106, 120–121
endemig 124–126
endometriwm 80, 83, 85–86
ensymau cyfyngu 109, 114–115
epidemig 124, 126
erydiad pridd 51
esblygiad Darwinaidd 108
etifeddiad
    deugroesryw 95
    monocroesryw 93–94
ewtroffigedd 47, 50, 52

FAD 9, 24–25, 27
fector 110, 115, 117, 119–120, 124, 126
fentriglau 146
firws 127
FSH 83–84

ffactor cyfyngol 19
ffactor/nodwedd
    anfiotig 34, 37
    fiotig 34, 37
ffactorau amgylcheddol amrywiad 105
ffactorau ddwysedd-dibynnol/annibynnol 35
ffermio 45–46, 50, 54
    pysgod 52
ffibr cyhyr plycio araf 138
ffibr cyhyr plycio cyflym 138
ffibrosis cystig 120–121
ffoetws 86
ffoligl Graaf 81, 83
ffosffadau 8–10, 17–18
ffosfforyleiddiad 9, 24
    lefel swbstrad 9, 24
    ocsidiol 9
ffotoffosfforyleiddiad 9–10, 15–16
    anghylchol 9, 15–16
    cylchol 9, 16
ffotolysis 15
ffoton 14–15
ffotosynthesis 8–18, 38, 43, 45–46, 51, 91
    cyfnod golau-annibynnol 10, 17–18; *gweler hefyd*
    cylchred Calvin
    cyfnod golau-ddibynnol 10, 15–16
    cyfradd 13, 20
    effeithlonrwydd 38
    ffactorau cyfyngol 19
    pigmentau 13–15
ffrwythloniad 81–85, 89–90, 103
    dwbl 89
ffurfiant rhywogaethau 107
    alopatrig 107
    sympatrig 87

gamet 80, 87–89, 93–96, 101–103, 107–108, 120
gametogenesis 80–82
genomeg 121–122
genyn 48–49, 92–96, 99–103, 105–109, 111, 114–121,
    127, 134, 150
giberelin 92
glomerwlws 57–59, 61
glwcos 9–10, 18, 22–24, 27–28, 56, 58, 63, 92
glycolysis 9, 22–23, 25, 27–28
gonadotroffin corionig dynol (hCG) 86
gorbysgota 49, 52
gormod o hela 49
graddiant crynodiad 8
graddiant protonau 8-9, 16
gwanediad cyfresol 33
gwerth critigol 97–98
gwrteithiau 47, 50

gwrthfiotigau 127–128
gwrthgyrff 129–131
gwyriad safonol 104

haemoffilia 99–100
haint 63, 121, 124–131, 140–142, 1145, 150
hedyn
    adeiledd 90
    gwasgariad 91
heterosygaidd 93–94, 96, 98, 101, 106
hierarchaeth goruchafiaeth 153
hipocampws 146, 150
homeostasis 56
homosygaidd 93, 95–96, 99, 106
homwncwlws 148
hormon gwrthddiwretig (ADH) 62
hormonau a genedigaeth 86
hunanbeilliad 89, 93
hydrolysis 8
hylif amniotig 86
hylosgiad 43–45, 54
hypothalamws 146, 150

iaith a lleferydd (yn yr ymennydd) 149
imiwnedd
    actif 131
    goddefol 131
lactad 27, 139
lefel droffig 37–41, 43
lipidau 28
liposom 120–121
lymffocyt 129–130

llech, y 134
llif egni drwy gadwynau bwydydd 39
llwybr atgyrch 66
llygredd 48, 54–55, 105
llysysydd 37, 39

malaria 111, 126
marcio-rhyddhau-ail-ddal 36
matrics 8–9, 25
math antigenig 124–125
medwla oblongata 146–148
meiosis 80–82, 88
mesoffyl
    palis 11, 18
    sbwngaidd 11
metaboleiddio protein 28
mewnblaniad 85
mewnfudo 34, 36, 43, 113
mitocondrion 8–9, 23–24, 60, 82
mitosis 8, 80–82, 85, 88

mwtaniadau
    cromosom 100-101
    genynnol (pwynt) 100-101, 103
myeliniad 72
myoffibril 134–136, 138
myoffilament 135

NAD 9, 22–25, 139
NADP 9–10, 15–17
neffron 57–58, 60, 62–63
nerfrwyd 67
newid hinsawdd 45, 53–54
nitreiddiad 46
niwron 65–70, 72–73, 146–150
    echddygol 65–67, 72, 148
    relái 65–67
    synhwyraidd 65–67, 148
niwroplastigedd 149–150
niwrowyddoniaeth 149
nodau Ranvier 66, 70, 72

ocsitosin 86
oestrogen 83
ofari 80, 83, 87, 90
ofwl 87–88, 90
ofwliad 80–81, 83–85
ofwm 81–82
ôl troed carbon 46
olyniaeth 41–43
oocyt 80–82, 84–85
oogenesis 80–82
osmoreolaeth 57–58, 61–63
osteoarthritis 145
osteoblast 133
osteoclast 133
osteomalasia 134
osteoporosis 134

paill 87–90, 119
pandemig 124, 126
pâr gwrthweithiol 143
paratöwr 111
patrymau gweithredu sefydlog 152
pathogen 31, 35, 118, 123–124, 127, 129–131
peilliad 87, 89
peirianneg enynnol 114, 118
peirianneg meinweoedd 122
pennu rhyw 99
pilen fyelin 66
pilenni 8–9
pilenni'r ymennydd 146

poblogaeth
    cyflenwad/dosbarthiad 36
    diffiniad 34
potensial gorffwys 68–69
potensial gweithredu 69, 73
prawf-t 104
prif system nerfol 65–66
proffilio DNA 113
progesteron 81, 83
Project Genom 100K
Project Genom Dynol 109, 121
project genom mosgito 111
protandredd 89
proton 8, 10, 16, 25
prysgoedio 51
pwmp protonau 9, 25
pwysau dethol 105
pyramid
    biomas 41
    ecolegol 41
    niferoedd 41
pyrwfad 22–23, 27
resbiradaeth 8–9, 22–28, 39, 43, 45, 47, 91–92, 139
    aerobig 22–25, 27, 47, 139
    anaerobig 22, 27

rhagdybiaeth nwl 97–98
rhywogaethau arloesol 41–42
rhywogaethau mewn perygl 48

salwch meddwl 150
samplu cicio 36
sbectrwm
    amsugno 13
    gweithredu 13
sberm 80–82, 84–85
sbermatid 81
sbermatocyt 81–82
sbermatogenesis 80–82
sbermatosoa 80–82
sbermatosoon 81–82
sefydlogi nitrogen 46–47
sgerbwd 139–145
    swyddogaethau 142
sgrinio genynnau 120
spirillum 29
staenio Gram 29–30
startsh 8, 18, 28, 54, 91–92
stigma 87, 89
stomata 11, 16, 18–19
stroma 8–9, 16–17
sygot diploid 81, 89
symudiad genynnol 105-106

synaps 72–73, 147, 149–150
    effaith cyffuriau 73
syndrom Down 100–101
synthesis
    DNA 8, 109-112
    protein 8, 43, 46, 57
system genhedlu
    benywol 80
    gwrywol 80
system nerfol
    awtonomig 65, 147
    barasympathetig 147
    berifferol 65
    somatig 65
    sympathetig 147
systemau Havers 133

tanwyddau ffosil 43–46, 54–55
tebygolrwydd 97–98
techneg aseptig 31
technegau samplu 36
terfyn asidio'r cefnforoedd 55
terfyn craidd 54
terfyn cyfanrwydd y biosffer 53–54
terfyn cyflwyno endidau newydd 55
terfyn defnyddio dŵr croyw 53, 55
terfyn llifoedd bioddaeargemegol 53–54
terfyn llwytho aerosolau'r atmosffer 55
terfyn newid hinsawdd 53–54
terfyn defnyddio tir 53–54
terfyn oson yn y stratosffer 53, 55
terfynau'r blaned 53–55
testosteron 81
tiwb Fallopio 80
tocio synaptig 150
tocsin 31, 118, 124–125, 131
tonfeddi 12–13, 38
torasgwrn 140
transgriptas gwrthdro 117

trawsbeilliad 87, 89
trawsddygiaduron (cloroffyl) 12
trawslun 36
trechol 93–94, 98, 101, 106
troffoblast 85
trosglwyddiad synaptig 73
trylediad 11, 18

thalamws 146, 148
therapi genynnau 120-121
thylacoid 8–9, 14, 16

ungnwd 50
uwchadeiledd 135
uwch-hidlo 58–59

wterws 80, 82–86

ymateb imiwn 129–130
    cynradd 130–131
    eilaidd 130–131
ymddygiad
    carwriaethol 153
    cynhenid 151
    tiriogaethol 153
    wedi'i ddysgu 151–152
ymennydd 146–152
ymwrthedd i wrthfiotig 128
ysgarthiad 56–57, 64
ysglyfaethwr 34–36, 153
ysgogiad nerfol 68–73, 137
    buanedd 72
    cyfnod diddigwydd 71
    lledaeniad 70
ystadegau 97–98, 104
    arwyddocâd 97, 104
ysyddion 37, 39–40, 44, 46, 52

zona pellucida 82, 84